Max Müller

Zum Stofftransport schwer flüchtiger Additive in Polymerbeschichtungen

Untersuchungen mit Hilfe der konvokalen Mikro-Raman-Spektroskopie

Zum Stofftransport schwer flüchtiger Additive in Polymerbeschichtungen

Untersuchungen mit Hilfe der konvokalen Mikro-Raman-Spektroskopie

von
Max Müller

KIT Scientific Publishing

Dissertation, Karlsruher Institut für Technologie (KIT)
Fakultät für Chemieingenieurwesen und Verfahrenstechnik
Tag der mündlichen Prüfung: 25. April 2012
Referenten: Prof. Dr.-Ing. Matthias Kind, Prof. Dr.-Ing. Rainer Reimert

Impressum

Karlsruher Institut für Technologie (KIT)
KIT Scientific Publishing
Straße am Forum 2
D-76131 Karlsruhe
www.ksp.kit.edu

KIT – Universität des Landes Baden-Württemberg und
nationales Forschungszentrum in der Helmholtz-Gemeinschaft

KIT Scientific Publishing 2013
Print on Demand

ISBN 978-3-86644-997-8

Zum Stofftransport schwer flüchtiger Additive in Polymerbeschichtungen

- Untersuchungen mit Hilfe der konfokalen Mikro-Raman-Spektroskopie -

Zur Erlangung des akademischen Grades eines

Doktors der Ingenieurwissenschaften (Dr.-Ing.)

der Fakultät für Chemieingenieurwesen und Verfahrenstechnik des
Karlsruher Instituts für Technologie (KIT)

genehmigte

Dissertation

von

Dipl.-Ing. Max Müller
aus Worms

Tag des Kolloquiums:	25. April 2012
Referent:	Prof. Dr.-Ing. Matthias Kind
Korreferent:	Prof. Dr.-Ing. Rainer Reimert

Vorwort

Die vorliegende Arbeit entstand während meiner Tätigkeit als wissenschaftlicher Mitarbeiter am Institut für Thermische Verfahrenstechnik der Universität Karlsruhe (TH) in der Zeit von 2004 bis 2009. Ich habe die Zeit am Institut sehr genossen, und möchte mich bei all denen bedanken, die mich bei meinen Forschungsarbeiten unterstützt und begleitet haben.

Mein besonderer Dank gilt meinem Doktorvater Prof. Dr.-Ing. Matthias Kind, dem Leiter des Instituts, für die hervorragenden Rahmenbedingungen, die Unterstützung und das Vertrauen, das er in mich und meine Arbeit gesetzt hat. Herrn Prof. Dr.-Ing. Rainer Reimert danke ich für sein Interesse und die Übernahme des Korreferats.

Bei Prof. Dr.-Ing. Wilhelm Schabel möchte ich mich für sein Engagement und seine Initiative bedanken. Er hat diese Doktorarbeit initiiert und das Forschungsvorhaben beantragt und begleitet.

Herrn Prof. Dr.-Ing. Holger Martin danke ich für seine kritischen Fragen und die Anregungen im Verlauf meiner Arbeit.

Herrn Prof. Dr.-Ing. Volker Gnielinski danke ich für die spannenden Anekdoten aus vergangenen Tagen und die zahllosen Ratschläge, nicht nur für die Forschung, sondern auch fürs Leben. Ich habe die gemeinsame Zeit in unserem Büro genossen.

Mein besonderer Dank gilt meinem Bürokollegen und langjährigem Freund Dr. Philip Scharfer für die fruchtbaren Diskussionen beim Lernen während des Studiums und beim Forschen während der Promotion. Auf seine unerschöpfliche Hilfsbereitschaft und Engagement konnte ich mich immer verlassen.

Allen anderen ehemaligen Kollegen danke ich für das angenehme Institutsklima, die gute Zusammenarbeit und die schönen Stunden inner- und außerhalb des Institutes.

Für ihren unermüdlichen Einsatz, die sie in ihren Arbeiten an den Tag legten, danke ich meinen Diplomarbeitern Benedikt Kurz und Dirk Baudy und meinem Studienarbeiter Pang Bo und meinen wissenschaftlichen Hilfskräften Katrin Treier, Katja Schmalbach und Romy Scheerle. Viele ihrer Untersuchungsergebnisse sind in diese Arbeit mit eingeflossen.

Bei Frau Gisela Schimana, der Sekretärin unseres Instituts, und Herrn Eugen Mengesdorf und Lothar Eckert, dem Leiter bzw. ehemaligen Leiter des Konstruktionsbüros, möchte ich mich für ihre immense Hilfsbereitschaft und die angenehme Arbeitsatmosphäre bedanken.

Frau Anette Schucker, aus unserem Labor, und Michael Wachter, Roland Nonnenmacher, Markus Keller, Stefan Fink und Steffen Haury sowie den Azubis Andreas Burkart und Armin Wiltschko, aus der Institutswerkstatt, möchte ich für ihre Hilfe bedanken. Ohne ihre Unterstützung und Anregungen für eine praktikable Umsetzung wären viele meiner Versuchsaufbauten nicht zu realisieren gewesen. Es war mir eine Freude mit ihnen zusammenzuarbeiten.

Mein herzlicher Dank gilt meinen Eltern für das Ermöglichen meiner Ausbildung und dafür, dass ich in anstrengenden Zeiten immer auf ihre Unterstützung bauen kann. Meiner Lebensgefährtin Tanja danke ich für ihr Vertrauen, ihre unendliche Geduld und die aufbauenden Worte an frustrierenden Tagen.

Ein letzter Dank gebührt der Deutschen Forschungsgemeinschaft (DFG) für die finanzielle Förderung dieses Vorhabens.

Mannheim im Juni 2011

Inhalt

Symbolverzeichnis

Lateinische Buchstaben

a_i	Aktivität Komponente *i*	-
a,b,c	Parameter für Fick'schen Diffusionskoeffizientenverlauf	-
A_η	Stoffspezifische Konstante des Polymers	Pa s
B_D	Stoffspezifische Konstante der diffundierenden Spezies	-
B_η	Stoffspezifische Konstante des Polymers	-
c_1^g	universelle WLF Konstante	-
c_2^g	universelle WLF Konstante	K
C_i	Massenkonzentration Komponente *i*	kg/m^3
$\widetilde{C}_i$	molare Konzentration Komponente *i*	mol/m^3
C	Konstante für Effizienz des Detektorsystems	-
D_{ij}^{SM}	Stefan-Maxwell-Diffusionskoeffizienten *i* in *j*	m^2/s
D_{ig}	Fickscher Diffusionskoeffizient in der Gasphase	m^2/s
D_i	Selbstdiffusionskoeffizient der Komponente i	m^2/s
D_{ii}	Hauptdiffusionskoeffizient Komp. *i*	m^2/s
D_{ij}	Kreuzdiffusionskoeffizient Komp. *i*	m^2/s
$D_{Lsm,PVAc\text{-}TPP}$	Fick'scher Diffusionskoeffizient von Lsm im Stoffsystem PVAc-Lsm-TPP	m^2/s
$D_{TPP,PVAc}$	Fick'scher Diffusionskoeffizient von TPP im Stoffsystem PVAc-TPP	m^2/s
$D_{TPP,PVAc\text{-}Lsm}$	Fick'scher Diffusionskoeffizient von TPP im Stoffsystem PVAc-Lsm-TPP	m^2/s
$D_{TPP,TAC\text{-}Lsm}$	Fick'scher Diffusionskoeffizient von TPP im Stoffsystem TAC-Lsm-TPP	m^2/s
f	Brennweite	m
f	Anteil des spezifischen freien Lückenvolumens	-
F	Projektionsfläche Detektoröffnung	m^2
G	Gibbs-Energie	J
h	Planck'sches Wirkungsquantum	J s

I_0	Intensität der anregenden Laserstrahlung	W
I_i	Intensität der Raman-Strahlung von Komponente *i*	W
j_i^P	flächenbezogener Diffusionsstrom (polymerbezogen)	$kg/(m^2\ s)$
j_i^V	flächenbezogener Diffusionsstrom (volumenbezogen)	$kg/(m^2\ s)$
$K_{i/j}$	Kalibrierkonstante Komp. *i* zu Komp. *j*	-
$k_{a,1}, k_{a,2}, k_{a,3}$	Parameter für Fick'schen Diffusionskoeffizientenverlauf	-
K	Konstante der effektiven Nutzung des freien Lückenvolumens	-
L	Länge	m
m	dimensionsloser Radius	-
m_i	Masse Komponente *i*	kg
$\widetilde{m}_i$	Molarität, Molanzahl *i* pro Masse trockenes Polymer	mol/kg
$\widetilde{M}_i$	Molmasse Komponente *i*	kg/mol
$\dot{m}_i$	flächenbezogener Massenstrom Komponente *i*	$kg/(m^2\ s)$
$\dot{M}_i$	Massenstrom Komponente *i*	kg/s
n	Verhältnis von zwei Brechungsindizes	-
n_i	Brechungsindex Komponente *i*	-
n_i	Stoffmenge Komponente *i*	mol
$\dot{n}_i$	flächenbezogener Stoffstrom Komponente *i*	$mol/(m^2\ s)$
$\dot{N}_i$	Stoffstrom Komponente *i*	mol/s
N_A	Avogadro-Konstante	mol^{-1}
NA	Numerische Apertur	-
p_{ges}	Gesamtdruck	Pa
p_i	Partialdruck Komponente *i*	Pa
p_i^*	Sattdampfdruck Komponente *i*	Pa
$\dot{r}_i$	relativer Stoffstrom	-
R^2	Bestimmtheitsmaß Regressionsfunktion	-
$\widetilde{R}$	allgemeine Gaskonstante	J/(mol·K)
Re	Reynoldszahl	-
Sc	Schmidt-Zahl	-

Sh	Sherwood-Zahl	-
t	Zeit	s
T	Temperatur	°C od. K
T_g	Glasübergangstemperatur	°C
u	Überströmungsgeschwindigkeit	m/s
u_i	Geschwindigkeit der Komponente *i*	m/s
u_P	mittlere Geschwindigkeit der Polymerkomponente	m/s
u_V	mittlere Geschwindigkeit des Kontrollvolumens	m/s
V	Volumen	m³
$\hat{V}_i$	spezifisches Volumen Komponente *i*	m³/kg
x	charakteristische Länge	m
x_0	Versatz zwischen Grenzschichten	m
x_i	Massenbruch Komponente *i* in der Flüssigphase	-
$\tilde{x}_i$	Molenbruch Komponente *i* in der Flüssigphase	-
$X_{i/j}$	Massenbeladung *(Masse i pro Masse j)*	-
y_i	Massenbruch in der Gasphase	-
$\tilde{y}_i$	Molenbruch Komponente *i* in der Gasphase	-
Y_i	Massenbeladung Komponente *i* in der Gasphase	-
$\tilde{Y}_i$	molare Beladung Komponente *i* in der Gasphase	-
z	Schichtdicke	m
z	Position des Fokuspunktes	m

Griechische Buchstaben

β_{ig}	gasseitiger Stoffübergangskoeffizient Komponente *i*	m/s
Φ	Linsenfüllfaktor	-
ϑ_{Luft}	Temperatur der Luft im Trocknungskanal	°C
ϑ_{Probe}	Temperatur der Polymerprobe	°C
$\vartheta_{Sättiger}$	Temperatur des Lösemittels im Sättiger	°C
ϑ_{SZ}	Temperatur der Sorptionszelle	°C
$\vartheta_{Trockenschrank}$	Temperatur im Trockenschrank	°C

ϑ_{VD}	Temperatur des Verdampfers	°C
γ_i	Aktivitätskoeffizient Komponente i	-
η	dynamische Viskosität	Pa s
φ_i	Volumenbruch Komponente i	-
λ	Laserwellenlänge	nm
μ_i	chemisches Potential Komponente i	J/mol
μ_i^0	chemisches Potential Komponente i im Bezugszustand	J/mol
ν	kinematische Viskosität	m²/s
ν_0	Frequenz der anregenden Laserstrahlung	Hz
ν_{AS}	Frequenz der Anti-Stokes-Raman-Strahlung	Hz
ν_S	Frequenz der Stokes-Raman-Strahlung	Hz
$\tilde{\nu}_k$	Wellenzahl	cm^{-1}
ρ_i	Massendichte Komponente i	kg/m³
ρ_i^P	spezifische Massendichte Komponente i (polymerbezogen)	kg/m³
ρ_i^V	spezifische Massendichte Komponente i (volumenbezogen)	kg/m³
$\tilde{\rho}_i$	molare Dichte Komponente i	mol/m³
Θ	Winkel	-
$\partial\sigma_i / \partial\Omega$	differentieller Streuquerschnitt	-
Ω_{obs}	Beobachtungswinkel des Objektivs	-
Ψ_{Korr}	Korrekturfunktion	-
ζ	Ortskoordinate normal zur Polymeroberfläche	m

Hochgestellte Indizes

P	polymermassenbezogen
V	volumenbezogen
*	zusätzlicher Referenzzustand

Tiefgestellte Indizes

g	Gasphase
i, j	Komponente i bzw. J
Lsm	Lösemittel
m	mittlerer Wert
max	Maximalwert
$MeCl$	Methylenchlorid
$MeOH$	Methanol
min	Minimalwert
Ph	an der Phasengrenze
p	Polymer
$PVAc$	Polyvinylacetat
TAC	Cellulosetriacetat
TPP	Triphenylphosphat
x	lokaler Wert
∞	unendlich ausgedehnte, ungestörte Strömung (Potentialströmung)

1 Einleitung

1.1 Einführung

Polymere sind Hauptbestandteil vieler moderner und hochwertiger Produkte. In den letzten Jahrzehnten haben sich die Anwendungsmöglichkeiten von polymeren Einsatzstoffen vervielfacht. Neben der gezielten Entwicklung neuer Polymere ist für das rasante Wachstum der Einsatzgebiete von polymeren Produkten hauptsächlich die Verwendung von Zusatzstoffen, sogenannten Additiven, verantwortlich. Durch den Zusatz geringer Mengen dieser nicht bzw. schwer flüchtigen Additive[1] können bestimmte Eigenschaften des Polymers anwendungsgerecht verändert werden. So lassen sich z. B. mechanische, optische oder elektrische Eigenschaften sowie die Stabilität oder Permeabilität von Polymeren durch Zusätze von Weichmachern, UV-Stabilisatoren, oberflächenaktive Substanzen oder Flammschutzmittel beeinflussen. In speziellen Fällen ist das Additiv die entscheidende Produktkomponente und das Polymer dient nur als Trägersubstanz (Matrix). Ein typisches Anwendungsbeispiel hierfür sind transdermale Wirkstoffpflaster oder Retardtabletten, bei denen medizinische Wirkstoffe über einen langen Zeitraum kontinuierlich aus einer Polymermatrix freigegeben werden (controlled release). Solch moderne und innovative Darreichungsformen sind Gegenstand weltweiter Forschungsanstrengungen und verfügen zurzeit noch über ein sehr großes Entwicklungspotential. Um bereits bestehende Produkte verbessern und neue Produkte schneller entwickeln zu können, ist die modellhafte Beschreibung der Diffusion schwer flüchtiger Additive von großer Bedeutung. Entscheidend dabei ist die genaue Kenntnis der Mobilität der Wirkstoffmoleküle in den Polymermatrizen.

Neben der gezielten, kontrollierten Freisetzung von Wirkstoffen aus Polymerbeschichtungen ist in etlichen anderen Anwendungsbereichen die Freisetzung schwer flüchtiger Additive unerwünscht und stellt Gefahr für Mensch und Umwelt dar. Beispiele hierfür sind die Kontamination von Lebensmitteln und Grundwasser durch unerwünschte Migration von Weichmachern oder UV-Stabi-

[1] Als schwer bzw. nicht flüchtige Additive werden Chemikalien bezeichnet, die bei der vorgesehenen Temperatur im jeweiligen Anwendungsbereich einen sehr geringen Dampfdruck aufweisen. So ist beispielsweise der Dampfdruck des Weichmachers Triphenylphosphat (TPP), der in dieser Arbeit als schwer flüchtiges Additiv eingesetzt wurde, bei 20°C < 0,01 mbar (Merk SDS (2010)). Im Vergleich dazu beträgt der Dampfdruck der verwendeten Lösemittel Methanol (MeOH) und Methylenchlorid (MeCl) bei dieser Temperatur 130 bzw. 474 mbar.

lisatoren aus Verpackungsmaterialien oder Geomembranen. Aus Gründen der Sicherheit und des Umweltschutzes ist in diesen Fällen die Freisetzungskinetik der Additive von großer Bedeutung und Gegenstand vieler Untersuchungen. Ein grundlegendes Problem bei der Simulation des Stofftransportes schwer flüchtiger Komponenten in Polymeren ist die Beschreibung der molekularen Diffusion. Hierzu werden die Diffusionskoeffizienten des schwer flüchtigen Additivs in der umgebenden Polymerphase als Funktion der Zusammensetzung des Gesamtsystems benötigt. Insbesondere die Anwesenheit zusätzlicher Lösemittel kann die Größenordnung der Transportkoeffizienten maßgeblich beeinflussen. So kann das Eindringen kleiner Moleküle, wie z. B. Wasser aus Lebensmitteln, Speichel oder Schweiß, die Mobilität der schwer flüchtigen Additive in Verpackungen, Kinderspielzeug oder Kleidung um ein Vielfaches erhöhen. Stoffdaten, die diese Beeinflussung quantifizieren, sind kaum vorhanden.

Aus verfahrenstechnischer Sicht ist allerdings die gegenseitige Beeinflussung der Beweglichkeiten von Lösemittel und schwer flüchtigem Additiv in Polymersystemen nicht nur für die fertigen Produkte, sondern vor allem für den Herstellungsprozess von großer Relevanz. So wird beispielsweise bei der Produktion von optischen Folien, diagnostischen Teststreifen oder pharmazeutischen Wirkstoffpflastern die Beschichtungsmasse, bestehend aus Additiv(en), Polymer und Lösemittel(n), auf ein Substrat aufgetragen und getrocknet. Bei der Trocknung wird der anfänglich flüssigen Beschichtung das Lösemittel entzogen, und das feste Produkt mit den gewünschten Eigenschaften entsteht. In speziellen Fällen können die Stofftransportvorgänge innerhalb der Beschichtung während des Trocknungsprozesses zu einer inhomogenen Verteilung der schwer flüchtigen Komponenten im trockenen Polymerfilm führen. Konzentrationsprofile schwer flüchtiger Additive in den hergestellten Filmen und Folien können sich negativ auf die Produktqualität auswirken. Um die Entstehung solcher Konzentrationsprofile durch, z. B. Veränderungen der Rezeptur oder des Trocknungsprozesses zu verhindern, ist eine modellhafte Beschreibung der Stofftransportvorgänge in solchen Polymersystemen unerlässlich. Allerdings werden für diese Berechnungen genaue Kenntnisse über die Mobilität des schwer flüchtigen Additivs als Funktion der Additiv- und Lösemittelkonzentration sowie die Mobilität des Lösemittels und dessen Abhängigkeit von der Zusammensetzung des Stoffsystems benötigt. Verlässliche Stoffdaten, welche die Wechselwirkungen von schwer flüchtigen Additiven und Lösemitteln auf die Mobilität der einzelnen Komponenten in Polymersystemen beschreiben, stehen noch nicht zur Verfügung.

Die Beeinflussung der Mobilität von Lösemittel durch schwer flüchtige Additive in Polymerbeschichtungen ist auch für die zuverlässige und ökonomische Auslegung von Trocknungsprozessen von großer Bedeutung. Speziell in der Endphase der Trocknung - im sogenannten filmseitig diffusionskontrollierten Bereich - kann die Anwesenheit geringer Mengen schwer flüchtiger Additive den Diffusionskoeffizienten der Lösemittel um mehrere Dekaden erhöhen und dadurch den energieintensiven Trocknungsprozess signifikant verkürzen. In Zeiten steigender Energiepreise und wachsenden Umweltbewusstseins könnten mit zuverlässigen Simulationsmodellen und Stoffdaten Trocknungsprozesse optimiert und wirtschaftlicher ausgelegt werden.

Die Beschreibung von Stofftransportvorgängen innerhalb dünner Polymerbeschichtungen ist aufgrund ihrer Komplexität noch mit vielen Unsicherheiten behaftet. Speziell die vorhandenen Ansätze zur Beschreibung von Diffusionskoeffizienten einzelner Spezies in Mehrkomponentensystemen und deren gegenseitige Beeinflussung sind so kompliziert, dass sie kaum auf reale Stoffsysteme angewendet werden können. Bedingt durch die schwierige messtechnische Erfassung sind zudem nur wenige Stoffdaten vorhanden, an Hand derer die Modellvorstellungen überprüft werden können.

Die vorliegende Arbeit soll einen Beitrag leisten, das Verständnis über die Mobilität schwer flüchtiger Additive und Lösemittel in Polymersystemen zu vergrößern sowie einen empirischen Ansatz liefern, der die gegenseitige Beeinflussung beider Komponenten beschreiben kann.

1.2 Ausgangspunkt dieser Arbeit

Die Komplexität von Stofftransportvorgängen in ternären Polymersystemen und die starke Beeinflussung der lokalen Zusammensetzung auf die Mobilität der einzelnen Komponenten soll am Anfang dieses Kapitels an einem Beispiel veranschaulicht werden. Ein interessantes Stofftransportphänomen, das die Wechselwirkung von Lösemittel und schwer flüchtigen Additiven in Polymerlösungen veranschaulicht, wurde im Rahmen dieser Arbeit bei dem Herstellungsprozess von optischen Folien aus Cellulosetriacetat (TAC) entdeckt. Diese optischen Folien sind aktuell von großer wirtschaftlicher Bedeutung, da sie wichtiger Bestandteil von Flachbildschirmen sind, die z. B. in Fernsehgeräten, Notebooks, portablen Navigationsgeräten, Handys oder Smartphones - also der schnell wachsenden Branche der sog. Consumer Electronics[2] - eingesetzt werden. Bei der Herstellung dieser Folien wird eine homogene Lösung, bestehend aus dem Polymer Cellulosetriacetat (TAC), dem schwer flüchtigen Weichmacher Triphenylphosphat (TPP) und dem Lösemittel Methylenchlorid (MeCl) auf ein Edelstahlband beschichtet und getrocknet. In der Anfangsphase des Trocknungsprozesses bildet sich im Film ein steiler Lösemittelkonzentrationsgradient von dem Substrat bis zur Oberfläche der Beschichtung aus. Die Verringerung der Lösemittelkonzentration in der Nähe der Filmoberseite führt in dem ternären System zu einer lokalen Erhöhung der Weichmacherkonzentration. Somit verursacht der trocknungsbedingte Lösemittelkonzentrationsgradient einen entgegengesetzten Konzentrationsgradienten des schwer flüchtigen Additivs. Dieser Gradient führt zu einem dem Lösemittelstrom entgegengesetzen Diffusionsstrom des Additivs um die geringere Weichmacherkonzentration an der Substratseite auszugleichen. Die Quantität dieser Ausgleichsströmungen resultiert aus der Größe des anliegenden Lösemittelkonzentrationsgradienten und der Mobilität der diffundierenden Spezies. Da sich die Mobilität des schwer flüchtigen Weichmachers mit abnehmender Lösemittelkonzentration im Polymersystem signifikant reduziert, wird das Weichmacherprofil, das sich durch Ausgleichströmungen in der Anfangsphase des Trocknungsprozesses gebildet hat, am Ende in der Beschichtung „eingefroren“. Bedingt durch die sehr geringe Mobilität des Additivs im trockenen, lösemittelfreien Polymerfilm benötigt der Ausgleichvorgang dieser Profile mehrere Jahre (s. Kapitel 3.3.2). Abb. 1.1 zeigt die inhomogene Verteilung des Weichmachers in einer optischen Folie für LCD-Bildschirme nach einem “herkömmlichen“ Trocknungsprozess. An Position 0 µm befindet sich das Substrat, an Position 40 µm die Oberseite des Films. In dem Diagramm ist auch die Weichmacherverteilung in einer zweiten Folie eingetragen, die bei “schonenden“ Trocknungsbedingungen hergestellt wurde. Dabei wurde die Trocknungsluft mit dem Lösemittel MeCl vorbeladen und somit die Triebkraft für den Trocknungsprozess stark reduziert. Dies führt - im Vergleich zum herkömmlichen Trocknungsprozess - zu einer deutlich verlangsamten Abnahme der Lösemittelkonzentration an der Filmoberseite und dadurch zu einem flachen Lösemittelkonzentrationsgradienten in der Beschichtung. Daraus resultiert eine vernachlässigbar kleine Triebkraft für Ausgleichströmungen des Weichmachers zur

[2] Die Consumer Electronics Association (CEA) prognostiziert für das Jahr 2010 eine jährliche Zuwachsrate für LED-Displays von 256%, für OLED-Displays von 236%, für E-Book-Reader von 127% LCD-TV-Geräte (ab 60“) von 85% und Nootebooks-PCs von 44% (CEA Detailed Sales and Forecast, Januar 2010).

Filmunterseite. Im Gegensatz zu dem "herkömmlichen" Trocknungsprozess bildet sich so in der Anfangsphase kein Weichmacherprofil aus, welches später eingefroren werden kann. Nach "schonender" Trocknung liegt der Weichmacher homogen verteilt in der trockenen Folie vor.

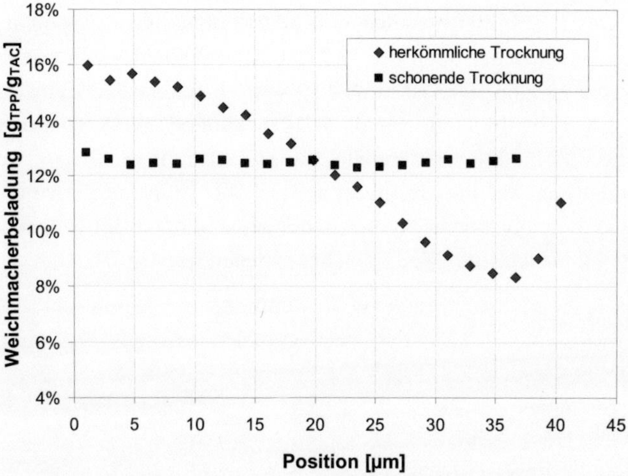

Abb. 1.1: Verteilung des Weichmachers Triphenylphosphat (TPP) in vollständig getrockneten Cellulosetriacetatfolien (TAC). Veränderungen des Trocknungsprozesses führen bei diesem Stoffsystem zu unterschiedlichen Verteilungen des Weichmachers in der trockenen Folie.

Das aufgeführte Beispiel soll verdeutlichen, dass in ternären Polymersystemen die gegenseitige Beeinflussung von Lösemitteln und schwer flüchtigen Additiven eine wichtige Rolle spielt. Das schwer flüchtige Additiv verändert die Mobilität des Lösemittels, was sich auf den Trocknungsprozess auswirkt – das Lösemittel kann umgekehrt die Mobilität des schwer flüchtigen Additivs beeinflussen, was in bestimmten Fällen zu einer inhomogenen Verteilung der Komponenten in der Beschichtungen führen kann (s. Beispiel). Diese gegenseitige Beeinflussung ist bis zu dem heutigen Zeitpunkt kaum erforscht und nur unzureichend verstanden. In der Literatur findet man zu diesem Thema hauptsächlich Untersuchungen, bei denen Diffusionsvorgänge von Lösemitteln und schwer flüchtigen Additiven unabhängig voneinander erforscht wurden.

Der Großteil der Untersuchungen von Lösemitteldiffusion in Polymersystemen wurde im Rahmen von Arbeiten über Trocknungsprozesse von Polymerbeschichtungen durchgeführt. Stellvertretend für die Vielzahl von experimentellen und theoretischen Untersuchungen sollen hier die Arbeiten von *Powers* und *Collier* (1990), *Cairncross* (1994), *Saure* (1995), *Price* und *Romdhane* (1997),

Alsoy (1998), *Saure, Wagner* und *Schlünder* (1998), *Zielinski* und *Hanley* (1999), *Park et al.* (2000), *Vinjamur* und *Cairncross* (2000), *Wagner* (2000), *Schabel* (2004), *Loulou et al.* (2006) and *Perez* und *Carvalho* (2007) erwähnt werden. In diesen Arbeiten wird der Gesamtprozess der Polymerfilmtrocknung untersucht, wobei die verwendeten polymersysteme aus einem Polymer und einem bzw. zwei Lösemittel bestehen. Im Mittelpunkt dieser Arbeiten steht die Bestimmung und Beschreibung der Diffusionskoeffizienten von Lösemitteln in Polymerbeschichtungen. Die Bestimmung von Diffusionskoeffizienten ist aufwendig, da sie nicht direkt gemessen werden können, sondern über geeignete Messdaten in Verbindung mit Modellansätzen bestimmt werden müssen. In der Literatur findet man für die Bestimmung von Diffusionskoeffizienten von Lösemitteln in Polymersystemen unterschiedliche Methoden. Im Folgenden sollen beispielhaft einige etablierte Methoden beschrieben werden.

Der gebräuchlichste Ansatz zur Bestimmung von Lösemitteldiffusionskoeffizienten in Polymeren ist die Auswertung von Sorptionsvorgängen von Lösemittel aus der Gasphase. Dabei kann über die Kinetik des Sorptions – bzw. Desorptionsprozesses der *Fick'sche* Diffusionskoeffizient des Lösemittels bestimmt werden. Die messtechnische Erfassung des Sorptionsvorganges kann dabei auf unterschiedliche Weise erfolgen. Eine etablierte Methode ist die Verwendung einer Sorptionswaage, mit deren Hilfe der Sorptionsvorgang gravimetrisch erfasst werden kann. Dieses Verfahren wurde beispielsweise von *Hayes et al.* (1955), *Duda et al.* (1978), *Ju et al.* (1981), *Mamaliga*, *Schabel* und *Kind* (2004) und *Schabel et al.* (2007) angewendet.

Eine weitere, etablierte Methode für die Bestimmung von Diffusionskoeffizienten ist die inverse Gaschromatographie. Dabei werden geringe Mengen des Lösemittels in ein Trägergases injeziert und durch eine spezielle Chromatographiesäule gefördert. Die Oberfläche dieser Säulen ist homogen mit einer dünnen Polymerschicht bedeckt. Zwischen dem lösemittelbeladenen Trägergas und der Polymerschicht stellt sich das thermodynamische Phasengleichgewicht ein. Dies hat zur Folge, dass das gasförmige Lösemittel an der Polymeroberfläche sorbiert und in die Polymerschicht diffundiert. Sinkt die Lösemittelkonzentration im Trägergas dreht sich dieser Prozess um – das Lösemittel diffundiert zu der Oberfläche der Polymerbeschichtung und desorbiert in die Gasphase. Am Ende der Säule wird der zeitliche Verlauf der Konzentration des Lösemittels in dem Trägergas detektiert. Durch Auswertung der Verweilzeit und der Form des Signales können mit dieser Technik Lösemitteldiffusionskoeffizienten in binären (Lösemitel-Polymer) und ternären (Lösemittel-Lösemittel-Polymer) Polymersystemen berechnet werden. Anwendung dieser Technik findet man beispielsweise in den Arbeiten von *Surana et al.* (1998), *Tihminlioglu et al.* (2000), *Davis et al.* (2005) und *Galdámez* und *Danner* (2009).

Ein weiteres, in der Vergangenheit häufig angewendetes Vorgehen zur Bestimmung von Lösemitteldiffusionskoeffizienten ist der Vergleich von gerechneten und experimentell bestimmten integralen Trocknungsverlaufskurven. Der Diffusionskoeffizient des Lösemittels wird dabei durch Anpassung der gerechneten an die gemessenen integralen Trocknungsverlaufskurven bestimmt. Diese Methode wurde beispielsweise von *Price et al.* (1997), *Guerrier et al.* (1998), *Verros et al.* (2005) und *Loulou et al.* (2006) angewendet, wobei die Trocknungsverlaufskurven gravimetrisch erfasst wurden. Die Nachteile dieser Vorgehensweise sind die Schwankungen des Messsignals, die durch die Luftströmung verursacht werden, sowie die Limitierung dieser Methode auf die Untersuchungen von Stoffsystemen mit nur einem Lösemittel. Sind mehrere flüchtige Substanzen in der zu untersuchenden Polymerbeschichtung enthalten, kann gravimetrisch nur die Summe aller Lösemittelmassenströme erfasst werden – eine Differenzierung der einzelnen Komponenten ist nicht möglich. Weiterhin lassen sich mit dieser Messtechnik nur integrale Trocknungsverläufe von Polymerbeschichtungen erfassen. Dadurch wird die Bestimmung der Konzentrationsabhängigkeit des Diffusionskoeffizinten der Lösemittel erschwert. Diese Limitierungen besteht auch für die von *Park et al.* (2000) verwendete spektrometrische Messmethode. In dieser Arbeit wurde die Abnahme der Filmdicke während des Trocknungsprozesses mit Hilfe eines Interferrometers erfasst.

Eine Möglichkeit, die Trocknungsverlaufskurven von Polymerbeschichtungen mit mehreren Lösemitteln zu bestimmen, ist die Untersuchung der Zusammensetzung der Trocknerabluft. *Vinjumar* und *Cairncross* (2000) setzten dazu Flammen-Ionisations-Detektoren ein. Mit Hilfe dieser Messtechnik wurde kontinuierlich die Zusammensetzung der Abluft während des Trocknungsversuches bestimmt. Mit dieser Information und einer Bilanz um Polymerschicht und Abluftstrom können die Trocknungsverlaufskurven und die Zusammensetzungen im Film berechnet werden. Unvorteilhaft bei diesem Vorgehen ist, dass bei der Berechnung der Filmzusammensetzung die Messfehler bei der Bestimmung der Abluftzusammensetzung während der kompletten Versuchszeit aufsummiert werden. Speziell dünne Beschichtungen und hohe Luftvolumenströme im Trockner erschweren eine zuverlässige Bestimmung.

Die direkte Bestimmung der integralen Zusammensetzung dünner Polymerbeschichtungen ermöglichte die von *Saure* und *Gnielinski* (1994) entwickelte FT-IR-Spektroskopie mit Totalreflexion am Substrat. Mit dieser Methode konnte die über die Filmdicke gemittelte Zusammensetzung einer Polymerbeschichtung während des Trocknungsprozesses nicht-invasiv ermittelt werden. Da Luftströmungen diese Messungen nicht beeinflussen, konnte mit dieser Methode die Genauigkeit gegenüber gravimetrischen Versuchen gesteigert werden. *Saure* (1995) untersuchte mit dieser Technik vor allem die Trocknung von Polymerlösungen mit einem Lösemittel. *Wagner* und *Schlünder* (1998) und *Wagner* (2000) knüpften an diese Arbeiten an und erforschten die Trocknung von Polymerlösungen mit zwei Lösemitteln. Allerdings ist die Kalibrierung der Messtechnik sehr zeitintensiv, und die Genauigkeit der Messungen nimmt mit abnehmender Filmdicke und Lösemittelkonzentration ab.

Einen völlig neuen Einblick in die Dynamik und Ausbildung von Lösemittelkonzentrationsprofilen während Trocknungsprozessen ermöglichte die von *Schabel* (2004) realisierte Inverse-Mikro-Raman-Spektroskopie (IMRS). Diese Messtechnik basiert auf der Kopplung eines konfokalen Mikro-Raman-Spektrometers mit einem inversen Mikroskop. Durch diesen Aufbau und die Verwendung von Ölimmersionsobjektiven mit hoher numerischer Apertur ist eine Messtechnik entstanden, welche die Vorteile der nicht invasiven quantitativen Analyse der Ramanspektroskopie mit der hohen Ortsauflösung konfokaler Mikroskopie vereint. Mit dieser Messtechnik war es erstmals möglich, die lokale, chemische Zusammensetzung in dünnen, polynären Polymerbeschichtungen mit hoher örtlicher und zeitlicher Auflösung zu bestimmen. Im Gegensatz zu integralen Trocknungsverlaufskurven ermöglicht die exakte Kenntnis über die zeitliche Entwicklung von Konzentrationsprofilen innerhalb einer Polymerbeschichtung während eines Trocknungsprozesses einen detaillierten Einblick in die Stofftransportvorgänge von Polymersystemen. *Schabel* (2004) untersuchte mit Hilfe dieser Messtechnik die Trocknungsprozesse von Polymerlösungen mit einem bzw. zwei Lösemittel.

Im Vergleich zur Bestimmung von Lösemitteldiffusionskoeffizienten in Polymeren gestaltet sich die experimentelle Bestimmung der Diffusionskoeffizienten schwer flüchtiger Additive schwierig. Um *Fick'sche* Diffusionskoeffizienten einer Spezies bestimmen zu können, muss ein Stoffstrom dieser Spezies quantifiziert und analysiert werden. Da im Gegensatz zu flüchtigen Lösemitteln schwer flüchtige Additive nicht aus einer festen Polymerschicht in die Gasphase entweichen, müssen spezielle Versuchsbedingungen geschaffen werden, die einen detektierbaren Stofftransportvorgang verursachen. Dabei wird häufig nach dem Donator-Akzeptor-Prinzip vorgegangen: In der Donatorphase liegt die zu untersuchende Spezies in höherer Konzentration als in der Akzeptorphase vor. Aufgrund des Konzentrationsgradienten resultiert ein Stoffstrom dieser Spezies von der Donator- in die Akzeptorphase. Nach diesem Prinzip konnten in vorangegangenen Arbeiten Diffusionskoeffizienten schwer flüchtiger Additive in Polymerschichten bestimmt werden. Im Bereich der Polymerchemie sind stellvertretend für eine Vielzahl von experimentellen und theoretischen Untersuchungen die Arbeiten von *Westlake* und *Johnson* (1975), *Johnson* und *Hauserman* (1977), *Messadie et al.* (1981), *Messadie* und *Vergnaud* (1982), *Papakonstantinou* und *Papaspyrides* (1994), *Joubert et al.* (2002), *El Kouali et al.* (2003), *Antrim et al.* (2005), *Stark et al.* (2005) und *Rosca* und *Vergnaud* (2007) zu nennen. Im Bereich der Pharmazie untersuchten unter anderen *Korsmeyer et al.* (1986), *Gao* und *Fagerness* (1995*), Ju et al.* (1995), *Siepmann et al.* (1998), *Guyot* und *Fawaz* (2000), *Cal et al.* (2001), *Vrentas* und *Vrentas* (2004) und *Frenning et al.* (2005) in ihren Arbeiten die Diffusion von Wirkstoffen in Polymersystemen. Im Folgenden sollen einige in diesen Arbeiten verwendete Ansätze und Versuchstechniken kurz vorgestellt werden.

Der in der pharmazeutischen Forschung am weitesten verbreitete Ansatz um Diffusionskoeffizienten von Wirkstoffen in Polymeren zu bestimmen ist die Durchführung und Analyse von Freisetzungsversuchen. Stellvertretend für die Vielzahl von experimentellen und theoretischen Untersuchungen sollen hier die Arbeiten von *Korsmeyer et al.* (1986)*), Ju et al.* (1995), *Siepmann et al.* (1998), *Guyot* und *Fawaz* (2000), *Cal et al.* (2001) genannt werden. Bei diesen Freisetzungsexperimenten wird das Polymer, welches den Wirkstoff enthält (Retardtablette oder Wirkstoffpflaster), in Kontakt mit einer wässrigen Lösung gebracht. Der in dem Polymer enthaltene Wirkstoff diffundiert an die Phasengrenzfläche, wird von dem umgebenden Wasser gelöst und abtransportiert. Dafür werden häufig sogenannte „Diffusionszellen“ eingesetzt. Eine Diffusionszelle ist ein temperiertes Gefäß, in dem die wässrige Lösung gerührt und die Polymerprobe mittig fixiert werden kann. Alternativ kommen auch „Durchflusszellen“ zum Einsatz, in denen die Polymerprobe definiert mit einer wässrigen Lösung überströmt werden kann. Der zeitliche Verlauf der Wirkstofffreisetzung während des Experimentes wird durch regelmäßige Bestimmung der Wirkstoffkonzentration in der Flüssigkeit ermittelt. Die Analyse der Flüssigkeit erfolgt in den meisten Fällen durch UV-Spektroskopie, aber auch Gaschromatographie oder Flammen-Ionisations-Detektion werden vereinzelt eingesetzt. Anschließend kann mit Hilfe von Modellrechnungen der Diffusionskoeffizient des Wirkstoffes in den Polymersystemen durch Anpassung von gerechneten an gemessene Freisetzungsverläufe bestimmt werden. Ein entscheidender Nachteil dieses Vorgehens ist, dass bei dieser Modellrechnung nicht nur die Diffusion der freigesetzten Komponente im Polymer, sondern auch das Eindringen des Lösemittels in das Polymer, die Quellung des Polymers, die Löslichkeit an der Phasengrenze sowie der Stoffübergang in der Flüssigphase korrekt beschrieben werden müssen. Dafür wird eine Vielzahl verschiedener Stoffsystemdaten benötigt. Ungenauigkeiten oder Fehler in diesen zusätzlichen Daten oder in dem aufwendigen Berechnungsmodell führen zu einer fehlerhaften Bestimmung der Diffusionskoeffizienten. Ein weiterer Nachteil dieses experimentellen Ansatzes ist, dass die Lösemittelkonzentration im Polymersystem, die den Diffusionskoeffizienten des Additivs maßgeblich beeinflusst, durch das Phasengleichgewicht zwischen Flüssigkeit und Polymer vorgegeben ist und nicht variabel eingestellt werden kann.

Der Selbstdiffusionskoeffizient (*Braunsche* Molekularbewegung) von Wirkstoffen in Polymersystemen wurde beispielsweise von *Korsmeyer et al.* (1986) und *Gao* und *Fagerness* (1995) mit Hilfe der Feldgradienten-Kernspinresonanzspektroskopie (Pulsed-Field-Gradient Spin-Echo NMR) bestimmt. Nachteil dieser Methode sind die experimentellen Einschränkungen bedingt durch den Versuchsaufbau. Weiterhin benötigt man für die Beschreibung von Stofftransportvorgängen (Wirkstofffreisetzung) *Fick'sche* Diffusionskoeffizienten. Die Umrechnung von Selbst- auf *Fick'sche* Diffusionskoeffizienten ist unter gewissen Annahmen und Vereinfachungen möglich, aber noch nicht eindeutig geklärt (s. Kapitel 4.3.1).

Westlake und *Johnson* (1975) untersuchten die Diffusion von UV-Stabilisatoren in verschiedenen Polymeren. Mit Hilfe eines *Geiger-Müller*-Zählers konnte die Diffusion von radioaktiv markiertem UV-Stabilisator in dünnen Polymerschichten detektiert werden. Dazu wurde der kristalline Stabilisator in Aceton gelöst und auf einer Seite einer dünnen Polymerfolie aufgebracht. Der *Geiger-Müller*-Zähler detektierte die Strahlungsintensität auf der anderen Seite der Folie. Der Diffusionsstrom des radioaktiven UV-Stabilisators auf die anfänglich stabilisatorfreie Seite der Polymerschicht führt dort zu einer Erhöhung der Strahlungsintensität. Aus dem zeitlichen Verlauf der Intensität der Strahlung wurden die Diffusionskoeffizienten des UV-Stabilisators in den unterschiedlichen Polymeren bestimmt. Der Nachteil dieses Vorgehens besteht darin, dass bei dem Applizieren der Stabilisatorlösung eine nicht quantifizierte Menge des Acetons in die Polymerschichten eindringt und die Mobilität des UV-Stabilisators vergrößert. Die Quantität dieser Beeinflussung ist schwer abzuschätzen, da verschiedene Polymere auch unterschiedliche Mengen Aceton aufnehmen können. Mit der beschriebenen Versuchstechnik bestimmten *Johnson* und *Hauserman* (1977) den Einfluss steigender Weichmachergehalte in PVC-Folien auf den Diffusionskoeffizienten des UV-Stabilisators.

Durch Anpassung von gerechneten an gemessene Weichmacherkonzentrationsprofile in PVC-Scheiben konnten *Messadie et al.* (1981) Diffusionskoeffizienten von Weichmachern in PVC bestimmen. Dazu wurden mehrere PVC-Scheiben mit anfänglich homogener Weichmacherverteilung in einen temperierten Behälter mit Methanol gegeben. Der Weichmacher diffundierte dabei von den PVC-Scheiben in das Methanol. Nach unterschiedlichen Verweilzeiten wurden einzelne PVC-Scheiben dem Behälter entnommen, mit flüssigem Stickstoff gekühlt und in siebzehn dünne Schichten geschnitten. Um den jeweiligen Weichmachergehalt der einzelnen Schichten zu bestimmen, wurde der Weichmacher aus dem PVC vollständig gelöst und anschließend die Konzentration des Weichmachers in der Eluierlösung mit Hilfe eines Gaschromatographen gemessen. Durch dieses Vorgehen erhielten *Messadie et al.* die Weichmacherkonzentrationsprofile in den PVC-Scheiben zu unterschiedlichen Versuchszeiten. Mit diesen Informationen konnte der Diffusionskoeffizient des Weichmachers in PVC bestimmt werden. Das Eindringen von Methanol in die PVC-Scheiben sowie der Einfluss des Methanols auf die Mobilität des Weichmachers in PVC wurde bei dieser Arbeit nicht berücksichtigt. In einer späteren Untersuchung von *Messadie* und *Vergnaud* (1982) wurde mit dieser Versuchstechnik die Freisetzung von Weichmacher aus PVC-Scheiben in reines Ethanol sowie in eine Ethanol-Wasser-Mischung bestimmt. Bei diesen Untersuchungen wurde das Eindringen der Lösemittel in die PVC-Scheiben quantitativ bestimmt. Die Ergebnisse zeigen, dass die Lösemittelkonzentration in den PVC-Proben einen entscheidenden Einfluss auf den Diffusionskoeffizienten des Weichmachers hat.

Um den Diffusionskoeffizienten schwer flüchtiger Additive in Polymeren ohne Beeinflussung von eindiffundierenden Lösemitteln bestimmen zu können, muss ein Feststoff als Akzeptorphase verwendet werden. So bestimmten *Papakonstantinou* und *Papaspyrides* (1994) den Diffusionskoeffizienten eines Weichmachers in PVC, indem sie eine weichmacherhaltige mit einer weichmacherfreien PVC-Schicht in Kontakt brachten. Der Weichmachermassenstrom von der weichmacherhaltigen in die anfänglich weichmacherfreie PVC-Schicht wurde dabei gravimetrisch durch regelmäßiges Wiegen der beiden Schichten bestimmt.

Joubert et al. (2002) konnten mit Hilfe von Schwingungsrheologie den Diffusionskoeffizienten eines Weichmachers in einem Copolymer Ethylenvinylacetat (PEVA) bestimmen. Dabei wurde auf die untere Platte eines Rheometers eine Schicht des Polymers aufgetragen. Auf das Polymer wurde eine geringe Menge des flüssigen Weichmachers appliziert und die obere Platte des Rheometers abgesenkt. Während der oszillierenden Messung diffundiert der Weichmacher in die Polymerschicht und führt zu einer zeitlichen Veränderung des Speicher- und Verlustmoduls der Polymerprobe. Aus den Verläufen von Speicher- und Verlustmodul wurde ein Diffusionskoeffizient berechnet bzw. angepasst.

Im Hinblick steigender Anforderungen an Sicherheit und Qualität moderner polymerer Produkte ist ein tieferes Verständnis der Diffusionsvorgänge in Polymersystemen mit schwer flüchtigen Additiven unerlässlich. Es fehlen bisher grundlegenden Arbeiten, die sowohl den Einfluss von Lösemittel auf die Mobilität schwer flüchtiger Additive als auch den Einfluss schwer flüchtiger Additive auf die Mobilität von Lösemittel in Polymersystemen systematisch untersuchen. Die vorliegende Arbeit soll dazu beitragen, diese Lücke zu schließen.

1.3 Zielsetzung dieser Arbeit

Ziel dieser Arbeit ist die Bestimmung der Mobilitäten einzelner Komponenten in Polymerlösungen, die schwer flüchtige Additive enthalten. Da die Beweglichkeit der einzelnen Spezies in Polymersystemen stark von der Zusammensetzung abhängt, soll diese quantifiziert und ein Ausdruck gefunden werden, der den Diffusionskoeffizientenverlauf von schwer flüchtigem Additiv und Lösemittel als Funktion der Zusammensetzung beschreibt. Diese Daten sollen als Grundlage für zukünftige Ansätze dienen, um die komplexen Stofftransportvorgänge in Mehrkomponentensystemen und Beschichtungen mit einer Simulation zu beschreiben.

Die Bestimmung der Diffusionskoeffizienten basiert auf folgender Arbeitshypothese: Es ist möglich, Diffusionskoeffizienten einzelner Spezies in Polymerlösungen zu bestimmen, wenn die gemessenen Konzentrationsprofile der untersuchten Spezies während Stofftransportvorgängen durch Simulationsrechnungen mit angepassten Diffusionskoeffizienten korrekt beschrieben werden können. Anpassungsparameter ist dabei der Diffusionskoeffizientenverlauf der untersuchten Spezies als Funktion der lokalen Zusammensetzung. Dabei kann angenommen werden, dass die zu untersuchenden ternären Stoffsysteme auf quasibinäre Systeme reduziert werden können, indem zwei Komponenten zu einer homogenen Komponente zusammengefasst werden, in der eine dritte Komponente diffundiert.

Voraussetzung für dieses Vorgehen ist die Kenntnis über den zeitlichen Verlauf der Konzentrationsprofile während der Stofftransportvorgänge in der ternären Polymerbeschichtung. Dafür wird eine geeignete Messtechnik benötigt, die in der Lage ist, die lokale, chemische Zusammensetzung in dünnen Polymerbeschichtungen mit hoher örtlicher und zeitlicher Auflösung zu bestimmen. Aufgrund der geringen Abmessungen der untersuchten Polymerbeschichtungen ($< 100\ \mu m$) und der Dynamik der Stoffströmungen stellen die Untersuchungen hohe Anforderungen an die Messtechnik. *Schabel* (2004) realisierte durch die

Koppelung eines konfokalen Mikro-Raman-Spektrometers mit einem inversen Mikroskop eine geeignete Messtechnik (Inverse-Mikro-Raman-Spektroskopie - IMRS), mit der sich die Zusammensetzung dünner, polynärer Polymerbeschichtungen in einem weiten Konzentrationsbereich mit hoher Genauigkeit bestimmen lässt. Diese Messtechnik wird auch bei den experimentellen Untersuchungen dieser Arbeit eingesetzt.

Der Einfluss schwer flüchtiger Additive auf Diffusionskoeffizientenverläufe von Lösemitteln in Polymerbeschichtungen soll anhand genauer Analysen von Trocknungsversuchen quantifiziert werden. Für diese Untersuchungen wird der von *Schabel* (2004) aufgebaute Trocknungskanal verwendet, mit dem die Ausbildung von Lösemittelkonzentrationsprofilen in binären bzw. ternären (Polymer mit einem bzw. zwei Lösemitteln) Polymerlösungen während der Trocknung erstmals erfolgreich bestimmt werden konnte.

Für den Schwerpunkt der vorliegenden Arbeit, die experimentelle Bestimmung von Diffusionskoeffizienten schwer flüchtiger Additive als Funktion der Zusammensetzung der Polymerbeschichtungen, müssen neue Experimente erdacht und geeignete Versuchsaufbauten realisiert werden. Diese Experimentiertechniken sollen es ermöglichen, den Einfluss der Lösemittelkonzentration auf die Mobilität schwer flüchtiger Additive in einem Lösemittelkonzentrationsbereich zu bestimmen, der auch bei Trocknungsversuchen durchschritten wird. Das bedeutet, dass die Diffusion von schwer flüchtigen Additiven in einem Bereich von flüssigen Polymerlösungen bis hin zu vollständig trockenen Polymerbeschichtungen (binäre Systeme Additiv-Polymer) untersucht werden muss.

Die gemessenen Lösemittelkonzentrationsprofile bei Trocknungsversuchen und die Konzentrationsprofile schwer flüchtiger Additive bei Ausgleichsprozessen werden mit Hilfe von Simulationsrechnungen zur Bestimmung von Diffusionskoeffizienten der jeweiligen Komponente verwendet. Systematische Untersuchungen der gegenseitigen Beeinflussung von Lösemittel und schwer flüchtigem Additiv gibt es bis dato noch nicht und sollen neue Erkenntnisse über Stofftransportvorgänge in Polymerbeschichtungen liefern.

Ein weiteres Ziel dieser Arbeit ist es, die experimentell ermittelte Abhängigkeit der Diffusionskoeffizientenverläufe der einzelnen Komponenten von der Zusammensetzung des Polymersystems mit Hilfe eines empirischen Ansatzes zu beschreiben. Diese Diffusionskoeffizientenverläufe dienen zukünftig als Grundlage für die modellhafte Beschreibung komplexer Stofftransportvorgänge in ternären Polymerbeschichtungen.

2 Messtechnik

Bei den, im Rahmen dieser Arbeit durchgeführten Untersuchungen zum Stofftransport in dünnen Polymerbeschichtungen, wurde die Inverse-Mikro-Raman-Spektroskopie (IMRS) eingesetzt, weil diese Messtechnik einzigartige Möglichkeiten bietet, um Stofftransportvorgänge in dünnen Polymerschichten beobachten zu können. Bei der Inverse-Mikro-Raman-Spektroskopie wurden die Vorteile der hohen Ortsauflösung der konfokalen Mikroskopie mit den chemischen Analysemöglichkeiten der Raman-Spektroskopie kombiniert. Weiterhin können durch den Einsatz eines, für die Raman-Spektroskopie verhältnismäßig starken Lasers, relativ kurze Messzeiten von ca. 1 s pro Messpunkt realisiert werden. Durch nicht invasive, quantitative Bestimmung der lokalen Zusammensetzung in mehreren Ebenen eines Mehrkomponentensystems lassen sich somit Konzentrationsprofile der diffundierenden Spezies in einer Polymerschicht erfassen. Dies bietet die Möglichkeit, durch Anpassung von gerechneten an gemessene Konzentrationsprofile die Mobilität - den Diffusionskoeffizienten - der diffundierenden Spezies zu bestimmen.

Die Vorteile dieser Messtechnik sollen im Rahmen dieser Arbeit genutzt werden, um Stofftransportvorgänge in Polymersystemen bestehend aus einem Lösemittel, einem schwer flüchtigen Additiv und einem Polymer zu untersuchen. In den folgenden Abschnitten werden die Grundlagen der Ramanspektroskopie und Mikroskopie erläutert sowie der verwendete Versuchsaufbau vorgestellt.

2.1 Ramanspektroskopie

Die Ramanspektroskopie basiert auf dem physikalischen Phänomen der inelastischen Lichtstreuung. In vielen Forschungsbereichen z. B. im biologisch / medizinischen und vor allem aber im chemisch/pharmazeutischen Bereich ist die Ramanspektroskopie eine etablierte Methode zur qualitativen und quantitativen Analyse. Aufgrund von technischen Verbesserungen von Lasern und CCD-Detektoren, die zu verkürzten Messzeiten und Kostenreduktionen der Systeme führen, wird diese Messtechnik verstärkt für die Untersuchung verfahrenstechnischer Fragestellungen angewendet (z. B. *Moritz* (1999), *Kwak* und *Lafleur* (2003), *Schabel* (2004), *Ludwig* (2006), *Jeck et al.* (2009) und *Scharfer* (2009)). Im folgenden Abschnitt wird die Theorie der Ramanstreuung kurz erläutert sowie Ramanspektren von untersuchten Stoffsystemen und die Möglichkeiten der quantitativen Auswertung vorgestellt. Eine detaillierte Beschreibung der Theorie der Ramanstreuung und deren Anwendungsmöglichkeiten können bei *Brame* (1977), *Fadini* (1985), *Ferraro* (1994) oder *Schrader* (1995) gefunden werden.

2.1.1 Grundlagen der Ramanspektroskopie

Spektroskopische Methoden basieren auf Wechselwirkungen zwischen einfallender elektromagnetischer Strahlung und den Molekülbindungen der zu untersuchenden Probe. Sie bieten den entscheidenden Vorteil, Proben berührungslos zu untersuchen, wobei die gewonnenen spektralen Informationen Rückschlüsse über die chemische Zusammensetzung in dem Messvolumen zulassen. Bei dem Durchstrahlen eines Probevolumens tritt infolge von Absorption und Streuung eine Schwächung der Strahlungsintensität auf. Diese beiden unterschiedlichen physikalischen Effekte können zur qualitativen und quantitativen Analyse verwendet werden. So basiert die wohl bekannteste spektroskopische Analysetechnik, die Infrarotspektroskopie, auf der selektiven Absorption von charakteristischen Wellenlängen aus dem eingestrahlten Wellenlängenbereich. Eine weitere Möglichkeit der spektroskopischen Untersuchung, auf der die Ramanspektroskopie basiert, ist die Auswertung der an den Molekülen im Probevolumen rückgestreuten Strahlung. Durch das einfallende, monochromatische Licht werden Molekülbindungen zu Schwingungsübergängen angeregt. Dabei kann elastische oder inelastische Lichtstreuung auftreten. Diese beiden Phänomene unterscheiden sich aufgrund der aufgetretenen Wechselwirkung zwischen Lichtstrahl und Molekül. Bei der elastischen Streuung, der sogenannten Rayleigh-Streuung, befindet sich die Molekülbindung vor und nach der Streuung im gleichen energetischen Zustand. Die elastische Streuung an Molekülen ändert also nur den Impuls – Richtung – des einfallenden Lichtstrahles, die Energie der Strahlung und somit seine Wellenlänge verändert sich dabei nicht. Bei einer inelastischen Streuung, zu der die Ramanstreuung gehört, ändert sich außer dem Impuls auch die Energie, also die Wellenlänge der gestreuten Photonen. Der Vorgang der inelastischen Lichtstreuung kann an dem sogenannten Termschema veranschaulicht werden: Die Quantenmechanik gibt diskrete Energieniveaus für verschiedene Molekülschwingungen vor. Wird ein Lichtstrahl an einem Molekül gestreut, wird angenommen, dass die gesamte Energie des Lichtstrahles von der Molekülschwingung absorbiert und es dadurch auf ein „virtuelles“ Energieniveau angehoben wird. Man spricht in diesem Fall von einem „virtuellen“ Energieniveau, da dieser energetische Anregungszustand nur von der Energie der gestreuten Strahlung, nicht aber von den gequantelten Energieeigenwerten der Molekülschwingung abhängig ist. Von diesem virtuellen Energieniveau relaxiert das Molekül wieder in ein energetisch günstigeres, reales Energieniveau. Dabei wird ein Photon emittiert, dessen Energie - Wellenlänge - der Differenz zwischen dem virtuellen und dem realen Energieniveau entspricht, auf welches die Molekülschwingung relaxiert. Sind die Energieniveaus der Molekülschwingung vor und nach der Lichtstreuung identisch, hat formal kein Schwingungsübergang stattgefunden. Die Lichtstreuung war elastisch (*Rayleigh*), die Wellenlänge des Lichts hat sich bei dem Vorgang nicht geändert. Relaxiert die Schwingung, im Vergleich zu dem energetischen Ursprungszustand vor der Streuung, in ein energetisch höheres oder niedrigeres Energieniveau war die Lichtstreuung inelastisch, und die Wellenlänge des emittierten Photons ist länger (energieärmer) oder kürzer (energiereicher) als von der anregenden Strahlung. In diesen Fällen hat ein Schwingungsübergang stattgefunden und man spricht von einem Stokes- bzw. Anti-Stokes-Übergang.

Das Phänomen der inelastischen Lichtstreuung wurde von *Smekal* (1923), basierend auf theoretischen Überlegungen, vorhergesagt. Erst fünf Jahre später konnte ihre Existenz durch *Raman* und *Krishnan* (1928) experimentell bestätigt werden. Der experimentelle Nachweis gestaltete sich unter anderem schwierig, da nur ein Bruchteil der anregenden Strahlung von einem Molekül inelastisch gestreut wird. Dementsprechend ist auch die Intensität der Ramanstrahlung I_R im Vergleich zur anregenden Lichtstrahlung I_0 nur sehr gering, was die Detektion der Strahlung erschwert. Das Verhältnis der Intensitäten von anregender Strahlung und Ramanstrahlung beträgt nur $I_0/I_R = 1:1\cdot 10^{-7}$. Die elastische Streuung tritt im Vergleich zur inelastischen deutlich häufiger auf. So beträgt das Verhältnis der Intensität zwischen der anregenden und der elastisch (Rayleigh) gestreuten Strahlung $I_0/I_E = 1:1\cdot 10^{-4}$. Dies stellt eine weitere Herausforderung für die Detektion dar, weil die schwächeren Ramansignale von dem elastisch gestreuten Licht überblendet werden. Heutzutage stellt diese dank leistungsstarker Laserlichtquellen, schmalbandigen Notch- und Kantenfilter für die effektive Trennung von elastisch und inelastisch gestreuter Strahlung sowie empfindlicher CCD-Detektoren kein Problem mehr dar. Speziell die Entwicklung und der technische Fortschritt in den letzten Jahren im Bereich der Festkörperlaser und CCD-Detektoren verkürzen einerseits die benötigte Messzeit und machen außerdem die Geräte kompakter und kostengünstiger.

Aufgrund der diskreten Energieniveaus der jeweiligen Molekülschwingungsübergänge ist der Betrag der Frequenzverschiebung zwischen dem gestreuten und dem anregenden Licht nur von der streuenden Molekülschwingung abhängig. Die Wellenlänge der anregenden Lichtstrahlung hat auf diese Frequenzverschiebung, den sogenannten Ramanshift, keinen Einfluss. Werden die Intensitäten der aufgenommenen Ramansignale gegen die Wellenzahlverschiebung $\Delta\tilde{\nu}$ (Ramanshift) aufgetragen, erhält man das Raman-Spektrum des streuenden Moleküls. Der Zusammenhang zwischen Wellenzahl $\tilde{\nu}$, Wellenlänge λ und Frequenz ν des Lichtes ist gegeben durch:

$$\tilde{\nu} = \frac{1}{\lambda} = \frac{\nu}{c} \tag{2.1}$$

$\tilde{\nu}$ = *Wellenzahl*

λ = *Wellenlänge*

ν = *Frequenz*

c = *Lichtgeschwindigkeit*

In Abb. 2.1 ist das Ramanspektrum des Weichmachers Triphenylphosphat (TPP) dargestellt. Das Ramanspektrum zeigt die charakteristischen Schwingungsbanden der chemischen Bindungen des Moleküls. Allerdings erscheinen nur ramanaktive Schwingungsübergänge in einem Ramanspektrum. Eine Molekülschwingung ist ramanaktiv, wenn sich die Polarisierbarkeit des Moleküls während des Schwingungsübergangs ändert. Im Vergleich dazu muss sich bei Schwingungsübergängen, die bei der Infrarotspektroskopie detektiert werden, das Dipolmoment des Moleküls ändern.

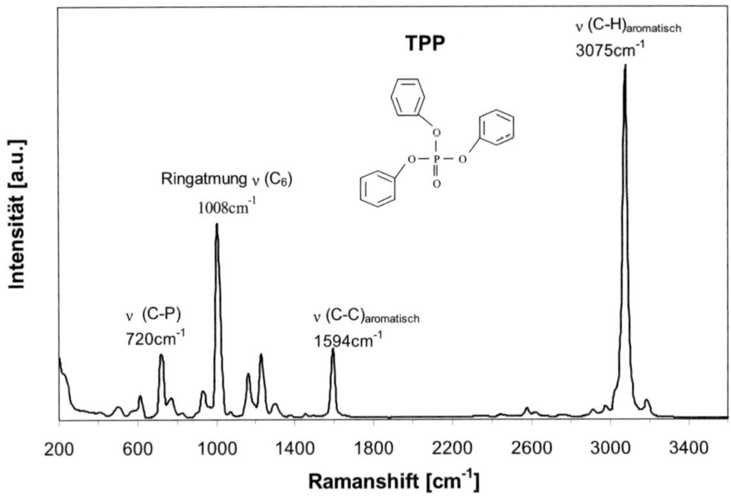

Abb. 2.1: Vollständiges Ramanspektrum (Stokes) des Reinstoffs Triphenylphosphat (TPP) aufgenommen mit dem 600er Gitter bei 20°C.

In dem Spektrum des Weichmachers sind vor allem die intensiven Schwingungsbanden der C-H Bindung bei $\tilde{\nu} = 3075\ \text{cm}^{-1}$ und die „Ringatmung" der aromatischen Ringe bei $\tilde{\nu}$ = 1008 cm^{-1} zu erkennen. In der Abb. 2.2 ist das Ramanspektrum von dem Lösemittel Methylenchlorid (MeCl) dargestellt.

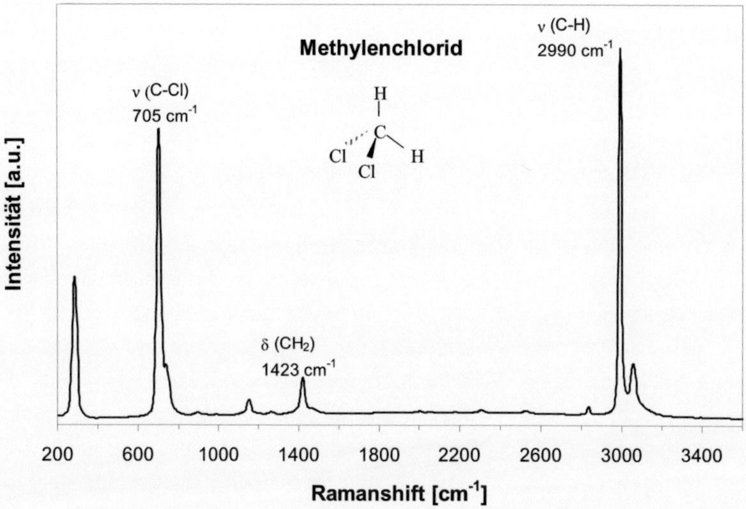

Abb. 2.2: Vollständiges Ramanspektrum (Stokes) des Reinstoffs Methylenchlorid (MeCl) aufgenommen mit dem 600er Gitter bei 20°C.

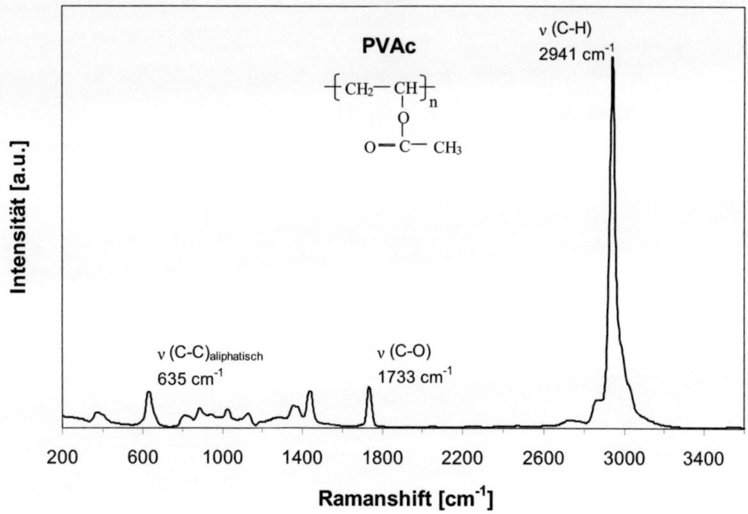

Abb. 2.3: Vollständiges Ramanspektrum (Stokes) des Reinstoffs Polyvinylacetat (PVAc) aufgenommen mit dem 600er Gitter bei 20°C.

In dem Spektrum dominieren die Schwingungsbanden der C-H und C-Cl Bindungen bei $\tilde{\nu} = 2990\ \text{cm}^{-1}$ und $\tilde{\nu} = 705\ \text{cm}^{-1}$. Das Ramanspektrum des Polymers Polyvinylacetat (PVAc) ist in Abb. 2.3 abgebildet. In dem Schwingungsspektrum ist sehr deutlich die Intensitätsspitze (Peak) der C-H-Bindung zu erkennen, welche die hohe Anzahl an C-H-Bindungen in den Polymerketten wiederspiegelt.

2.1.2 Quantitative Auswertung der Ramanspektren

Wie die Abbildungen der Reinstoffspektren verdeutlichen, sind die Schwingungsbanden charakteristisch für bestimmte Bindungen innerhalb eines Moleküls. In dem Ramanspektrum eines Mehrkomponentensystems sind daher auch die charakteristischen Frequenzverschiebungen der einzelnen chemischen Spezies des Systems zu erkennen. Es stellt sich daher die Frage, ob und wie aus dem gemessenen Spektrum eines Mehrkomponentensystems Rückschlüsse auf die Konzentrationen der einzelnen Spezies in dem Probevolumen gezogen werden können. Um diese Frage zu beantworten, soll zunächst der Zusammenhang zwischen der Intensität einer Schwingungsbande im Ramanspektrum und der, der anregenden Laserstrahlung, betrachtet werden. In einem mit Laserlicht bestrahlten Probevolumen ist nach *Mayinger* (1994) die Intensität des inelastisch gestreuten Lichts linear proportional zu der Intensität der anregenden Strahlung, der Teilchenanzahl im Probevolumen und diverser stoffspezifischer Konstanten. *Moritz* (1999) formuliert den in Gleichung (2.2) gezeigten, linearen Zusammenhang zwischen der Intensität eines Raman-Signals und der Anzahl der streuenden Teilchen im Fokusvolumen. Dabei bezeichnet der Index *i* die chemische Spezies und *k* die jeweils betrachtete Schwingung des Moleküls.

$$I_{i,k} = \underbrace{\frac{\partial \sigma_{i,k}}{\partial \Omega}}_{\substack{\textit{stoffspezifischer}\\ \textit{Faktor}}} \cdot \tilde{c}_i \cdot N_A \cdot \underbrace{V \cdot \Omega_{obs} \cdot F^{-1} \cdot C \cdot I_0}_{\text{exp}\,\textit{erimentelle Faktoren}} \tag{2.2}$$

$\partial\sigma_{i,k}/\partial\Omega$ = *differentieller Streuquerschnitt der Molekülschwingung k der chemischen Spezies i*

$\tilde{c}_i$ = *molare Konzentration der Komponente i*

N_A = *Avogadro-Konstante*

V = *Beobachtungsvolumen*

Ω_{obs} = *Beobachtungswinkel des Objektivs*

F = *Projektionsfläche der Detektoröffnung auf das Beobachtungsvolumen*

C = *Konstante zur Berücksichtigung der Effizienz des Detektorsystems*

I_0 = *Intensität der Anregungsstrahlung*

In dieser Form werden die einzelnen Einflussfaktoren auf die Intensität des Raman-Signals deutlich. Neben der molaren Konzentration der streuenden Spezies ist der differentielle Streuquerschnitt der betrachteten Molekülschwingung der einzige stoffspezifische Faktor. Weiterhin spielen viele experimentelle Faktoren wie die Intensität der anregenden Strahlung, der Versuchsaufbau und die Empfindlichkeit des Detektorsystems in dem zu detektierenden Wellenlängenbereich eine große Rolle. Gerade diese experimentellen Faktoren sind schwer zugänglich und können sich von Experiment zu Experiment leicht verändern. Dies erschwert die Bestimmung der absoluten Konzentration der streuenden Spezies mit Hilfe von Gleichung (2.2). Weiterhin sind die Reproduzierbarkeit und die Genauigkeit der Auswertung fraglich. Um diese Probleme zu umgehen, ist es in der Ramanspektroskopie üblich, aus einem Schwingungsspektrum keine absoluten Konzentrationen einzelner Spezies zu bestimmen, sondern Intensitätsverhältnisse von Schwingungsbanden verschiedener Spezies auszuwerten. Dieses Vorgehen hat den Vorteil, dass durch die Verhältnisbildung alle experimentellen Faktoren eliminiert werden, wie es in Gleichung (2.3) für Schwingungsbanden der Spezies *i* und *p* dargestellt ist.

$$\frac{I_{i,k}}{I_{p,k}} = \frac{\left(\frac{\partial \sigma_{i,k}}{\partial \Omega}\right)}{\left(\frac{\partial \sigma_{p,k}}{\partial \Omega}\right)} \cdot \frac{\tilde{c}_i}{\tilde{c}_p} \cdot \underbrace{\frac{N_A \cdot V \cdot \Omega_{obs} \cdot F^{-1} \cdot C \cdot I_0}{N_A \cdot V \cdot \Omega_{obs} \cdot F^{-1} \cdot C \cdot I_0}}_{=1} \tag{2.3}$$

Dadurch müssen die schwer zugänglichen experimentellen Einflussgrößen nicht bestimmt werden. Weiterhin wirken sich temporäre Störungen wie z. B. Intensitätsschwankungen des Laserlichtes oder Veränderungen des Versuchsaufbaus auf die Intensität beider Schwingungsbanden aus, wodurch das Verhältnis unbeeinflusst bleibt. Durch Umformung kann Gleichung (2.3) in eine anwendungsfreundliche Form gebracht werden. Dabei wird die molare Konzentration der Komponente *i*, $\tilde{c}_i$ durch die massenbezogene Konzentration c_i ersetzt.

$$\tilde{c}_i = \frac{c_i}{\tilde{M}_i} \tag{2.4}$$

c_i = *massenbezogene Konzentration der Komponente i*

$\widetilde{M}_i$ = *Molmasse der Komponente i*

Mit der Einführung der Massenbeladung X_i kann das Konzentrationsverhältnis der Komponenten i und p ersetzt werden.

$$X_i = \frac{m_i}{m_p} = \frac{m_i / V_{ges}}{m_p / V_{ges}} = \frac{c_i}{c_p} \tag{2.5}$$

X_i = *Massenbeladung der Komponente i*

m_i = *Masse der Komponente i im Probevolumen*

m_p = *Masse der Komponente p im Probevolumen*

Werden Gleichungen (2.4) und (2.5) in (2.3) eingesetzt, erhält man folgenden, einfachen Ausdruck für den Zusammenhang zwischen dem Intensitätsverhältnis zweier Schwingungsbanden und der Beladung der Komponente i:

$$\frac{I_{i,k}}{I_{p,k}} = \underbrace{\left(\frac{\partial \sigma_{i,k} / \partial \Omega}{\partial \sigma_{p,k} / \partial \Omega} \right) \cdot \frac{\widetilde{M}_p}{\widetilde{M}_i}}_{=K_i} \cdot X_i = K_i \cdot X_i \tag{2.6}$$

K_i = *Kalibrierkonstante der Komponente i*

Die Kalibrierkonstante K_i ist ein Proportionalitätsfaktor, der das Intensitätsverhältnis mit der Massenbeladung verknüpft. Durch die Verhältnisbildung ist der Faktor unabhängig von dem experimentellen Aufbau und Veränderungen der Laserleistungen. Die Ermittlung der Kalibrierkonstante erfolgt über die Aufnahme der Ramanspektren von Proben mit bekannter Zusammensetzung. Wird das Intensitätsverhältniss der charakteristischen Schwingungsbanden in dem aufgenommenen Spektrum bestimmt, ist die einzige unbekannte Größe in Gleichung (2.6) die Kalibrierkonstante K_i.

Durch die Entwicklung leistungsstarker Laser und Detektorsysteme ist die Ramanspektroskopie zu einem aufschlussreichen Spektroskopieverfahren für die quantitative Analyse von Mehrkomponentensystemen geworden. Die Kalibrierung eines Stoffsystems gestaltet sich aufgrund des linearen Zusammenhangs zwischen der Komponentenbeladung und dem Intensitätsverhältnis der charakteristischen Schwingungsbanden im Vergleich zu anderen spektroskopischen Analysetechniken relativ einfach. Das genaue Vorgehen bei der Kalibrierung der in dieser Arbeit untersuchten Stoffsysteme wird in Kapitel 3.1 detailliert beschrieben.

2.2 Grundlagen der Mikroskopie

Ein weiterer Vorteil der Ramanspektroskopie gegenüber anderen spektroskopischen Verfahren ist die Tatsache, dass der Raman-Effekt auf Lichtstreuung und nicht wie z. B. bei der Infrarotspektroskopie auf Absorption basiert. Somit ist man bei der Probenanalyse nicht auf das übliche Transmissions- oder Totalreflextionsverfahren beschränkt, mit denen keine ortsaufgelöste Bestimmung der Zusammensetzung der Probe möglich ist. Dadurch, dass die Ramanspektroskopie auf inelastischer Lichtstreuung beruht, können alle Methoden der „gewöhnlichen" Lichtmikroskopie angewendet werden. In Verbindung mit geeignet gewählten Mikroskopiemethoden können die, in dem vorhergehenden Kapitel besprochenen analytischen Möglichkeiten der Ramanspektroskopie, auf lokale, räumlich scharf begrenzte Gebiete in einer Probe angewendet werden. Dadurch wird die berührungslose und zerstörungsfreie Bestimmung der lokalen chemischen Zusammensetzung in verschiedenen Tiefen einer Probe ermöglicht. Um diesen entscheidenden Vorteil auszunutzen und eine möglichst hohe Ortsauflösung zu erhalten, müssen einige Grundlagen der Mikroskopie beachtet werden. Diese werden in folgendem Kapitel kurz erläutert und sollen zu einem besseren Verständnis der später vorgestellten Versuchsaufbauten beitragen.

2.2.1 Prinzip der konfokalen Mikroskopie

Bei einem sogenannten Tiefenscan werden die lokalen Zusammensetzungen einer Probe in verschiedenen Ebenen bestimmt. Dabei wird der Fokuspunkt der anregenden Laserstrahlung entlang der Tiefenkoordinate in der Probe schrittweise bewegt. Die inelastisch gestreute Strahlung, welche die Information über die chemische Zusammensetzung in dem Fokusvolumen enthält, wird von demselben Objektiv aufgefangen, welches den anregenden Laserstrahl fokussiert. Dabei ist von entscheidender Bedeutung, dass die aufgenommenen spektralen Informationen nur bzw. hauptsächlich aus der betrachteten Fokusebene kommen. Werden zu viele Photonen, die ober- oder unterhalb der eigentlichen Fokusebene gestreut wurden, aufgenommen, kann das zur fehlerhaften Interpretation der lokalen Zusammensetzung führen. Für eine eindeutige Zuordnung der erhaltenen Informationen muss also sichergestellt werden, dass der Großteil der aufgefangenen Lichtstrahlen aus der Fokusebene stammt, und der Anteil der Streustrahlung aus anderen Tiefen minimiert wird. Um dies zu gewährleisten, wird bei der konfokalen Mikroskopie eine Lochblende – das konfokale Pinhole - in den Strahlengang der Streustrahlung eingesetzt (*Wilson* (1990)). Diese Lochblende ist so angeordnet, dass die gestreute Strahlung aus der Fokusebene exakt in dem Mittelpunkt der Lochblende erneut fokussiert wird. Dadurch kann sie die

Blende passieren und erreicht den Detektor. Der Großteil des Streulichts, das seinen Ursprung ober- oder unterhalb der Fokusebene hat, wird von dem Pinhole effektiv ausgeblendet. Das konfokale Prinzip ist in Abb. 2.4 veranschaulicht.

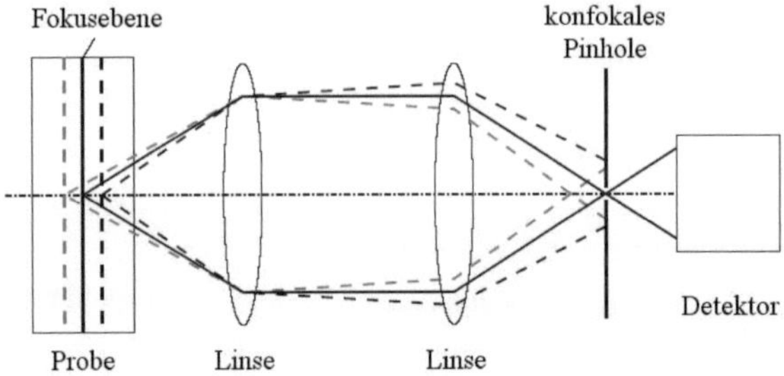

Abb. 2.4: Veranschaulichung des konfokalen Prinzips. Die vereinfachte Darstellung der Strahlengänge verdeutlicht, wie das konfokale Pinhole Strahlung abfängt, die ober- und unterhalb der Fokusebene gestreut wurde.

Bei *Schabel* (2004) ist der Einfluss verschiedener Lochblendendurchmesser auf die Tiefenauflösung detailliert beschrieben. In dieser Arbeit wurden alle Messungen mit einem Pinholedurchmesser von 400 µm durchgeführt. Diese Einstellung ergab einen guten Kompromiss aus hoher Signalintensität und guter, axialer Ortsauflösung von 2 – 3 µm.

2.2.2 Abbildungsfehler

Das beschriebene konfokale Prinzip würde im Idealfall zu einer axialen Auflösung führen, die nur von der Wahl des Objektives und der Wellenlänge des verwendeten Lasers abhängt. Der idealisierte Fokuspunkt wird in Realität durch Beugungseffekte zu einem Fokusvolumen (focal tube) aufgeweitet. *Everall* (2000) gibt für die axiale Aufweitung dieses Fokusvolumens (depth of focus *d.o.f.*) folgende Näherung:

$$d.o.f. = 4 \cdot \frac{\lambda}{NA^2} \tag{2.7}$$

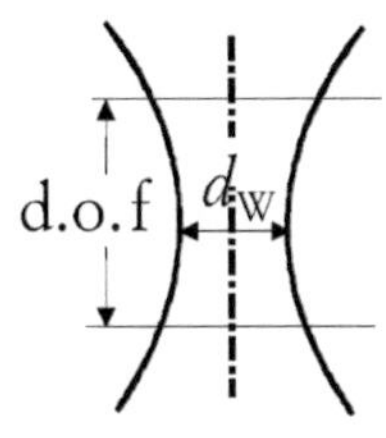

λ = *Wellenlänge des Laserlichtes*

NA = *numerische Apertur des Objektivs*

Auf die genaue Bedeutung der numerischen Apertur (*NA*) soll an dieser Stelle nicht eingegangen werden. Sie ist ein Maß für den maximalen Raumwinkel, in dem noch Strahlen von der Linse des Objektivs eingesammelt werden können.

$$NA = \sin \Theta_{max} \tag{2.8}$$

Θ_{max} = *maximaler Winkel eines Strahls zur optischen Achse*

Allerdings spielen Abbildungsfehler aufgrund von Beugungseffekten in der Mikroskopie eine untergeordnete Rolle. Abbildungsfehler aufgrund von Brechungseffekten, sogenannte „sphärische Aberrationen“, limitieren das räumliche Auflösevermögen lichtmikroskopischer Untersuchungen. Eine sphärische Aberration tritt auf, wenn sich die optische Dichte des Mediums im Strahlengang zwischen Objektivlinse und Fokuspunkt ändert. Dies ist der Fall, wenn beispielsweise ein Lichtstrahl mit einem gängigen Trockenobjektiv in einer transparenten PVAc-Probe fokussiert wird. An der Phasengrenze zwischen Luft und Probe tritt aufgrund der unterschiedlichen Brechungsindices der Medien Lichtbrechung auf. Der Lichtstrahl wird teilreflektiert und gemäß des *Snelliusschen* Brechungsgesetzes (*Tipler* (2000)) zum optisch dichteren Medium hin gebrochen:

$$n = \frac{\sin \Theta_1}{\sin \Theta_2}, \qquad mit \quad n = \frac{n_2}{n_1} \tag{2.9}$$

Θ_i = *Winkel im Medium i zur optischen Achse*

n_i = *Brechungsindex des Medium i*

Dabei werden die Lichtstrahlen an der Phasengrenze je nach Einfallswinkel unterschiedlich stark gebrochen. So werden die randgängigen Strahlen, die mit dem maximalen Raumwinkel Θ_{max} auf die Phasengrenze treffen, wesentlich stärker durch die Lichtbrechung abgelenkt als achsnahe Strahlen. Dies führt zu einer axialen Aufweitung des Fokusvolumens (*d.o.f.*) und zu einer Verschiebung des Fokusvolumens aus der nominellen Fokusebene. Mit zunehmendem Unterschied der Brechungsindices vergrößern sich diese Abbildungsfehler. Im oben aufgeführten Beispiel (Luft $n_1 = 1$, PVAc $n_2 = 1{,}46$) beträgt das Verhältnis der Brechungsindices $n = 1{,}46$ und würde zu beträchtlichen Abbildungsfehlern führen und so kaum eine korrekte Interpretation der spektralen Informationen zulassen.

Die sphärischen Aberrationen lassen sich durch den Einsatz von sogenannten Immersionsobjektiven drastisch verringern. Bei diesen Objektiven wird der Raum zwischen Objektivlinse und Probe (oder Probenträger) mit einer Immersionsflüssigkeit gefüllt, deren Brechungsindex dem der Probe möglichst ähnlich ist. Um den Kontakt zwischen der zu untersuchenden Probe und der

Immersionsflüssigkeit zu vermeiden, befindet sich in den meisten Fällen ein Objektträgerglas zwischen Flüssigkeit und Probe, wie es in Abb. 2.5 dargestellt ist.

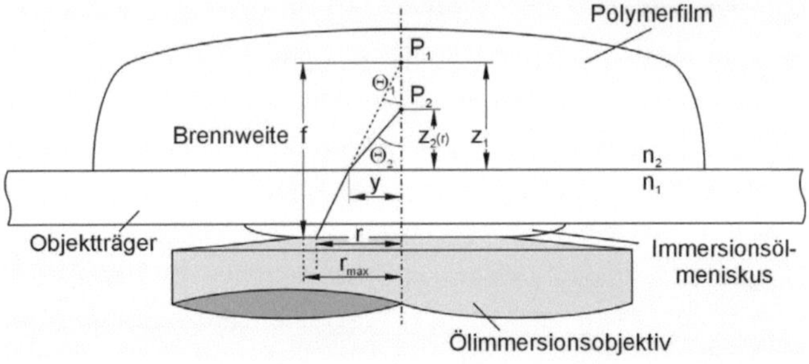

Abb. 2.5: Schematische Darstellung des Strahlengangs bei der Verwendung eines Ölimmersionsobjektives. Durch den Einsatz des Immersionsöls findet die Lichtbrechung, welche zu sphärischen Aberrationen führt, nur an der Phasengrenze Glas/Probe statt. (Quelle Scharfer (2003)).

In dieser Arbeit wurde ein spezielles Immersionsöl verwendet, dessen Brechungsindex dem des Objektträgerglases entspricht ($n_{Öl} = n_{Glas} = 1{,}51$). Dadurch wird der Strahlengang des Lichts an der Phasengrenze Immersionöl/Objektträgerglas nicht abgelenkt. An der Phasengrenze Objektträgerglas/Polymerprobe beträgt das, für die Abbildungsfehler relevante Verhältnis der Brechungsindices $n_{PVAc}/n_{Glas} = 1{,}46/1{,}51 = 0{,}97$. Würde bei diesem Versuchsaufbau kein Immersionsöl sondern ein Trockenobjektiv verwendet, würde der Lichtstrahl auf seinem Weg zu dem Fokuspunkt erst an der Phasengrenze Luft/Glas und dann erneut an der Phasengrenze Glas/Polymer gebrochen.

Durch den Einsatz von geeigneten Immersionsobjektiven lassen sich sphärische Aberrationen minimieren, aber in den meisten Fällen nicht vollständig eliminieren (Dies ist nur möglich, wenn Immersionsmedium und Probe exakt den gleichen Brechungsindex haben). Um die auftretenden Abbildungsfehler bei der Auswertung und Interpretation von Messdaten berücksichtigen zu können, hat *Everall* (2000) Berechnungsgleichungen für die axiale Aufweitung des Fokusvolumens (*d.o.f.*) und die Fokuspunktverschiebung durch Brechungseffekte angegeben. Eine kurze Herleitung der Gleichungen ist im Anhang in A 1 zu finden, eine detaillierte Beschreibung in der Arbeit von Everall. Für die Aufweitung des Fokusvolumens gibt Everall folgende Gleichung an, die nur von der numerischen Apertur des Objektivs, der nominellen Fokustiefe und dem Verhältnis der Brechungsindices von Probe und Öl abhängt.

$$d.o.f. = z_1 \cdot \left| \left(\frac{NA^2 \cdot \left(n^2 - 1\right)}{1 - NA^2} + n^2 \right)^{1/2} - n \right| \tag{2.10}$$

z_1 = *nominelle Fokustiefe*

Anhand der Gleichung ist gut zu erkennen, dass die Aufweitung linear proportional mit der nominellen Fokustiefe zunimmt. Außerdem bestätigt die Gleichung, dass für den Fall identischer Brechungsindices ($n_{Probe} = n_{Öl} \rightarrow n = 1$) keine Aufweitung auftritt ($d.o.f. = 0$).

Weiterhin gibt Everall eine Gleichung an, welche den Schwerpunkt (center of gravity = *c.o.g.*) der Intensitätsverteilung der aufgenommenen Ramansignale innerhalb des Fokusvolumens (*d.o.f.*) beschreibt. Dieser „Schwerpunkt" entspricht der axialen Position in der Probe, aus welcher der Großteil der aufgenommenen Ramansignale gestreut wurde.

$$c.o.g._{Raman} = z_1 \cdot \frac{\int_0^1 \left(\frac{NA^2 \cdot \left(n^2 - 1\right)}{1 - NA^2} + n^2 \right)^{1/2} \cdot m^2 \cdot \exp\left(- \frac{2 \cdot m^2}{\Phi} \right) dm}{\int_0^1 \cdot m^2 \cdot \exp\left(- \frac{2 \cdot m^2}{\Phi} \right) dm} \tag{2.11}$$

m = *dimensionsloser Linsenradius* r/r_{max}

n = $n_{Probe}/n_{Öl}$

Φ = *Füllfaktor des Objektivs (hier* $\Phi = 1$)

Mit Hilfe von Gleichung (2.11) kann die reale Position (*c.o.g.*) der Ramansignale berechnet werden, wenn die nominelle Fokustiefe und die Brechungsindices der Probe bekannt sind. In dieser Arbeit wird bei der Auswertung der Ramanspektren die Verschiebung des nominellen Fokuspunktes aufgrund von Brechungseffekten berücksichtigt und mit Gleichung (2.11) die Position der Signale korrigiert. Die dazu verwendeten optischen Dichten der untersuchten Stoffsysteme sind in Abschnitt A 2 im Anhang angegeben.

Die Größenordnung von sphärischen Aberrationen sollen abschließend an einem einfachen Beispiel verdeutlicht werden. Wird bei der Untersuchung einer PVAc Probe ein Trockenobjektiv mit einer numerischen Apertur von $NA = 0{,}9$ verwendet, beträgt bei einer nominellen Fokustiefe von 50 µm die axiale Fokusaufweitung $d.o.f. = 58$ µm. Der Schwerpunkt der Ramansignale hat dabei seinen Ursprung aus einer Tiefe von $c.o.g. = 103$ µm. Wird hingegen bei der Untersuchung ein Ölimmersionsobjektiv mit einer numerischen Apertur von $NA = 1{,}3$

eingesetzt, beträgt die Fokusaufweitung *d.o.f.*= 5 µm und der Schwerpunkt der Ramansignale befindet sich in einer Tiefe von 46 µm. Dieses Beispiel soll verdeutlichen wie entscheidend die Wahl der Objektive und Immersionsmedien auf die Tiefenauflösung und somit auf die Qualität von mikroskopischen Untersuchungen ist. Wird der Effekt der Lichtbrechung bei der Auswertung der Messwerte nicht berücksichtigt, kann das zu schweren Fehlern bei der Interpretation der Daten führen.

In diesem Kapitel soll verdeutlicht werden, wie wichtig der Aufbau des Mikroskops und die Verwendung von geeigneten Objektiven und Immersionsflüssigkeiten für die tatsächliche Ortsauflösung bei der Mikroskopie sind. Um eine maximal mögliche Ortsauflösung bei den mikroskopischen Untersuchungen zu erhalten, muss ein konfokales Mikroskop mit einem Immersionsobjektiv eingesetzt werden. Der Brechungsindex der verwendeten Immersionsflüssigkeit sollte dabei dem der Probe möglichst ähnlich sein. Auftretende sphärische Aberrationen sollten mit Hilfe von Gleichung (2.11) berechnet werden um Fehlinterpretationen der Daten zu vermeiden.

2.3 Aufbau des Inversen-Mikro-Raman-Spektrometers

Die in den letzten beiden Abschnitten beschriebenen Methoden und Erkenntnisse, die optimale Ortsauflösungen bei mikroskopischen Untersuchungen ermöglichen, wurden von *Schabel* (2004) bei dem Aufbau des Inversen-Mikro-Raman-Spektrometers berücksichtigt. Durch die Kopplung eines inversen, konfokalen Mikroskops mit einem Ramanspektrometer und die Verwendung von Ölimmersionsobjektiven mit hoher numerischer Apertur ist eine Messtechnik entstanden, welche die Vorteile der nicht invasiven quantitativen Analyse der Ramanspektroskopie mit der hohen Ortsauflösung konfokaler Mikroskopie vereint. In Abb. 2.6 ist der Aufbau des Inversen-Mikro-Raman-Spektrometers dargestellt. Die Messtechnik besteht im Wesentlichen aus einem Trocknungskanal, der über einem inversen, konfokalen Mikroskop (*Olympus IX50*) positioniert und mit dem Ramanspektrometer (*Labram* der Firma *Jobin Yvon*) gekoppelt ist. In einer Bohrung in der der Mitte der Platte befindet sich ein Ölimmersionsobjektiv (*Zeiss Plan-Neofluar* 100x, NA 1,3), welches durch eine 170 µm dünne Glasplatte den Laserstrahl im Polymerfilm fokussiert. Immersionsöl und Glasplatte haben identische Brechungsindices von $n_{Öl} = n_{Glas} = 1{,}51$. Für die Untersuchungen wurde ein Argon-Laser (*Uniphase 2010 Series*) mit einer Wellenlänge von $\lambda = 514$ nm und einer maximalen Strahlleistung von 175 mW eingesetzt. Im Fokuspunkt werden die Laserstrahlen elastisch (*Rayleigh*) und inelastisch

(*Raman*) von den Molekülen im Fokusvolumen gestreut. Ein Teil dieser Streustrahlung wird von dem Objektiv wieder eingesammelt und beinhaltet die Information über die chemische Zusammensetzung der Probe im Fokusvolumen.

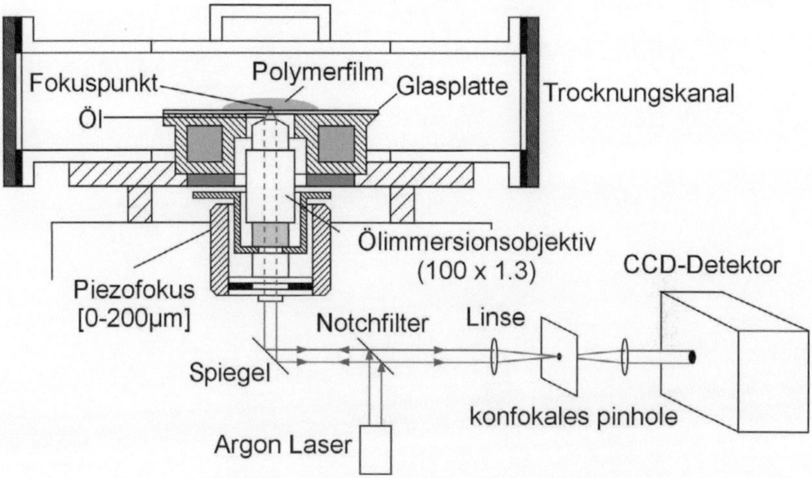

Abb. 2.6: Schematischer Aufbau des Inversen-Mikro-Raman-Spektrometers. Die Skizze zeigt die Kopplung des inversen, konfokalen Mikroskops mit dem Raman-Spektrometer.

Um die lokale Zusammensetzung der Probe in verschiedenen Ebenen des dünnen Films bestimmen zu können, muss die axiale Position des Fokuspunktes verändert werden. Dies wird durch Anheben und Absenken des Objektivs durch ein Piezo-Nano-Positionierungs-System der Firma *Physical Instruments* realisiert, welches diese Verstellung in wenigen Millisekunden und mit einer Präzision von 0,3 µm durchführt. Die von dem Objektiv eingesammelte Streustrahlung wird von einem Spiegelsystem umgeleitet und durch eine Linse auf ein konfokales Pinhole fokussiert. Dies bewirkt die in Kapitel *2.2.1* beschriebene räumliche Filterung der Streustrahlung. Strahlen, die oberhalb oder unterhalb der Fokusebene gestreut werden, werden nicht auf das Pinhole fokussiert und können daher die Blende nicht passieren. Durch den Einsatz des konfokalen Mikroskops in Verbindung mit einem geeigneten Ölimmersionsobjektiv mit hoher numerischer Apertur wird eine Ortsauflösung von etwa 2 µm erreicht.

Damit genügt die beschriebene Messtechnik den Anforderungen der Aufgabenstellung, Zusammensetzungsprofile in Mehrkomponentensystemen mit einer hohen örtlichen Auflösung erfassen zu können. Die bestehende Messtechnik konnte teilweise direkt bei den Untersuchungen eingesetzt werden (Trocknungsversuche s. Kapitel 3.2) oder die neu entwickelten Versuchsaufbauten wurden so konstruiert, dass sie an die bestehende Messtechnik angekoppelt werden konnten (Langzeit-, Wiederbefeuchtungs- und Zweischichtversuche s. 3.3.2, 3.3.3 und 3.3.4).

3 Experimentelle Untersuchungen

Mit der in Kapitel 2 vorgestellten Messtechnik wird nun die Mobilität der einzelnen Komponenten in Polymerlösungen, die schwer flüchtige Additive enthalten, untersucht werden. Dabei stehen die Diffusion des schwer flüchtigen Additivs sowie die Beeinflussung der Lösemitteldiffusion durch das schwer flüchtige Additiv im Vordergrund. Um diese Aspekte zu untersuchen, wurden geeignete Experimente durchgeführt und mit Hilfe der IMRS-Messtechnik analysiert. Voraussetzung für eine quantitative Auswertung der experimentellen Daten sind Kalibrierungsmessungen der untersuchten Stoffsysteme. Um den Einfluss des schwer flüchtigen Additivs auf die Mobilität der Lösemittel in der Polymerlösung zu bestimmen, wurden Trocknungsversuche mit Polymerlösungen mit unterschiedlichen Weichmacherkonzentrationen durchgeführt. Die Quantifizierung der Abhängigkeit des Diffusionskoeffizienten des schwer flüchtigen Additivs von der Lösemittelkonzentration ist erheblich aufwendiger. Aufgrund der starken Beeinflussung der Weichmachermobilität durch Lösemittel in Polymersystemen müssen je nach Lösemittelkonzentration drei verschiedene Versuchstechniken eingesetzt werden, um den Einfluss des Lösemittels auf die Mobilität des schwer flüchtigen Additivs im relevanten Lösemittelkonzentrationsbereich (von viskosen Flüssigkeiten bis zu trockenen Polymerfilmen) zu bestimmen. In den folgenden Abschnitten werden die verwendeten Versuchsaufbauten vorgestellt sowie die Versuchsdurchführungen erläutert.

3.1 Kalibriermessungen zur Auswertung der Raman-Spektren

Um aus den gemessenen Ramanspektren Informationen über die quantitative Zusammensetzung zu erhalten, müssen Kalibrierungsmessungen der zu untersuchenden Stoffsysteme durchgeführt werden. Dadurch können aus den gemessenen Intensitätsverhältnissen der einzelnen Komponenten die entsprechenden Beladungen berechnet werden. Bei einer Kalibrierungsmessung wird der Kalibrierungsfaktor aus der Vermessung von Lösungen bekannter Zusammensetzungen ermittelt. Die Bestimmung des Kalibrierungsfaktors erfolgt durch ein Auswerteprogramm (Visual Basic for Application), das von *Scharfer* (2007) entwickelt wurde. Dieses Programm liest die Rohdaten der aufgenommenen Ramanspektren ein und glättet sie mit Hilfe einer *FORTRAN*-Routine nach *Tukey* (1977), welche störende Rauschsignale aus dem Ramansignal herausfiltert. Die eigentliche Auswertung der Zusammensetzung basiert auf dem Ansatz, das gemessene Ramanspektrum eines Mehrstoffgemisches in einem gewissen spektralen Bereich (Auswertungsbereich) aus einer Überlagerung der Reinstoffspektren der einzelnen Komponenten darzustellen. Dabei werden die Reinstoffspektren mit Gewichtungsfaktoren multipliziert, die den Anteil des Reinstoffspektrums an dem gemessenen Gemischspektrum wiedergeben. Eine Routine (E04FYF) aus der *NAG* (Numerical Algorithms Group-Fortran Bibliothek) wird verwendet, um die Fehlerquadratsumme zwischen dem aufgenommenen und dem aus den Reinstoffspektren berechneten Spektrum zu mimimieren. Die veränderbaren Parameter sind dabei die Gewichtungsfaktoren. Das Verhältnis der Gewichtungsfaktoren einer Komponente *i* und dem Polymer wird als Intensitätsverhältnis bezeichnet und ist linear proportional zu der relative Beladung der Komponente *i* in der Probe. Den Zusammenhang zwischen relativer und tatsächlicher Beladung der Probe stellt die Kalibrierkonstante dar. Die Kalibrierkonstante kann durch Auswertung von Ramanspektren von Proben mit bekannter Zusammensetzung bestimmt werden. Dazu werden Kalibrierlösungen der ternären Stoffsysteme (PVAc-MeCl-TPP, PVAc-MeOH-TPP und TAC-MeCl-TPP) im interessierenden Konzentrationsbereich von Lösungsmittel und Additiv in GC-Gläschen angesetzt und vermessen. In Abb. 3.1 ist der spektrale Bereich dargestellt, der zur Auswertung des Stoffsystems PVAc-MeCl-TPP verwendet wird.

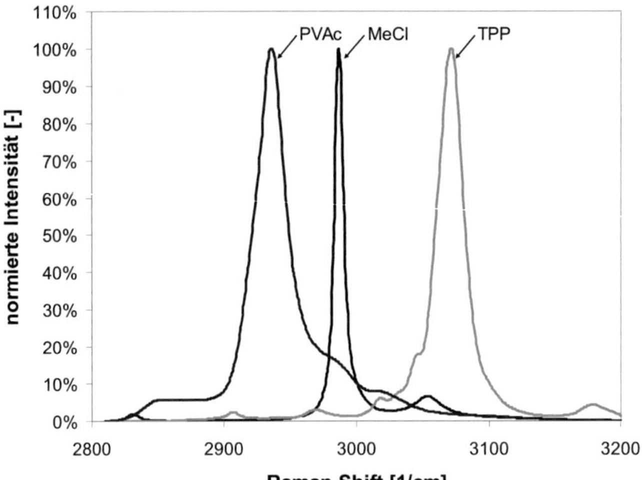

Abb. 3.1: Ramanspektren der Reinstoffe Polyvinylacetat, Methanol und Triphenylphosphat aufgenommen mit dem 1800er Gitter. Das Diagramm zeigt den spektralen Bereich der bei der Auswertung des Stoffsystems verwendet wird.

Wie man an den Ramanspektren der Reinstoffe in Abb. 2.1 bis Abb. 2.3 erkennen kann, ist die Intensität der Ramanstrahlung der Schwingungsbanden im Bereich von 3000 Wellenzahlen am höchsten. Im Hinblick auf kurze Messzeiten ist es daher sinnvoll, diesen Bereich zur quantitativen Analyse zu verwenden.

In Abb. 3.2 ist exemplarisch für das Stoffsystem PVAc-MeCl-TPP die aus den Kalibriermessungen bestimmte Kalibriergerade für Methylenchlorid dargestellt.

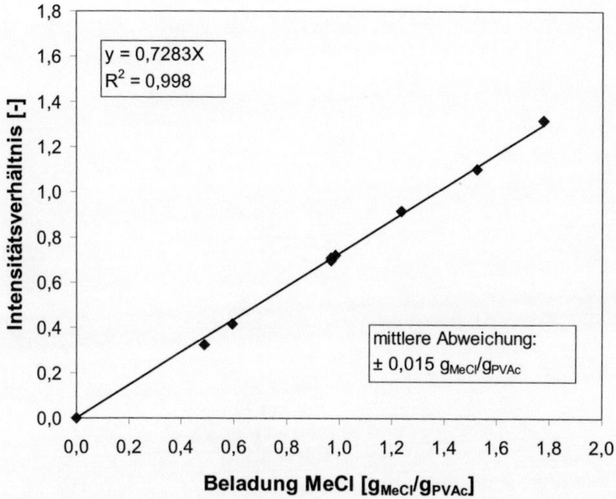

Abb. 3.2: Kalibrierungsgerade von Methylenchlorid für das ternäre Stoffsystem Polyvinylacetat-Methylenchlorid-TPP. Die Messungen erfolgten bei Raumtemperatur.

In dem Diagramm sind die Intensitätsverhältnisse der gemessenen Ramansignale von Methylenchlorid und Polyvinylacetat gegen die Methylenchloridbeladung des Polymers aufgetragen. Aufgrund des linearen Zusammenhangs zwischen Intensitätsverhältnis und Beladung (s. Gleichung (2.6)) erhält man den Kalibrierungsfaktor aus der Steigung der Kalibrierungsgeraden.

Da sich die untersuchten Beladungsbereiche von Lösemittel (in Stoffsystemen mit PVAc als Polymer beträgt die maximale Lösemittelbeladung $X_{Lsg,max} = 1{,}8\ g_{Lsg}/g_{PVAc}$, mit TAC als Polymer beträgt $X_{Lsg,max} = 6{,}5\ g_{Lsg}/g_{TAC}$) und dem schwer flüchtigen Additiv (in allen Stoffsystemen beträgt die maximale Weichmacherbeladung $X_{TPP,max} = 0{,}2\ g_{TPP}/g_{PVAc}$) stark unterscheiden, sind bei der Bestimmung des Kalibrierungsfaktors des Weichmachers von ternären Stoffsystemen mit hoher Lösemittelbeladung und geringer Weichmacherbeladung starke Schwankungen aufgetreten. Um diese Ungenauigkeiten zu umgehen, wurde für die Bestimmung der Weichmacherkalibriergeraden eine neue Methode angewendet. Wie es die Theorie der Ramanstreuung voraussagt (*Fer-*

raro (1994), *Mayinger* (1994)) und in den Arbeiten von *Schabel* (2004) und *Scharfer* (2003) gezeigt wurde, kann ein ternäres Stoffsystem auch mit den Kalibrierfaktoren der beiden binären Stoffsysteme beschrieben werden. Für die Kalibrierung des Weichmachers wurden Polymerlösungen mit definierten Weichmacherbeladungen angesetzt und dünne Film ausgestrichen. Nach vollständigem Trocknen dieser Filme wurden die für die Kalibrierung verwendeten Ramanspektren aufgenommen. Abb. 3.3 zeigt die Kalibrierungsgerade von Triphenylphosphat in Polyvinylacetat, die mit dieser Methode aufgenommen wurde.

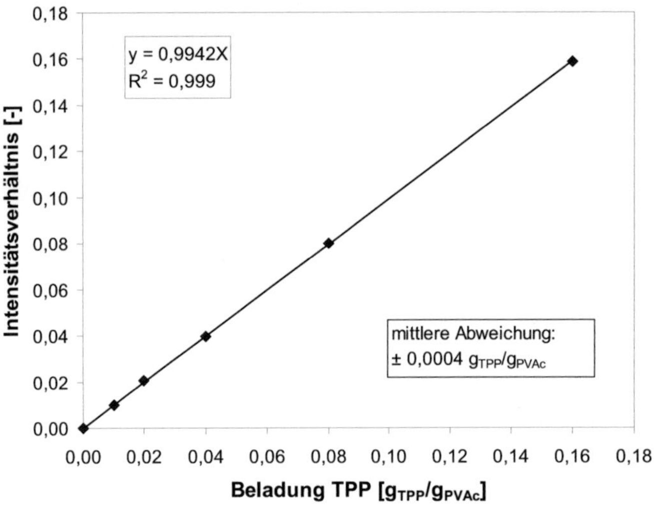

Abb. 3.3: Kalibrierungsgerade von Triphenylphosphat für das Stoffsystem Polyvinylacetat-Triphenylphosphat. Die Messungen erfolgten bei Raumtemperatur.

Die in dem Diagramm angegebene mittlere Abweichung und das Bestimmtheitsmaß der Regressionsgeraden zeigen, dass durch dieses Vorgehen eine sehr hohe Genauigkeit bei der quantitativen Bestimmung der Weichmacherbeladung erreicht werden kann.

Durch die Kalibrierungsmessungen und die dabei bestimmten Kalibrierungsfaktoren können nun gemessene Ramanspektren quantitativ ausgewertet werden. Die in dieser Arbeit verwendeten Kalibrierungsfaktoren für die untersuchten Stoffsysteme sind in einer Tabelle in Abb. A 7 im Anhang zusammengefasst. Die Kalibriergeraden der Stoffsysteme PVAc-MeOH-TPP und TAC-MeCl-TPP sind im Anhang A 3 und A 4 dargestellt. Außerdem wird in A 4 auf eine Besonderheit bei der Kalibrierung TAC-MeCl eingegangen.

3.2 Untersuchungen zur Lösemitteldiffusion

Um die Abhängigkeit des Diffusionskoeffizienten der Lösemittel in Polymerlösungen von der Konzentration schwer flüchtiger Additive zu ermitteln, wurden Trocknungsversuche mit Polymerlösungen mit unterschiedlicher Additivkonzentration durchgeführt. Untersucht wurden ternäre Polymerlösungen, welche aus Lösemittel, einem Weichmacher als schwer flüchtiges Additiv, sowie einem Polymer bestehen. Durch den Einsatz der IMRS-Messtechnik konnte der Trocknungsvorgang online beobachtet und die sich im Polymerfilm ausbildenden Lösemittelbeladungsprofile gemessen werden. Diese Profile ermöglichen in einem zweiten Schritt durch Anpassung von Simulationsrechnungen an die Messdaten die Bestimmung des Diffusionskoeffizienten des Lösemittels im Polymerfilm. Im folgenden Abschnitt werden sowohl der Versuchsaufbau als auch die Durchführung der Trocknungsversuche erklärt.

Versuchsaufbau / Durchführung

Die Trocknungsversuche wurden an einem Versuchsstand durchgeführt, der speziell für die Untersuchung des Trocknungsprozesses dünner Polymerfilme ausgelegt ist. Diese Versuchsanlage wurde von *Schabel* (2004) im Rahmen einer vorangegangenen Arbeit konstruiert und aufgebaut. Schwerpunkt seiner Arbeit ist die Messung von Lösemittelkonzentrationsprofilen während der Trocknung dünner Polymerfilme sowie die Entwicklung und Evaluierung eines Simulationsprogramms, welches in der Lage ist, diesen Prozess zu beschreiben. Der Versuchsaufbau ist in Abb. 3.4 skizziert und besteht im Wesentlichen aus einem Trocknungskanal (Innenabmessungen (B x H x L): 190 x 80 x 900 mm), der oberhalb des inversen Mikroskops platziert ist. Der Kanal selbst besteht aus einem Doppelmantel, der von einer Wärmeträgerflüssigkeit durchströmt wird. Die Strömungsgeschwindigkeit der Luft im Kanal wird über ein Nadelventil eingestellt und mit Hilfe eines Hitzedrahtanemometers gemessen. Die gereinigte und entfeuchtete Luft wird in einem vorgeschalteten Wärmetauscher temperiert und über einen Strömungsgleichrichter in den Kanal geleitet. Die Temperatur der Luft innerhalb des Kanals wird mit Hilfe eines Temperaturfühlers (*PT100*) gemessen. In dem Kanal befindet sich eine Heizplatte aus Messing die mit einer Wärmeträgerflüssigkeit durchströmt wird. In einer Nut auf der Oberfläche der Platte befindet sich ein externer Temperaturfühler (*PT100*, Ø 1 mm) eines Thermostaten, der die Temperatur der Heizplatte regelt. Auf der Heizplatte ist eine 170 µm dünne Glasplatte fixiert, auf deren Oberfläche die Polymerfilme ausgestrichen werden. Aufgrund der geringen Dicke von Glasplatte und Polymerfilm und dem daraus resultierenden relativ hohen Wärmeübertragungskoeffizienten zwischen Messingplatte und Polymerfilm, ist davon auszugehen, dass die Temperatur des Polamerfilms ϑ_{Probe} zu jedem Zeitpunkt des Versuches der Temperatur der temperierten Heizplatte entspricht (isotherme Trocknung, s. *Schabel* (2004)). Hat die Temperatur von Kanal, Luftstrom und Platte einen stationären Zustand erreicht, werden die Trocknungsversuche gestartet.

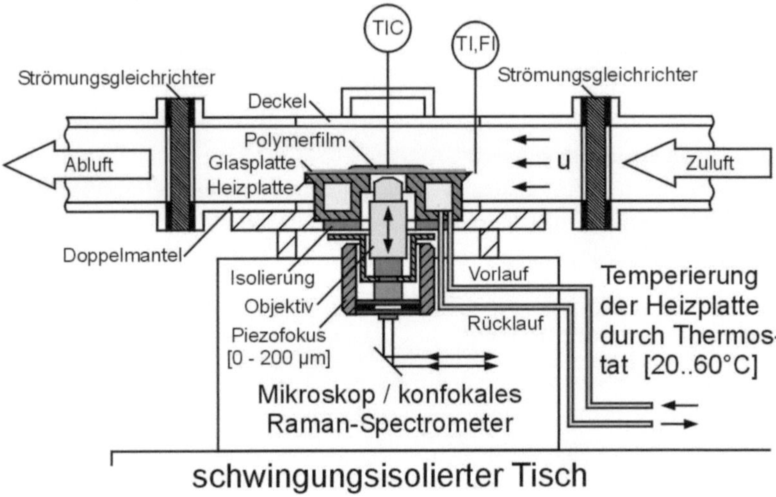

Abb. 3.4: Versuchsaufbau zur Untersuchung der Polymerfilmtrocknung. Unterhalb des Trocknungskanals befindet sich die konfokale Raman-Messtechnik.

Dabei wird auf der überströmten Platte im Kanal ein dünner Polymerfilm (Nassfilmdicke ca. 100 - 150 µm) mit Hilfe einer Lackhantel ausgestrichen. Umgehend nach der Applikation des Polymerfilms wird der Trocknungsverlauf mit Hilfe der IMRS-Messtechnik durch sogenannte Tiefenscans beobachtet. Bei einem Tiefenscan wird der Fokuspunkt schrittweise von unten nach oben durch den Polymerfilm bewegt. Wird kein Signal mehr von dem Polymerfilm detektiert, hat der Fokus den Film verlassen und ein neuer Tiefenscan wird gestartet. Die Schrittweite und Messdauer hängen dabei von der jeweiligen Filmdicke und dem zu untersuchenden Stoffsystem ab. Um der anfänglichen Dynamik der Filmtrocknung gerecht zu werden, werden die ersten Tiefenscans mit relativ kurzen Messzeiten von ca. 1 Sekunde und einer relativ großen Schrittweite von 15 µm durchgeführt. Nach einiger Zeit verlangsamt sich die Trocknungsgeschwindigkeit (Übergang vom gasseitig kontrollierten zum filmseitig diffusionskontrollierten Trocknungsabschnitt) und die Messzeiten können verlängert (ca. 2 Sekunden) bzw. die Schrittweite verkleinert werden, um genauere Informationen über das Lösemittelkonzentrationsprofil im Film zu erhalten. In den Abbildungen Abb. 3.5 bis Abb. 3.7 sind exemplarisch die Tiefenscans von einem Polyvinylacetat-Methylenchlorid-Triphenylphosphat-Film zu unterschiedlichen Zeitpunkten des Trocknungsprozesses dargestellt. Die Tiefenscans zeigen die aufgenommenen Ramanspektren an den jeweiligen Positionen innerhalb des Films. In Abb. 3.5 ist der erste Tiefenscan nach dem Auftragen des Polymerfilms dargestellt. Der Film (Anfangsfilmdicke 115 µm, anfängliche Lösemittelbeladung $X_{MeCl} = 0{,}9\ g_{MeCl}/g_{PVAc}$, Weichmacherbeladung $X_{TPP} = 0{,}15\ g_{TPP}/g_{PVAc}$) wurde bei einer Temperatur von $\vartheta_{Probe} = 20°C$ und einer Überströmungsgeschwindigkeit von $u = 0{,}2$ m/s getrocknet.

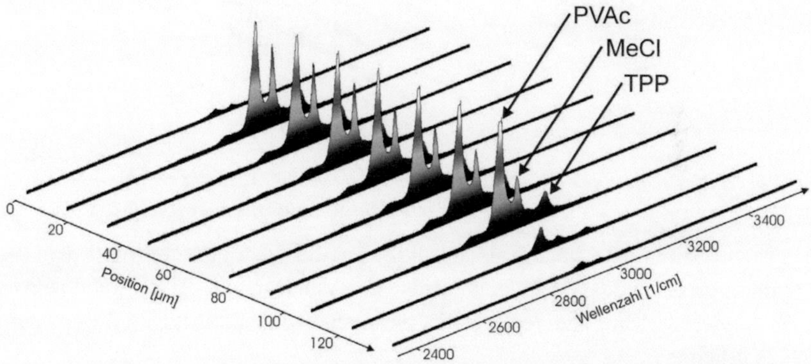

Abb. 3.5: Tiefenscan eines PVAc-MeCl-TPP-Films nach 9 Sekunden während der Trocknung bei $\vartheta_{Probe} = 20°C$ und $u = 0{,}2$ m/s. Die Anfangsfilmdicke beträgt 115 µm, die anfängliche Lösemittelbeladung $X_{MeCl} = 0{,}9\ g_{MeCl}/g_{PVAc}$ und die Weichmacherbeladung $X_{TPP} = 0{,}15\ g_{TPP}/g_{PVAc}$. Schrittweite des Scans: 15 µm, Messzeit: 1 Sekunde.

In den einzelnen Spektren kann man deutlich die charakteristischen Peaks der drei Komponenten Polyvinylacetat, Methylenchlorid und Triphenylphosphat erkennen, die in Abb. 3.1 normiert dargestellt sind. Aufgrund der relativ geringen Weichmacherbeladung dominieren am Anfang der Trocknung vor allem die intensiven Ramanbanden des Polymers und des Lösemittels die aufgenommenen Spektren. Wie man in dieser Darstellung auch erkennen kann, sind die Intensitäten der charakteristischen Banden des Weichmachers und des Polymers über die Filmdicke konstant, während die charakteristische Schwingungsbande des Lösemittels von der Filmunterseite (Position 0) bis zur Filmoberseite (Position 105 µm) deutlich abnimmt. Abb. 3.6 zeigt einen Tiefenscan des Polymerfilms 90 Sekunden nach Versuchsbeginn. Mit fortschreitendem Trocknungsverlauf kann man die Abnahme des Lösemittels anhand der Schrumpfung des Polymerfilms sowie der Verringerung der Intensität des Lösemittelpeaks in den Spektren erkennen.

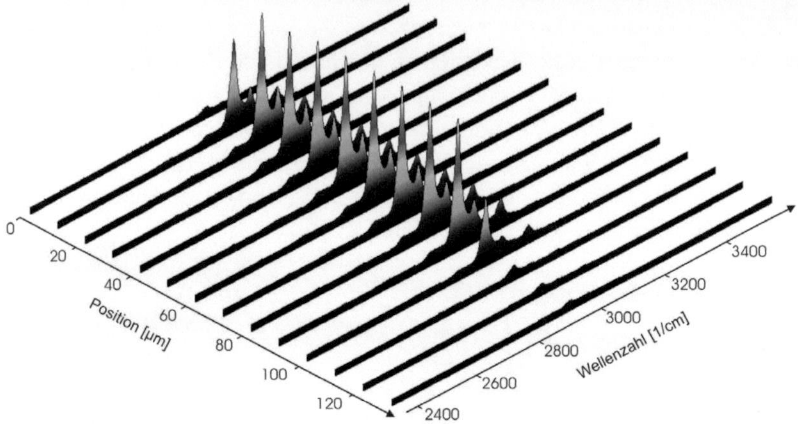

Abb. 3.6: Tiefenscan eines PVAc-MeCl-TPP-Films nach 90 Sekunden während der Trocknung bei ϑ_{Probe} = 20°C und u = 0,2 m/s. Die Schrittweite beträgt 10 µm.

Nach ca. 13 Minuten (Abb. 3.7) ist der Polymerfilm weiter geschrumpft, und die Schwingungsbande des Methylenchlorids ist in der Darstellung aufgrund seiner, zu den anderen Komponenten, relativ geringen Konzentration im Film kaum noch zu erkennen.

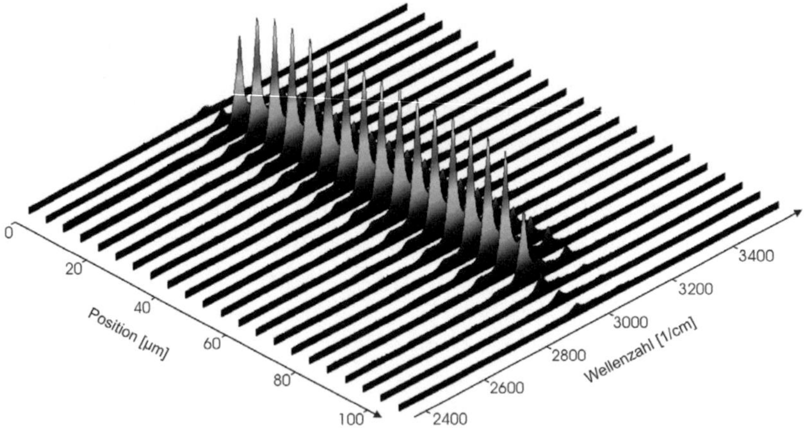

Abb. 3.7: Tiefenscan eines PVAc-MeCl-TPP-Films nach 13 Minuten während der Trocknung bei ϑ_{Probe} = 20°C und u = 0,2 m/s. Die Schrittweite beträgt 5 µm.

Allerdings ist zu diesem Zeitpunkt noch eine Lösemittelbeladung von ca. $X_{MeCl} = 0{,}15\ g_{MeCl}/g_{PVAc}$ im Polymerfilm vorhanden. Eine vollständige Trocknung der Beschichtung würde bei diesen Bedingungen mehrere Tage dauern. Der Versuch wurde nach 23 Stunden abgebrochen. Zu dieser Zeit wurde noch eine durchschnittliche Methylenchloridbeladung des Polymers von ca. $X_{MeCl} = 0{,}04\ g_{MeCl}/g_{PVAc}$ im Film gemessen.

Quantitative Auswertung der Trocknungsversuche

Um quantitative Informationen über die Filmzusammensetzung in den einzelnen Schichten sowie die genaue Filmdicke aus den aufgenommenen Tiefenscans zu erhalten, müssen die Rohdaten ausgewertet werden. Diese Auswertung erfolgt automatisiert mit Hilfe eines Programms (*Scharfer* (2003)), welches die Kalibrierdaten des Stoffsystems sowie die Brechungsindices und spezifischen Dichten der einzelnen Komponenten benötigt. Mit diesen Informationen errechnet das Programm aus den Rohdaten des Tiefenscans die quantitative Zusammensetzung sowie die genaue Position im Film (c.o.g.-Korrektur), in der das Spektrum aufgenommen wurde. Anhand der Speicherzeiten der einzelnen Tiefenscans können die Daten geordnet und der zeitliche Verlauf der Trocknung dargestellt werden. Das Programm erstellt ein Diagramm, in dem die Lösemittelbeladungsprofile der einzelnen Tiefenscans gegen die Position im Film aufgetragen sind. In Abb. 3.8 ist so ein Diagramm dargestellt, das aus den bereits gezeigten Tiefenscans erstellt wurde.

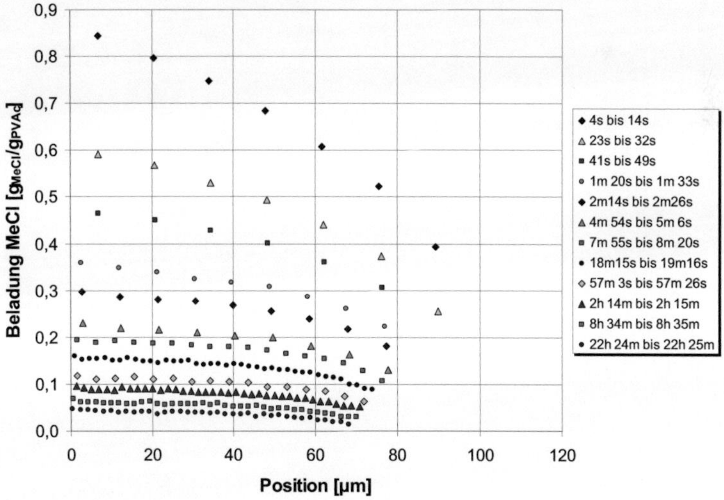

Abb. 3.8: Gemessene Lösemittelbeladungsprofile eines PVAc-MeCl-TPP-Films während der Trocknung bei $\vartheta_{Probe} = 20°C$ und $u = 0{,}2\ m/s$. Anfangsfilmdicke = 115 µm, Weichmacherbeladung $X_{TPP} = 0{,}15\ g_{TPP}/g_{PVAc}$, anfängliche Lösemittelbeladung $X_{MeCl} = 0{,}9\ g_{MeCl}/g_{PVAc}$.

An Position "0 µm" befindet sich die Oberfläche der Glasscheibe, auf welcher der Polymerfilm ausgestrichen wurde. Die Zeitangaben in der Legende geben die Zeiten an, bei denen der erste und letzte Messpunkt eines Tiefenscans (im Diagramm von links nach rechts aufgetragen) aufgenommen wurden. In dem Diagramm ist am Anfang des Trocknungsprozesses deutlich die Ausbildung eines starken Lösemittelgradienten zur Filmoberfläche hin zu erkennen, der mit fortschreitendem Trocknungsverlauf flacher wird. Weiterhin erkennt man, dass sich die anfänglich schnelle Abnahme der Lösemittelbeladung mit zunehmender Trocknungsdauer stark verlangsamt. In den letzten 14 Stunden des Trocknungsversuches nimmt die Methylenchloridbeladung nur noch um 0,017 g_{MeCl}/g_{PVAc} ab. Diese starke Abnahme der Trocknungsgeschwindigkeit ist noch deutlicher anhand der integralen Trocknungsverlaufskurve zu erkennen, die in Abb. 3.9 für die ersten 8 Stunden des Versuchs dargestellt ist. Bei dieser Darstellung wird die mittlere (integrale) Lösemittelbeladung im Film gegen die Trocknungszeit aufgetragen. Die gemessene Trocknungsverlaufskurve zeigt den typischen Verlauf eines Trocknungsprozesses einer Polymerlösung. In den ersten Minuten ist die Trocknungsrate konstant und relativ hoch.

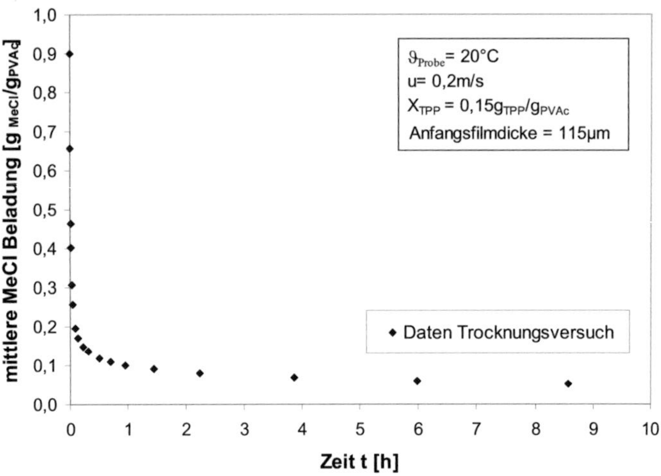

Abb. 3.9: Integrale Trocknungsverlaufskurve eines PVAc-MeCl-TPP-Films. Trocknungsbedingungen: $\vartheta_{Probe} = 20°C$, $u = 0,2$ m/s. Anfangsfilmdicke = 115 µm, Weichmacherbeladung $X_{TPP} = 0,15\ g_{TPP}/g_{PVAc}$, anfängliche Lösemittelbeladung $X_{MeCl} = 0,9\ g_{MeCl}/g_{PVAc}$.

Diesen Abschnitt der Trocknung bezeichnet man als gasseitig kontrollierten Bereich (1. Trocknungsabschnitt, eng. constant rate period), in dem die Trocknungsgeschwindigkeit von dem Sorptionsgleichgewicht an der Phasengrenze und dem gasseitigen Stofftransportübergang dominiert wird. Der Polymerfilm trocknet mit annähernd konstanter Geschwindigkeit bis an der Filmoberfläche eine gewisse Lösemittelkonzentration unterschritten wird. Ab diesem Zeitpunkt limitiert die Diffusion des Lösemittels im Film die Verdunstungsrate. Man spricht von dem filmseitig diffusionskontrollierten Bereich (2. Trocknungsabschnitt, eng. falling rate period). Die Trocknungsgeschwindigkeit sinkt in Folge dessen stark ab, und – je nach Stoffsystem und Trocknungsbedingungen - kann die vollständige Trocknung der Restfeuchte im Film bis zu mehreren Tagen in Anspruch nehmen.

Um den Einfluss des schwer flüchtigen Additivs Triphenylphosphat auf die Mobilität des Lösemittels zu untersuchen, wurden Trocknungsversuche mit verschiedenen Polymerlösungen durchgeführt. Bei dieser Untersuchung wurden vier Polymerlösungen verwendet, die identische Methylenchloridbeladungen von $X_{MeCl} = 0{,}9\ g_{MeCl}/g_{PVAc}$ hatten, deren Weichmacherbeladung aber von $X_{TPP} = 0$ bis $0{,}15\ g_{TPP}/g_{PVAc}$ in 5% Schritten vergrößert wurde. Um den Einfluss der unterschiedlichen Weichmacherbeladungen auf das Trocknungsverhalten der vier Polymerlösungen beobachten zu können, wurden alle anderen, die Trocknung beeinflussenden Parameter wie Temperatur oder Überströmungsgeschwindigkeit im Kanal konstant gehalten. Die Zusammensetzung der untersuchten Polymerlösungen und die herrschenden Trocknungsbedingungen sind in der Tabelle Abb. 3.10 aufgelistet.

Stoffsystem	$X_{TPP}[g_{TPP}/g_{PVAc}]$	$X_{Lsm}[g_{Lsm}/g_{PVAc}]$	ϑ_{Probe} [°C]	u [m/s]
PVAc-MeCl-TPP	0	0,9	20	0,2
	0,05	0,9	20	0,2
	0,1	0,9	20	0,2
	0,15	0,9	20	0,2
PVAc-MeOH-TPP	0	0,7	20	0,2
	0,05	0,7	20	0,2
	0,1	0,7	20	0,2
	0,15	0,7	20	0,2

Abb. 3.10: Übersicht über die untersuchten Stoffsysteme und die herrschenden Trocknungsbedingungen.

Um den Einfluss des Weichmachers auf die Mobilität unterschiedlicher Lösemittel zu untersuchen, wurde neben Methylenchlorid als Lösemittel auch Methanol eingesetzt.

Die integralen Trocknungsverlaufskurven der Polymerlösungen mit Methylenchlorid als Lösemittel und unterschiedlichen Weichmacherkonzentrationen sind in Abb. 3.11 dargestellt.

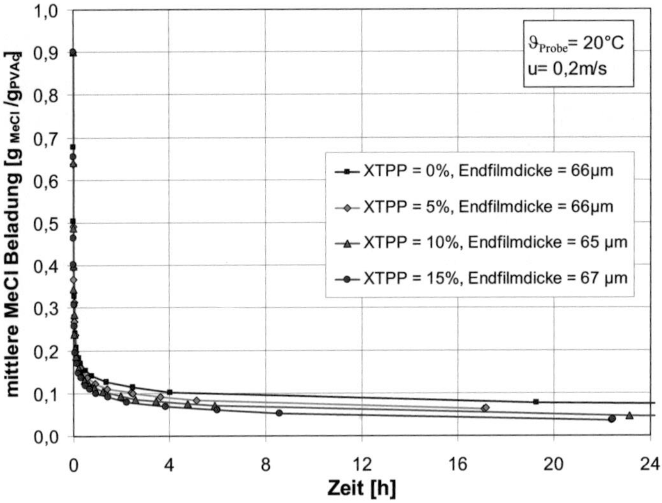

Abb. 3.11: Vergleich der gemessenen, integralen Trocknungsverlaufskurven von PVAc-MeCl-TPP-Filmen mit unterschiedlicher Weichmacherbeladung. Die Endfilmdicken variieren zwischen 65 und 67 µm.

Um in einer solchen Darstellung die Trocknungsgeschwindigkeiten der Polymerlösungen miteinander vergleichen zu können, müssen die ausgestrichenen Polymerfilme annähernd die gleiche Endfilmdicke haben. Dies ist bei der in Abschnitt 5.1.2 durchgeführten Bestimmung des Diffusionskoeffizientenverlaufes unerheblich, da bei den Simulationsrechnungen die jeweilige Dicke der trocknenden Polymerbeschichtung berücksichtigt wird. Allerdings ist die Filmdicke für den hier angestellten Vergleich der Trocknungsverlaufskurven von entscheidender Bedeutung, da sie maßgeblich die Dauer der Trocknung beeinflusst. Die Schwierigkeit, Polymerfilme mit annähernd identischer Endfilmdicken zu erzeugen, besteht darin, dass sich der Feststoffanteil und die Viskosität der zu applizierenden Polymerlösungen mit dem Weichmacheranteil der Lösung ändern. Um dies auszugleichen, kann die Spaltbreite der Lackhantel sowie die Appliziergeschwindigkeit verändert werden. Da die Filme von Hand aufgetragen werden, kann speziell die Appliziergeschwindigkeit von Versuch zu Versuch variieren, weshalb das manuelle Auftragen von Polymerbeschichtungen mit gleicher Endfilmdicke viel Erfahrung erfordert. Bei den vier Polymerfilmen, deren Trocknungsverlaufskurven in Abb. 3.11 dargestellt sind, beträgt die Differenz der Endfilmdicken nur 2 µm. Dies lässt einen Vergleich der Verläufe zu, der Rückschlüsse auf den Einfluss des Weichmachers auf die Mobilität des Lösemittels im Polymerfilm ermöglicht. Die dargestellten Trocknungsverlaufskurven zeigen alle den typischen Trocknungsverlauf von Polymerlösungen.

Um den Unterschied der Trocknungsverläufe zu verdeutlichen, sind in Abb. 3.12 die ersten sechs Stunden der Trocknungsverläufe vergrößert dargestellt. In dieser Darstellung lässt sich der Einfluss des Weichmachers auf die Trocknung besser erkennen.

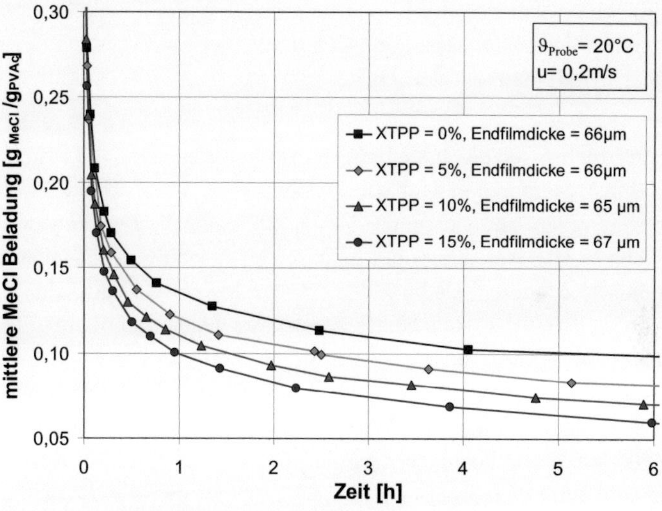

Abb. 3.12: Vergrößerter Ausschnitt der gemessenen, integralen Trocknungsverlaufskurven von PVAc-MeCl-TPP-Filmen mit unterschiedlicher Weichmacherbeladung.

Zwischen der anfänglichen Methylenchloridbeladung von $X_{MeC} = 0{,}9\ g_{MeCl}/g_{PVAc}$ bis zu einer Lösemittelbeladung von ungefähr $X_{MeCl} = 0{,}2\ g_{MeCl}/g_{PVAc}$ sind die Trocknungsverläufe aller vier Lösungen - unabhängig von der Weichmacherbeladung - annähernd identisch. In diesem Bereich bestimmt der gasseitige Stofftransport die Trocknungsgeschwindigkeit. Die Diffusionsvorgänge im Polymerfilm spielen im ersten Trocknungsabschnitt keine Rolle. Bei Lösemittelbeladungen kleiner als $0{,}2\ g_{MeCl}/g_{PVAc}$ weichen die Trocknungsverläufe der unterschiedlichen Polymerlösungen voneinander ab. Dabei ist deutlich zu erkennen, dass die Polymerfilme umso schneller trocknen, je mehr Weichmacher in den Filmen enthalten ist. Dies wird besonders deutlich, wenn man die Trocknungszeiten vergleicht, welche zum Erlangen einer bestimmten Restfeuchte in der Beschichtung benötigt werden. So erreicht der Polymerfilm mit einer TPP-Beladung von 15% nach ca. einer Stunde eine Methylenchloridbeladung von 0,1 g_{MeCl}/g_{PVAc}. Ist im Film kein Weichmacher enthalten, wird eine Trocknungszeit von ca. 5 Stunden benötigt, um diese Restfeuchte zu erreichen. Die beschleunigende Wirkung des Weichmachers auf die Trocknung verstärkt sich, wenn man den Trocknungsverlauf zu noch geringeren Restfeuchten in der Polymerbeschichtung betrachtet. Um eine Restlösemittelbeladung von 0,06 g_{MeCl}/g_{PVAc} zu erlangen, benötigt man bei einer Weichmacherbeladung von 15% in der Beschichtung 6 Stunden, bei 0% 65 Stunden. Die um den Faktor 11 verkürzte Trocknungszeit durch den Weichmacher lässt sich nur durch eine Erhöhung der Mobilität des Lösemittels in der Polymerbeschichtung erklären. Bei den geringen Lösemittelbeladungen in den Polymerfilmen befindet sich die Trocknung bereits im diffusionskontrollierten Trocknungsabschnitt, d.h. der limitierende Faktor der Trocknungsgeschwindigkeit ist der Diffusionskoeffizient des Lösemittels im Polymerfilm.

Ähnliche Ergebnisse zeigen auch die Trocknungsversuche, bei denen Methylenchlorid durch Methanol ersetzt wurde. Bei diesen Versuchen wurden die Trocknungsbedingungen und die untersuchten Weichmacherbeladungen nicht verändert (s. Abb. 3.10). Auf Grund der geringen Viskosität der Lösungen wurde die anfängliche Lösemittelbeladung von 0,9 auf $X_{MeOH} = 0,7\ g_{MeOH}/g_{PVAc}$ reduziert. In Abb. 3.13 ist der vergrößerte Ausschnitt der aufgenommen Trocknungsverlaufskurven dargestellt. Die vollständigen Verläufe werden in Abb. A 32 im Anhang gezeigt. Die integralen Trocknungsverlaufskurven von Methanol zeigen einen ähnlichen Einfluss des Weichmachers auf die Trocknung wie er bereits für Methylenchlorid beobachtet wurde. Bis zu einer gewissen Restfeuchte im Polymerfilm (hier ca. $X_{MeOH} = 0,1\ g_{MeOH}/g_{PVAc}$) hat der Weichmacher keinen wesentlichen Einfluss auf das Trocknungsverhalten. Unterhalb dieser Grenzbeladung wird die beschleunigte Trocknung durch den Weichmacher deutlich. Die Trocknungsverlaufskurven fächern sich auf - der Film mit dem höchsten Weichmacheranteil trocknet am schnellsten, die binäre MeOH-PVAc-Lösung am langsamsten. Insgesamt verläuft die Trocknung von Methanol schneller als die von Methylenchlorid, obwohl Methylenchlorid flüchtiger als Methanol ist (Partialdrücke bei Trocknungsbedingungen: $p^*_{MeOH,20°C} = 130$ mbar, $p^*_{MeCl,\ 20°C} = 474$ mbar, Werte aus *Gmehling* (1982)). Allerdings ist Methylenchlorid auch das schwerere und größere Molekül (Molmassen: $M_{MeOH} = 32{,}04$ g/mol $M_{MeCl} = 84{,}93$ g/mol (*Atkins* (1996)) und das ist entscheidend für die Trocknungsgeschwindigkeit im zweiten Trocknungsabschnitt, die durch die Diffusion des Lösemittels limitiert wird.

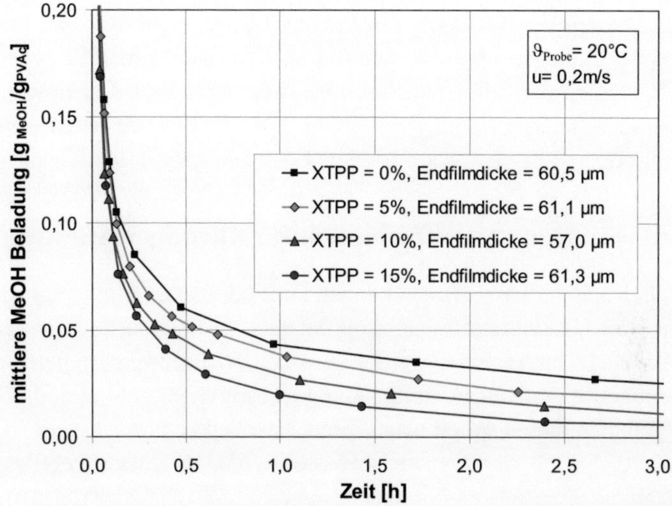

Abb. 3.13: Vergrößerter Ausschnitt der gemessenen, integralen Trocknungsverlaufskurven von PVAc-MeOH-TPP-Filmen mit unterschiedlicher Weichmacherbeladung.

Die Untersuchung des Trocknungsverhaltens von Polymerlösungen mit unterschiedlichen Weichmacherkonzentrationen hat gezeigt, dass durch die Anwesenheit des Weichmachers die Trocknungsgeschwindigkeit der Lösemittel erheblich beschleunigt wird. Die Erhöhung der Trocknungsgeschwindigkeit der Polymerlösungen wird in dem zweiten Trocknungsabschnitt beobachtet, in dem die Diffusion des Lösemittels im Film den Trocknungsprozess limitiert. Deswegen kann davon ausgegangen werden, dass der Weichmacher die Mobilität der Lösemittel im Polymerfilm erhöht. Dies ist mit der freien Volumentheorie erklärbar, die besagt, dass kleine Moleküle (Weichmacher, Lösemittel) das freie Volumen in einer Polymerstruktur vergrößern. Das vergrößerte freie Volumen im Polymersystem ermöglicht schnellere Diffusionsvorgänge, da es den diffundierenden Spezies eine größere Wahrscheinlichkeit für Platzwechselvorgänge ermöglicht.

Die gemessenen Lösemittelbeladungsgradienten ermöglichen es erstmals, den Einfluss der Weichmacherkonzentration auf die Diffusionskoeffizientenverläufe der Lösemittel zu quantifizieren. Dabei soll der Diffusionskoeffizient des Lösemittels durch Anpassung von Simulationsrechnungen an die experimentellen Daten der Trocknungsversuche bestimmt werden. Das genaue Vorgehen bei der Auswertung wird in Kapitel 5.1 ausführlich beschrieben. Das Simulationsprogramm für die modellhafte Beschreibung des Trocknungsvorgangs wird in Kapitel 4 erläutert. Für diese Simulationsrechnungen werden Informationen über das Phasengleichgewicht zwischen Polymerlösung und Gasphase benötigt. Weiterhin muss überprüft werden, ob das schwer flüchtige Additiv das Phasengleichgewicht beeinflusst. Dazu wurden die Sorptionsisothermen der verschiedenen Stoffsysteme mit Hilfe einer Sorptionswaage bestimmt. Da diese Untersuchungen keinen thematischen Schwerpunkt dieser Arbeit darstellen, sind deren Durchführung und Ergebnisse in Kapitel A 5 im Anhang beschrieben.

3.3 Untersuchungen zur Diffusion schwer flüchtiger Additive

Wie bereits in Kapitel 1 beschrieben, können viele etablierten Methoden, die zur Bestimmung von Lösemitteldiffusionskoeffizienten in Polymerlösungen entwickelt wurden, nicht angewendet werden, um den Diffusionskoeffizienten von schwer flüchtigen Additiven in Polymeren zu bestimmen. Aus diesem Grund wurden im Rahmen dieser Arbeit neue Versuchstechniken und Auswertemethoden entwickelt, die auf der Hypothese basieren, den Diffusionskoeffizienten schwer flüchtiger Additive in Polymersystemen durch die Analyse der Ausgleichsprozesse von Weichmacherkonzentrationsgradienten bestimmen zu können. Dabei werden die Ausgleichsprozesse von Weichmacherkonzentrationsgradienten innerhalb dünner Polymerschichten mit Hilfe der Inversen-Mikro-Raman-Spektroskopie beobachtet, und in einem zweiten Schritt der Diffusionskoeffizient des Additivs durch Anpassung von gerechneten an gemessene Konzentrationsprofile bestimmt. Dieses Vorgehen hat den entscheidenden Vorteil, dass der beobachtete Ausgleichsvorgang nur innerhalb des Polymerfilms stattfindet, und daher bei der Auswertung - d.h. bei der Bestimmung des Diffusionskoeffizienten - weder Phasenübergänge (Phasengleichgewichte, Löslichkeiten) noch äußere Stoffübergangswiderstände berücksichtigt werden müssen.

Um dieses Vorgehen umsetzen zu können, werden zunächst binäre Polymer-Weichmacher-Proben benötigt, die einen starken Gradienten des schwer flüchtigen Weichmachers aufweisen. Weiterhin müssen geeignete Voraussetzungen geschaffen werden, die es ermöglichen, den Ausgleichsprozess des Additivs in den dünnen Polymerfilmen beobachten zu können. Aufgrund der starken Abhängigkeit der Weichmachermobilität von der Lösemittelkonzentration des Polymersystems ändert sich der Diffusionskoeffizient des Weichmachers um mehrere Größenordnungen bei geringen Änderungen der Lösemittelkonzentration. Um den Einfluss des Lösemittels auf die Mobilität des schwer flüchtigen Additivs im relevanten Lösemittelkonzentrationsbereich (von viskosen Flüssigkeiten bis zu trockenen Polymerfilmen) experimentell bestimmen zu können, wurden drei verschiedene Versuchstechniken und Methoden entwickelt und angewendet. Je nach Lösemittelkonzentrationsbereich wurden folgende Versuche durchgeführt:

I Langzeitversuche bei erhöhter Temperatur: Für Untersuchungen der Weichmacherdiffusion in lösemittelfreien Polymersystemen (Binäre Systeme: Polymer-Additiv Kapitel 3.3.2).

II Wiederbefeuchtungsversuche: Für die Untersuchung der Weichmacherdiffusion in Polymerfilmen mit relativ geringer Lösemittelkonzentration (Kapitel 3.3.3).

III Zweischichtversuche: Für die Untersuchung der Weichmacherdiffusion in Polymerschichten mit höherer Lösemittelkonzentration (Kapitel 3.3.4).

In den folgenden Abschnitten wird die Probenpräparation beschrieben sowie die entwickelten Versuchsaufbauten und die Durchführung der Versuche zur Untersuchung der Weichmacherdiffusion erläutert.

3.3.1 Präparation von Proben zur Einstellung eines Additivgradienten

Voraussetzung für die geplanten Untersuchungen ist die Herstellung von Polymerfilmen mit ausgeprägten Weichmacherkonzentrationsgradienten im Film. Für die Beobachtung des Ausgleichsprozesses der Weichmacherkonzentrationsprofile und die spätere Anpassung von Diffusionskoeffizienten an die gewonnenen Messdaten sind hohe Weichmacherkonzentrationsgradient im Film nach der Trocknung erforderlich. In diesem Kapitel werden spezielle Filmpräparationsverfahren beschrieben die es ermöglichen, dünne Polymerfilme mit möglichst großen Weichmacherkonzentrationsgradienten zu erzeugen. Die Herstellung dieser Proben erfordert für die untersuchten Stoffsysteme PVAc-TPP und TAC-TPP unterschiedliche Vorgehensweisen.

Für die Erzeugung von Polyvinylacetatbeschichtungen mit einem ausgeprägten Weichmacherkonzentrationsgradienten zwischen Unterseite und Oberseite, wird der Herstellungsprozess in zwei aufeinanderfolgende Schritte unterteilt. Zunächst wird auf einem Deckglas eine Polymerlösung mit einer möglichst hohen Weichmacherbeladung ($X_{TPP} = 0{,}2\ g_{TPP}/g_{PVAc}$) ausgestrichen und getrocknet. Auf der vollständig getrockneten Schicht wird eine zweite Polymerlösung aufgetragen, die keinen Weichmacher enthält. Nach dem Applizieren der zweiten Schicht wird der untere Film durch das Lösemittel angelöst. Der Weichmacher diffundiert in die zweite Schicht, wodurch sich ein kontinuierlicher Weichmacherkonzentrationsgradient in dem so erzeugten Polymerfilm ausbildet. Um diesen Ausgleichsvorgang zu minimieren, wird der Film bei erhöhter Temperatur und hohen Überströmbedingungen möglichst schnell getrocknet, um dem System relativ wenig Zeit zu geben, das vorhandene Additivprofil auszugleichen. Weiterhin wird in der zweiten Polymerlösung Methanol als Lösemittel eingesetzt, da es im Vergleich zu Methylenchlorid eine geringere Trocknungszeit ermöglicht (s. Kapitel 3.2). Wenn die Trocknung des zweischichtigen Polymerfilms schonend, d.h. langsam erfolgt, gleicht sich das Additivprofil während der Trocknung vollständig aus, d.h. im trockenen Polymerfilm liegt eine homogene Weichmacherverteilung vor. In Abb. 3.14 ist ein, durch dieses Verfahren hergestellter PVAc-TPP-Film mit ausgeprägtem Weichmachergradienten dargestellt. Der Film hat eine Dicke von 90 µm und einen Weichmacherbeladungsgradienten von $X_{TPP} = 0{,}20\ g_{TPP}/g_{PVAc}$ an der Filmunterseite bis $X_{TPP} = 0{,}02\ g_{TPP}/g_{PVAc}$ an der Filmoberfläche. Die mittlere Weichmacherbeladung beträgt ungefähr 13%.

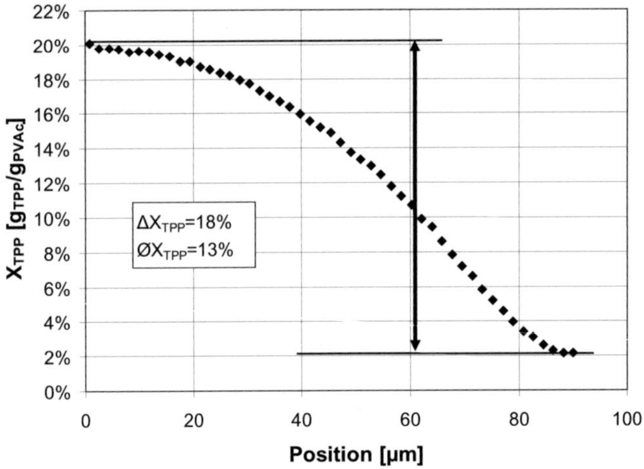

Abb. 3.14: Weichmacherbeladungsprofil in einem trockenen ($X_{MeOH} \approx 0\ g_{MeOH}/g_{PVAc}$), 90 µm dicken Polyvinylacetatfilm. Das Weichmacherprofil im Film wurde durch das, im Kapitel 3.3.1 beschrieben Herstellungsverfahren erzeugt.

Durch unterschiedliche TPP-Beladungen der zuerst aufgetragenen Polymerlösung sowie Variation der eingestellten Rakelspaltweite beim Ausstreichen der Lösungen können durch dieses Vorgehen Polymerfilme mit einem ausgeprägten Weichmachergradienten und definierten mittleren Weichmacherbeladungen hergestellt werden.

Die entwickelte Methode kann auch von einem zweistufigen auf einen dreistufigen Herstellungsprozess erweitert werden. Dadurch können Beschichtungen/Folien mit unterschiedlicher Weichmacherverteilung erzeugt werden (s. A 6 im Anhang). Somit kann dieses Vorgehen auch im funktionalen Produktdesign eingesetzt werden, um gezielt lokale Eigenschaften der Folie einzustellen.

Mit Hilfe dieser Methode können jedoch keine Gradienten in Cellulosetriacetat Folien hergestellt werden, die sich für die geplanten Untersuchungen eignen. Nach dem Auftragen der zweiten Polymerlösung auf die bereits trockene erste Polymerschicht löst sich beim zweiten Trocknungsvorgang die gesamte Folie vom Deckglas ab. Dadurch ist es nicht mehr möglich, den Polymerfilm wieder auf dem Deckglas zu fixieren ohne einen Luftspalt zwischen Glas und Folie einzuschließen. Ein nur wenige µm breiter Luftspalt verschlechtert die Ortsauflösung (Kapitel 2.2) und die Signalintensität so stark, dass die Vermessung der Ausgleichsprozesse im Polymerfilm nicht mehr mit ausreichender Genauigkeit möglich ist. Allerdings haben in diesem Stoffsystem die Trocknungsbedingungen einen erheblichen Einfluss auf die Entstehung und Ausbildung eines Weichmachergradienten im Polymerfilm wie in Abb. 1.1 dargestellt ist. Scharfe Trocknungsbedingungen begünstigen hierbei die Gradientenbildung. Bei der Herstellung der Cellulosetriacetat-Filme für die Untersuchungen wurden daher die Polymerfilme unmittelbar nach dem Ausstreichen für ca. 24 Stunden mit einem auf Raumtemperatur temperierten starken Luftstrom überströmt. Dies bewirkt eine hohe Verdunstungsrate des Lösemittels im ersten Trocknungsabschnitt. Die verwendete Polymerlösung hat eine Lösemittelbeladung $X_{MeCl} = 5\ g_{MeCl}/g_{TAC}$ und eine Weichmacherbeladung $X_{TPP} = 0{,}15\ g_{TPP}/g_{TAC}$. Die Applikation der Lösung erfolgt mit einer *Zehntner*-Rakel mit einer eingestellten Spaltweite von 500 µm und einer Rakelgeschwindigkeit von 10 mm/s. Um die Restfeuchte des Methylenchlorids aus dem Polymerfilm zu entfernen, wurde die Probe anschließend für ca. eine Woche in einem Trockenschrank bei $\vartheta_{Trockenschrank} = 50°C$ gelagert. Aufgrund des sehr kleinen Diffusionskoeffizienten von Methylenchlorid in Cellulosetriacetat bei geringen Lösemittelbeladungen ist diese lange Trocknungszeit nötig, um den Film vollständig zu trocknen. Da der Weichmacher TPP bei $\vartheta_{Probe} = 50°C$ (Annahme: $\vartheta_{Trockenschrank} = \vartheta_{Probe}$) einen sehr geringen Dampfdruck besitzt, ist bei diesen Temperaturen nicht mit einem signifikanten Ausdampfen des Weichmachers aus dem Polymerfilm zu rechnen. Dies wurde durch Messung der Weichmacherbeladung vor und nach mehrwöchiger Lagerung von Proben bei diesen Temperaturen überprüft. In Abb. 3.15 ist exemplarisch ein Weichmacherbeladungsprofil eines TAC-Films dargestellt, der auf diese Weise hergestellt wurde. Die Dicke des vollständig getrockneten Films beträgt ca. 70 µm, die durchschnittliche TPP-Beladung 16,5% bei einem maximalen Weichmacherbeladungsgradienten von $\Delta X_{TPP} = 8\%$.

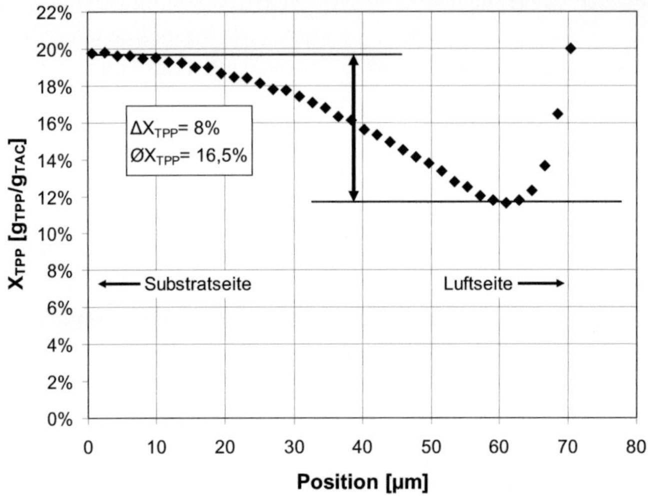

Abb. 3.15: Weichmacherbeladungsprofil in einem vollständig bei scharfen Trocknungsbedingungen getrockneten 70 µm dicken Cellulosetriacetatfilm. Bei Raumtemperatur ist das Weichmacherbeladungsprofil im trockenen Film aufgrund seiner geringen Mobilität „eingefroren".

Mit den vorgestellten Verfahren können geeignete Polymerbeschichtungen für die experimentellen Untersuchungen des Stofftransportes der schwer flüchtigen Additive hergestellt werden. Durch den ausgeprägten Gradienten des Additivs innerhalb der dünnen Polymerschicht lässt sich der Ausgleichsprozess des Additivprofils ausgezeichnet beobachten. Diese Proben werden sowohl bei den experimentellen Untersuchungen zur Bestimmung der Mobilität des Additivs in lösemittelfreien Polymersystemen (Kapitel 3.3.2) als auch bei den Experimenten zur Bestimmung des Einflusses der Lösemittelkonzentration auf die Beweglichkeit des Additivs in Polymerlösungen (Kapitel 3.3.3) eingesetzt.

3.3.2 Langzeitversuche bei erhöhter Temperatur

Ziel der Langzeitversuche ist es, die Mobilität schwer flüchtiger Additive in Polymeren bei erhöhter Temperatur ohne die Anwesenheit von Lösemittelmolekülen zu bestimmen. Diese Experimente sollen es ermöglichen, die zeitliche Entwicklung der Additivprofile in Polymerschichten zu beobachten. Die experimentellen Daten werden in einem zweiten Schritt dazu verwendet, den Diffusionskoeffizienten des Additivs im Polymer mit Hilfe von Simulationsrechnungen als Funktion der Temperatur zu bestimmen. Die Mobilität schwer flüchtiger Additive in Polymeren ist erwartungsgemäß sehr gering und wird in der Größenordnung von Feststoffdiffusionsvorgängen ($D << 10^{-15}$ m^2/s) liegen. Daher ist zu erwarten, dass in trockenen, lösemittelfreien Polymerschichten bei Raumtemperatur kein messbarer Ausgleichsprozess des Weichmachergradienten zu beobachten sein wird. Dies haben Langzeituntersuchungen von optischen Folien mit Weichmacherprofil gezeigt, die mehrere Jahre im Labor aufbewahrt wurden und keinen sichtbaren Ausgleich des TPP-Profils gezeigt haben (Abb. 3.16). Die geringen Abweichungen der gemessenen Weichmacherbeladungsprofile sind vermutlich darauf zurückzuführen, dass die beiden Tiefenscans nicht unbedingt an der gleichen Stelle der Folie durchgeführt werden konnten.

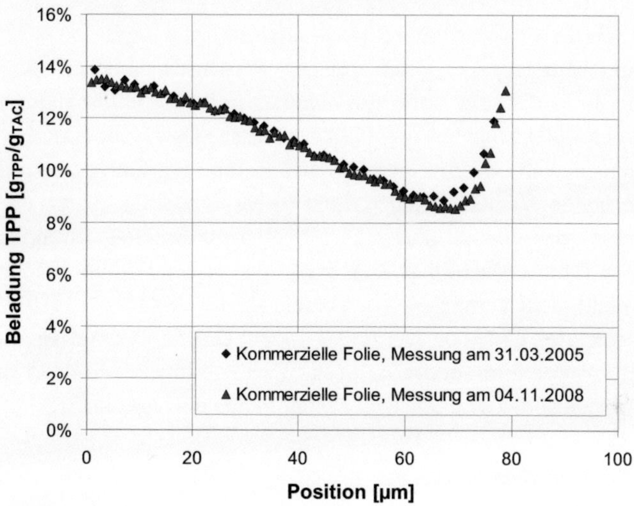

Abb. 3.16: Vergleich der Weichmacherbeladungsprofile in einer kommerziellen optischen TAC-Folie die ca. 3,5 Jahre bei Raumtemperatur gelagert wurde.

Aufgrund der sehr geringen Mobilität des Additivs im Polymer ist eine direkte Beobachtung des Ausgleichsprozesses bei Raumtemperatur und daher die Bestimmung des Diffusionskoeffizienten selbst nach jahrelanger Versuchszeit nicht möglich. Um dennoch Informationen über die Mobilität des Weichmachers in den Polymersystemen zu erhalten, müssen in einem geeigneten Versuchsaufbau Rahmenbedingungen geschaffen werden, die es ermöglichen, die Veränderung des Weichmachergradienten in der Polymerschicht zu untersuchen. Da die Geschwindigkeit zahlreicher physikalischer Vorgänge mit der Temperatur korreliert, besteht die prinzipielle Möglichkeit, durch Erhöhung der Temperatur die Geschwindigkeit der Diffusionsprozesse zu beschleunigen und sie somit in vertretbaren Zeiträumen experimentell zugänglich zu machen. So wurden zunächst die Ausgleichsvorgänge von Weichmacherkonzentrationsgradienten bei erhöhten Temperaturen gemessen. In einem anschließenden Schritt wurden daraus die Diffusionskoeffizientenverläufe des Weichmachers im trockenen Polymerfilm bestimmt und mit einem geeigneten Formalismus über das betrachtete Temperaturfenster hinaus auf Raumtemperatur extrapoliert.

Da das verwendete Ölimmersionsobjektiv laut Herstellerangaben nur bei Temperaturen von $\vartheta_{max} < 60°C$ eingesetzt werden sollte, und die Messtechnik nicht über Wochen hinweg von einem einzigen Versuch „blockiert" werden kann, wurde der Versuchsaufbau so konzipiert, dass die Lagerung der Proben bei hohen Temperaturen und deren anschließende Vermessung getrennt erfolgt. Dies wurde mit der in Abb. 3.17 und Abb. 3.18 dargestellten Probenhalterung realisiert. Mittels dieser kompakten Probenhalterung kann die Probe bei erhöhter Temperatur in einem Trockenschrank gelagert werden. Nach definierten Zeitintervallen kann die, auf Raumtemperatur abgekühlte Probe, in der Halterung mit Hilfe des Raman-Spektrometers vermessen werden. Die Temperaturen in den Trockenschränken wurden mit einem PT-100 Temperaturfühler überprüft. Bei den teilweise hohen Versuchstemperaturen ($\vartheta_{Probe} = 130°C$), denen die Filme über lange Zeiträume - bis zu mehreren Monaten - ausgesetzt waren, kann die Verarmung des schwer flüchtigen Weichmachers an der Filmonerfläche durch Sublimation nicht mehr vernachlässigt werden. Laut SDS (*Merk* (2010)) beträgt der Dampfdruck von TPP bei 193°C 1,3 mbar. Um zu verhindern, dass der Weichmacher aus der Filmoberfläche in die Luft sublimiert, wurde dieser, wie in Abb. 3.17 dargestellt, zwischen zwei Metallplatten eingespannt.

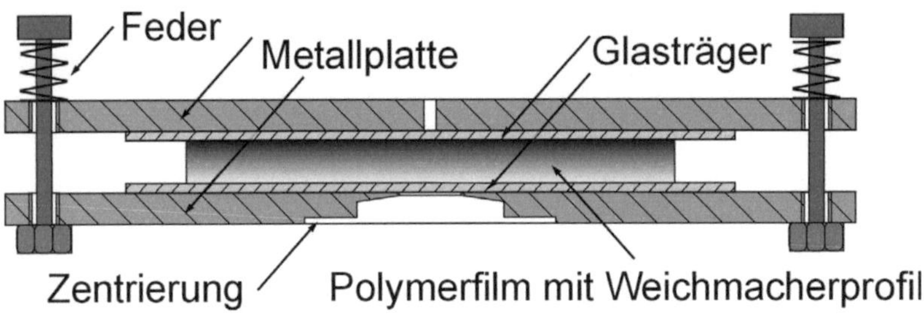

Abb. 3.17: Filmhalterung für die Vermessung der Polymerfilme bei Langzeitversuchen bei erhöter Temperatur. Durch den gedrehten Absatz in der unteren Metallronde kann die Probe mit Hilfe eines Adapters direkt über dem Objektiv zentriert werden.

Durch die Verwendung von Stahlfedern wurde verhindert, dass thermisch induzierte Spannungen, die aufgrund der verschiedenen Ausdehnungskoeffizienten der Materialien und dem Temperaturunterschied zwischen Lagerung und Messung entstehen, auf die Probe übertragen werden.

Abb. 3.18: Filmhalterung für die Vermessung der Polymerfilme bei Langzeitversuchen bei erhöter Temperatur. Mit Hilfe einer Federkonstruktion werden unterschiedliche Anpressdrücke - induziert durch Temperaturunterschiede - verhindert.

Das Zeitintervall, nach denen die Proben aus dem Trockenschrank entnommen und vermessen werden, hängt hauptsächlich von der Versuchstemperatur ab. Das Abkühlen der Probe auf Raumtemperatur wird durch einen kalten Luftstrom beschleunigt. Wenn die Probe Raumtemperatur erreicht, ist der Weichmachergradient wieder „eingefroren" und die Vermessung des Films kann ohne Zeitdruck durchgeführt werden. Der Zeitraum, in dem sich der Film nicht auf Versuchstemperatur befindet (Annahme: $\vartheta_{Trockenschrank} = \vartheta_{Probe}$), d.h. der Weichmacher nur eine sehr geringe Mobilität besitzt, wird bei der späteren Auswertung der experimentellen Daten berücksichtigt. Bei der Vermessung der Proben musste sichergestellt werden, dass die laterale Messposition bei allen Messungen identisch ist, d.h. die Weichmacherprofile immer an der gleichen Position des Filmes gemessen werden. Dieses Problem wurde konstruktiv so gelöst: In den bestehenden Trocknungskanal (Abb. 3.4) wurde anstelle des temperierten Probentisches eine spezielle Adapterplatte mit einer Zentriervorrichtung eingesetzt. Dieser Adapter zentriert die Probenhalterung über dem Messobjektiv des Raman-Spektrometers durch eine Zentrierbohrung in der unteren Metallronde. Durch diese Konstruktion ist gewährleistet, dass die Tiefenscans der jeweiligen

Proben genau an derselben Stelle erfolgen. Nach durchgeführter Vermessung des Filmes wurde die Lagerung im Trockenschrank fortgesetzt. In Abb. 3.19 sind die gemessenen Weichmacherbeladungs-profile in einem PVAc-Film bei ϑ_{Probe} = 56°C zu verschiedenen Zeitpunkten des Ausgleichsprozesses dargestellt.

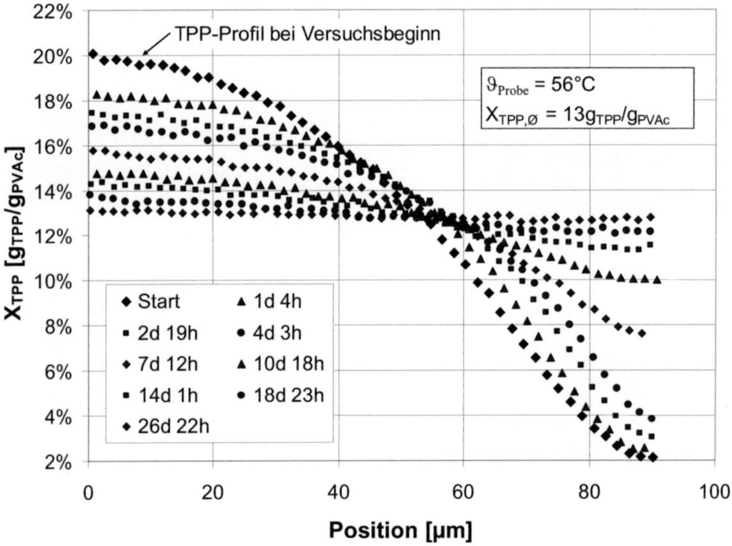

Abb. 3.19: Gemessene Weichmacherbeladungsprofile zu verschiedenen Zeitpunkten des Ausgleichsprozesses in einem PVAc-Film bei ϑ_{Probe} = 56°C.

Der Film hat eine Dicke von ca. 90 µm eine durchschnittliche Weichmacherbeladung von $X_{TPP,\varnothing}$ = 0,13 g_{TPP}/g_{PVAc}. Zu Beginn des Versuches beträgt der Unterschied der Weichmacherbeladung zwischen Unter- und Oberseite des Films ΔX_{TPP} = 0,18 g_{TPP}/g_{PVAc}. Bei diesen Versuchsbedingungen wird ein Zeitraum von ca. 27 Tagen benötigt, um den anfänglichen Weichmacherkonzentrationsgradienten auszugleichen. Eine genauere Betrachtung des Ausgleichsprozesses zeigt, dass an der Filmoberseite, an der eine geringe Weichmacherbeladung herrscht, trotz verhältnismäßig steilem Weichmachergradienten nur eine minimale Veränderung des Weichmacherbeladungsprofils nach einem Tag gemessen wurde. Im selben Zeitraum verändert sich die Weichmacherbeladung an der unteren, weichmacherreichen Seite des Filmes um ca. 2%, obwohl an dieser Stelle nur ein geringer Weichmachergradient als Triebkraft für die Weichmacherdiffusion anliegt. Dies zeigt deutlich, dass der Diffusionskoeffizient des Weichmachers im Polymersystem stark von der eigenen Konzentration abhängig ist. Dadurch kann der geringe Ausgleichstrom trotz steilem Konzentrationsgradienten bei niedrigen Weichmacherbeladungen sowie der verhältnismäßig schnelle Ausgleich bei hohen Weichmacherbeladungen und geringen Gradienten erklärt werden. Nachdem sich die Weichmacherbeladung in dem Bereich der steilen Weichmacherbeladungsgradienten erhöht hat, und somit auch der Diffusionskoeffizient des Weichmachers größer geworden ist, laufen die Ausgleichsvorgänge dort wesentlich schneller ab als im Bereich der flachen Gradienten an der Filmunterseite. Dies ist gut an den gemessenen Weichmacherbeladungsprofilen im Zeitraum zwischen 4 und 10 Tagen zu beobachten.

Die experimentell nicht zugängliche Weichmachermobilität bei Raumtemperatur soll durch die ermittelten Daten der Weichmachermobilität bei erhöhten Temperaturen extrapoliert werden. Um Informationen über die Temperaturabhängigkeit des Diffusionskoeffizienten des Weichmachers im Polymer zu erhalten, wurden die beschriebenen Langzeitversuche bei erhöhter Temperatur bei verschiedenen Temperaturen ($\vartheta_{Trockenschrank}$) durchgeführt. In der Tabelle in Abb. 3.20 ist eine Übersicht der durchgeführten Langzeitversuche bei erhöhter Temperatur gegeben.

Stoffsystem	eingestellte Temperatur [°C]	$\vartheta_{Trockenschrank}$ [°C]	Versuchsdauer [Tage]
PVAc-TPP	40	40	98*
	50	47	67
	55	56	27
	60	63	12
	70	73	3
TAC-TPP	100	100	98*
	110	110	98*
	130	127	27

*Abb. 3.20: Übersicht über die durchgeführten Langzeitversuche bei erhöhter Temperatur. Die mit * gekennzeichneten Versuche wurden nach der angegebenen Zeit abgebrochen, bevor eine homogene Verteilung des Weichmachers im Film vorlag.*

Dabei wurde die untere Grenze der möglichen Versuchstemperaturen durch die Versuchsdauer limitiert, in der eine messbare Veränderung des Weichmachergradienten beobachtet werden konnte. Anhand der Dauer der jeweiligen Versuche bis zum Ausgleich der Profile kann man deutlich die Temperaturabhängigkeit der Weichmachermobilität erkennen. Beispielsweise erreicht die PVAc-TPP-Probe bei $\vartheta_{Probe} = 70°C$ bereits nach 3 Tagen eine homogene Weichmacherverteilung. Der Versuch bei $\vartheta_{Probe} = 40°C$ hingegen wurde nach 98 Tagen abgebrochen, ohne dass der Ausgleichsprozess vollständig abgeschlossen war.

Mit Hilfe des vorgestellten Versuchsaufbaus, den speziellen Polymerproben und der IMRS-Messtechnik können die Konzentrationsprofile des Additivs während des Ausgleichsprozesses im Polymerfilm bei unterschiedlichen Temperaturen gemessen werden. Basierend auf diesen experimentellen Daten wird in Kapitel 5.1 der Diffusionskoeffizient des Weichmachers in den untersuchten Polymersystemen durch Simulationsrechnungen bestimmt. Für die Extrapolation des Diffusionskoeffizienten auf Raumtemperatur (Kapitel 4.3.2) werden zusätzlich Informationen über die Glasübergangstemperatur der Polymersysteme benötigt. Die experimentelle Bestimmung der Glasübergangstemperatur der reinen Polymere sowie den Einfluss des Weichmachers auf die Glasübergangstemperatur werden im Kapitel A 7 im Anhang beschrieben.

3.3.3 Wiederbefeuchtungsversuche

Die bisher vorgestellten Versuche sind Untersuchung der Mobilität von Additiven im binären Stoffsystem Additiv-Polymer. Die Methode ist nicht dafür geeignet, den Einfluss einer dritten, flüchtigen Komponente (Lösemittel) auf die Beweglichkeit des schwer flüchtigen Additivs in einem ternären Polymersystem zu bestimmen. Diese Fragestellung spielt bei der technischen Anwendung von Polymersystemen, die Additive enthalten, eine entscheidende Rolle. So beispielsweise bei der Herstellung von optischen Folien. Beim Trocknungsprozess bilden sich im Produkt Lösemittelkonzentrationsgradienten aus, die lokal unterschiedliche Beweglichkeiten der schwer flüchtigen Komponenten verursachen. Auch kann im fertigen Produkt das Eindringen von Feuchtigkeit (z. B. Wasser in Lebensmittelverpackungen, therapeutische Wirkstoffpflaster oder Geomembrane) die Mobilität der darin enthaltenen schwer flüchtigen Additive deutlich beeinflussen.

Im folgenden Kapitel wird eine neue Versuchstechnik vorgestellt, die es ermöglicht, den Einfluss der Lösemittelbeladung auf die Mobilität schwer flüchtiger Additive in ternären Polymersystemen zu untersuchen. Um dies zu realisieren wurde ein neuer Versuchsaufbau konzipiert, mit dem man die Ausgleichsvorgänge von Additivgradienten in Polymerfilmen bei unterschiedlicher Lösemittelkonzentration beobachten kann. Die quantitative Bestimmung des Diffusionskoeffizientenverlaufes des Additivs soll dann in einem zweiten Schritt, durch Anpassung von Simulationsrechnungen an die experimentellen Daten erfolgen.

Versuchsaufbau für Wiederbefeuchtungsversuche aus der Gasphase

Der Versuchsaufbau zur Bestimmung von Diffusionskoeffizienten schwer flüchtiger Additive in ternären Polymersystemen bei geringen Lösemittelkonzentrationen ist in Abb. 3.21 dargestellt. Der Versuchstand besteht im Wesentlichen aus einem Doppelmantelkanal und einer Membranpumpe, die einen Stickstoffstrom in einem geschlossenen Kreislauf zirkulieren lässt. An der Unterseite des Kanals befindet sich ein Adapterflansch, mit dem der neue Aufbau auf den bestehenden Trocknungskanal befestigt werden kann (Abb. A 16). Die Kopplung des neuen Kanals mit dem alten Versuchsaufbau bietet den Vorteil, die bestehende IMRS-Messtechnik ohne große Umbaumaßnahmen nutzen zu können. Ein spezielles Adapterstück zwischen Piezofokus und Ölimmersionsobjektiv ermöglicht wie bisher die Einkopplung und Fokusierung des Laserstrahls in die Polymerprobe (Kapitel 2.3).

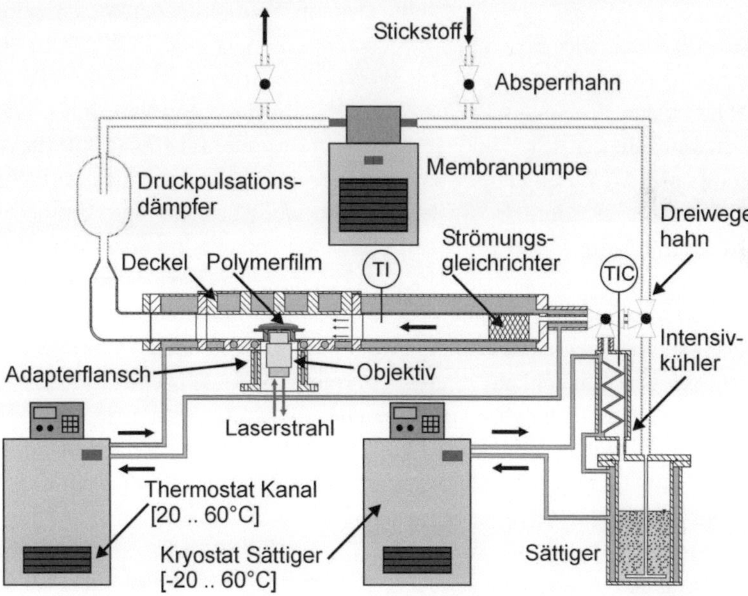

Abb. 3.21: Versuchsanlage - Strömungskanal mit konfokaler Raman-Messtechnik.

Bei den Polymerproben handelt es sich um die, in Kapitel 3.3.1 beschriebenen, vollständig getrockneten Polymerfilme mit einem stark ausgeprägten Weichmacherkonzentrationsprofil. Diese Proben werden auf einem kleinen Filmtisch innerhalb des Kanals befestigt. In der Mitte des Filmtisches befindet sich eine Bohrung, durch die der Laserstrahl auf die Probe fokussiert werden kann. Wenn die Probe auf dem Filmtisch befestigt ist, wird die Kanalklappe gasdicht verschlossen und der Kanal anschließend mit Stickstoff inertisiert. Die Verwendung von Stickstoff als Trägergas an Stelle von Umgebungsluft ist aus sicherheitstechnischen Aspekten notwendig, da die verwendeten Lösemittel Methylenchlorid und Methanol mit dem Sauerstoff in der Luft ein zündfähiges Gemisch bilden können. Das Lösemittel wird in einem Sättiger vorgelegt und von einem Kryostaten auf eine definierte Temperatur $\vartheta_{Sättiger}$ temperiert. Mit Hilfe einer Membranpumpe (*KNF: N840FT 18*, Förderleistung: 34 l/min) kann der Stickstoffstrom im geschlossenen System im Kreislauf zirkulieren. Dabei durchströmt der Gasstrom den Sättiger und wird so kontinuierlich mit Lösemittel bei der Sättigertemperatur $\vartheta_{Sättiger}$ gesättigt. Der Strömungskanal (Doppelmantel) und seine Verbindung zum *Intensivkühler* werden mittels eines Thermostaten temperiert. Durch das Verhältnis der Lufttemperatur im Kanal ϑ_{Luft} und Sättigertemperatur wird die Aktivität des Lösemittels im Kanal $a_{Lsm} = p^*_i(\vartheta_{Luft}) / p^*_i(\vartheta_{Sättiger})$ eingestellt. Der auf Sättigertemperatur temperierte *Intensivkühler* scheidet Lösemitteltröpfchen ab, die von dem Gasstrom aus dem Sättiger mitgerissen werden können. Wenn diese Tröpfchen auf die wärmeren Oberflächen des Verbindungsschlauches oder des Kanals treffen, führt dies zu einer unkontrollierten Erhöhung der Lösemittelaktivität im Kanal. Für die Verwendung einer Membranpumpe zur Förderung des Gasstroms sprechen mehrere Gründe. Solche hermetisch dichte Pumpen werden ohne den Einsatz von Schmierstoffen betrieben. Schmierstoffe könnten von dem im Gasstrom vorhandenen Lösemittel gelöst und in den Kanal getragen werden. Weiterhin ist die verwendete Membranpumpe durch eine spezielle Teflonbeschichtung gegenüber vielen aggressiven Lösemitteln chemisch inert. Bauartbedingt verringert auch die Abwesenheit von schnell rotierenden Teilen die Gefahr ein explosionsfähiges Gemisch zu zünden. Allerdings erzeugt die Membranpumpe eine starke Pulsation des geförderten Gasstroms. Die dabei auftretenden Druckstöße verursachen eine Auf- und Abwärtsbewegung der dünnen Glasplatte, die mit dem Polymerfilm beschichtet ist. Diese Schwingungen verhindern die Untersuchung der Probe durch die IMRS mit der notwendigen Ortsauflösung. Dieses Problem konnte durch den Einsatz eines Druckpulsationsdämpfers auf der Zulaufseite der Pumpe beseitigt werden. Die schlagartige Veränderung des Strömungsquerschnittes von 10 auf ca. 150 mm dämpfen die Druckpulse der Pumpe so stark ab, dass keine Schwankungen der Polymerprobe mehr beobachtet wurden. Auf der Druckseite der Pumpe dämpft der Sättiger die Druckstöße, so dass auf einen zweiten Druckpulsationsdämpfer verzichtet werden konnte.

Versuchsdurchführung

Für die Durchführung der Wiederbefeuchtungsversuche ist es notwendig, dass sich die gewünschten Temperaturen in Kanal und Sättiger bereits vor Versuchsbeginn in einem stationären Zustand befinden. Ist das nicht der Fall, können Temperaturschwankungen zu Änderungen der Lösemittelaktivität im Kanal und somit zu undefinierten Versuchsbedingungen führen. Daher werden ca. eine Stunde vor Versuchsbeginn die gewünschten Temperaturen in Sättiger und Kanal eingestellt, die zu untersuchende Polymerprobe auf dem Probentisch befestigt, der Kanal gasdicht verschlossen und mit Stickstoff inertisiert. In dieser Zeit erreichen die Temperaturen im Kanal und im Sättiger einen stationären Zustand. Weiterhin wird davon ausgegangen, dass die Polymerprobe die Temperatur der Luft im Kanal angenommen hat ($\vartheta_{Probe} = \vartheta_{Luft}$). Kurz vor Versuchsbeginn werden die Absperrhähne der Stickstoff Zu- und Abfuhr geschlossen, die Membranpumpe eingeschaltet und ein Tiefenscan von dem lösemittelfreien Polymerfilm durchgeführt. Um den Wiederbefeuchtungsversuch zu starten, werden die beiden Dreiwegehähne vor und hinter dem Sättiger so umgestellt, dass der in der Anlage zirkulierende Stickstoffstrom durch den Sättiger geleitet wird. Dort wird der Gasstrom mit Lösemittel gesättigt und lösemittelbeladenes Gas strömt kontinuierlich über den Polymerfilm. An der Oberfläche der Polymerprobe stellt sich das Sorptionsgleichgewicht ein, und von der Filmoberfläche diffundiert das Lösemittel in die Probe. Durch das kontinuierliche Zirkulieren des Gasstroms durch den Sättiger bleibt die Lösemittelbeladung im Kanal während eines Versuches konstant. Mit Hilfe der Inversen-Mikro-Raman-Spektroskopie wird der Wiederbefeuchtungsvorgang, d.h. das Eindringen des Lösemittels in den trockenen Polymerfilm beobachtet. In Abb. 3.22 ist dieser Vorgang bei einer Probentemperatur von $\vartheta_{\mathrm{Probe}} = 20°\mathrm{C}$ und einer Methylenchloridaktivität $a_{\mathrm{MeCl}} = 0{,}37$ für einen PVAc-TPP-Film mit einer durchschnittlichen Weichmacherbeladung von $X_{\mathrm{TPP},\varnothing} = 0{,}08\ g_{\mathrm{TPP}}/g_{\mathrm{PVAc}}$ dargestellt. Das Diagramm zeigt die Lösemittelbeladungsprofile, die sich von der Filmoberfläche ins Innere der Probe ausbreiten. Der Eindringvorgang ist nach ungefähr 20 Minuten abgeschlossen. Nach dieser Zeit hat sich über der gesamten Filmdicke die durch das Sorptionsgleichgewicht vorgegebene Gleichgewichtsbeladung von $X_{\mathrm{MeCl}} = 0{,}26\ g_{\mathrm{MeCl}}/g_{\mathrm{PVAc}}$ eingestellt. Bei Versuchen mit geringerer Lösemittelaktivität im Kanal steigt die Zeit, die zum Erreichen einer homogenen Lösemittelbeladung im Film benötigt wird, stark an. Bei einer Kanaltemperatur von $\vartheta_{\mathrm{Probe}} = 20°\mathrm{C}$ und einer Lösemittelaktivität von $a_{\mathrm{MeCl}} = 0{,}19$ wird die Gleichgewichtsbeladung $X_{\mathrm{MeCl}} = 0{,}12\ g_{\mathrm{MeCl}}/g_{\mathrm{PVAc}}$ in der Probe erst nach 4 Stunden und 30 Minuten erreicht (Abb. A 17). Die Ursache für die geringere Mobilität des Methylenchlorids im PVAc-TPP-Film ist die niedrigere Lösemittelkonzentration in der Probe.

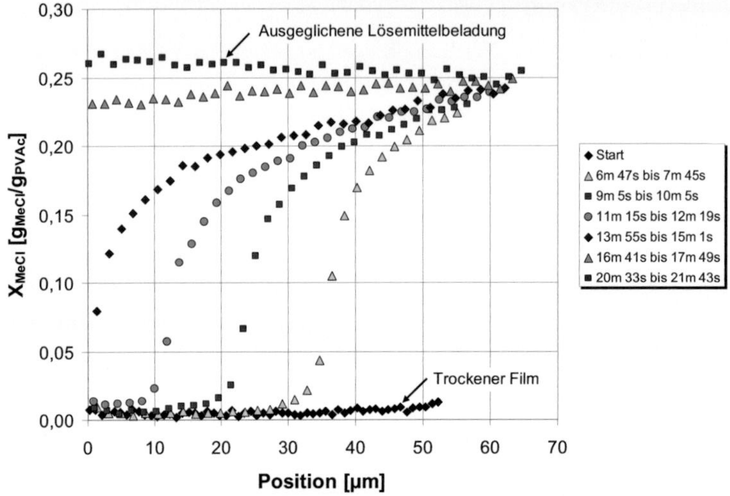

Abb. 3.22: Gemessene Lösemittelbeladungsprofile bei dem Wiederbefeuchtungsprozess eines 53 µm dicken PVAc-TPP-Films mit $X_{TPP,\varnothing}$ = 8% bei ϑ_{Probe} = 20°C und einer Lösemittelaktivität von a_{MeCl} = 0,37. Eine ausgeglichene MeCl-Beladung von X_{MeCl} = 0,26 g_{MeOH}/g_{PVAc} wird bei diesen Bedingungen nach ca. 20 Minuten erreicht.

In dem Diagramm ist die Quellung der Polymerschicht durch die Aufnahme des Methylenchlorids gut zu erkennen. Ist der trockene Polymerfilm bei der ersten Messung noch 53 µm dick, vergrößert sich die Filmdicke durch das aufgenommene Lösemittel von Messung zu Messung bis sich die Lösemittelgleichgewichtsbeladung im Film eingestellt hat. Ab diesem Zeitpunkt bleibt die Filmdicke konstant und beträgt 67 µm.

Werden die Wiederbefeuchtungsversuche mit Methanol an Stelle von Methylenchlorid durchgeführt, verringert sich - bei gleicher Lösemittelbeladung im Film - die benötigte Zeit bis eine homogene Lösemittelbeladung erreicht wird (Abb. A 18). Dies liegt an der höheren Mobilität des Methanols bedingt durch seine geringere Molekülgröße.

Durch den stetigen Anstieg der Lösemittelkonzentration im Film während des Wiederbefeuchtens nimmt die Mobilität des Weichmachers kontinuierlich zu, und der Ausgleichvorgang des Weichmacherkonzentrationsgradienten wird stark beschleunigt. Um konstante Randbedingungen für die Auswertung der Versuche zu schaffen und die Simulationsrechnungen der Ausgleichsvorgänge zu vereinfachen, werden die Weichmacherbeladungsprofile erst ab dem Zeitpunkt analysiert, an dem der Wiederbefeuchtungsprozess abgeschlossen ist. Das bedeutet, dass die betrachteten Ausgleichsvorgänge der Weichmacherbeladungsprofile bei konstanter, homogener Lösemittelbeladung im Polymerfilm stattfinden. Dies ist beispielhaft für den Ausgleich des Weichmachergradienten in einem PVAc-MeCl-TPP-Film bei einer Temperatur von $\vartheta_{Probe} = 20°C$ in Abb. 3.23 dargestellt. Die Weichmacherbeladungsprofile zu unterschiedlichen Zeitpunkten des Ausgleichsvorganges sind alle erst nach dem in Abb. 3.22 gezeigten Wiederbefeuchtungsprozess des Filmes gemessen worden. Die Zeitangaben in der Legende beziehen sich daher auf die Versuchsdauer nach dem Erreichen der konstanten Lösemittelbeladung. Das mit „Start" beschriftete Weichmacherbeladungsprofil zeigt die Ergebnisse des ersten Tiefenscans, der bei einer homogenen Lösemittelbeladung im Film durchgeführt wurde.

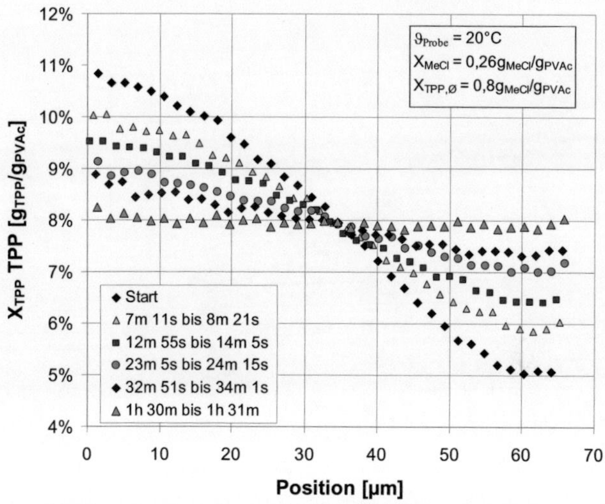

Abb. 3.23: Gemessene TPP-Beladungsprofile zu verschiedenen Zeitpunkten des Ausgleichsprozesses in einem PVAc-MeCl-TPP-Film bei $\vartheta_{Probe} = 20°C$ und einer Lösemittelbeladung von $X_{MeC} = 0{,}26\ g_{MeCl}/g_{PVAc}$. Die Zeitangaben in der Legende beziehen sich auf die Versuchsdauer nach dem Erreichen einer konstanten Lösemittelbeladung in der Probe.

Wie man in der Darstellung erkennen kann, ist zu diesem Zeitpunkt noch ein Weichmacherbeladungsgradient von $\Delta X_{TPP} = 0{,}06\ g_{TPP}/g_{PVAc}$ in der Probe vorhanden. Für den Ausgleich dieses Gradienten wird bei diesen Versuchsbedingungen ein Zeitraum von einer Stunde und 30 Minuten benötigt. Das Versuchsende ist erreicht, wenn der Weichmachergradient in der Probe vollständig ausgeglichen ist.

Die Dauer solcher Wiederbefeuchtungsversuche hängt stark von der Mobilität des Weichmachers und somit von der Lösemittelbeladung im Polymerfilm ab. In Abb. 3.24 sind die ersten 23 Stunden des Ausgleichsvorgangs eines TPP-Gradienten bei einer Temperatur von $\vartheta_{Probe} = 20°C$ und einer Lösemittelbeladung von $X_{MeCl} = 0{,}12\ g_{MeCl}/g_{PVAc}$ dargestellt. Bei diesen Versuchsbedingungen benötigt das Polymersystem über 23 Stunden, um den anfänglichen Weichmacherbeladungsgradienten von $\Delta X_{TPP} = 0{,}09$ auf $0{,}04\ g_{TPP}/g_{PVAc}$ zu reduzieren. Der vollständige Ausgleich der Weichmacherbeladung würde noch erheblich länger dauern. Die starke Zunahme der Versuchszeit mit sinkender Lösemittelbeladung erschwert die Durchführung von Wiederbefeuchtungsversuchen bei sehr geringen Lösemittelbeladungen.

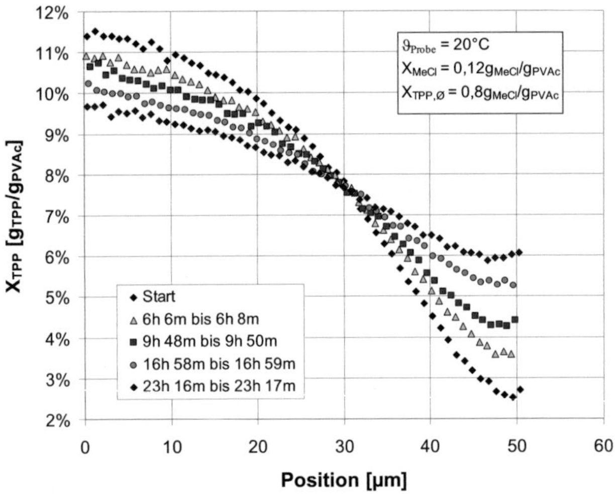

Abb. 3.24: Gemessene TPP-Beladungsprofile zu verschiedenen Zeitpunkten des Ausgleichsprozesses in einem PVAc-MeCl-TPP-Film bei $\vartheta_{Probe} = 20°C$ und einer Lösemittelbeladung von $X_{MeCl} = 0{,}12\ g_{MeCl}/g_{PVAc}$. Die Zeitangaben in der Legende beziehen sich auf die Versuchsdauer nach dem Erreichen einer konstanten Lösemittelbeladung in der Probe.

In der Tabelle in Abb. 3.25 ist eine Übersicht über die durchgeführten Versuche mit den Stoffsystemen PVAc-MeCl-TPP und PVAc-MeOH-TPP gegeben. Informationen über die durchgeführten Wiederbefeuchtungsversuche mit dem Stoffsystem TAC-MeCl-TPP sind in der Tabelle in (Abb. A 19) im Anhang aufgelistet.

Stoffsystem	$X_{TPP\varnothing}$ $[g_{TPP}/g_{Pol}]$	ϑ_{Probe} [°C]	$\vartheta_{Sättiger}$ [°C]	a_{Lsm}	X^*_{Lsg} $[g_{Lsg}/g_{Pol}]$
PVAc-MeCl-TPP	7,5%	20	-14,5	0,19	0,120
	7,5%	20	-9,0	0,26	0,174
	7,5%	20	-2,0	0,37	0,262
	7,5%	20	2,0	0,45	0,338
	7,5%	20	5,0	0,52	0,419
	15%	20	-6,4	0,29	0,198
	15%	20	-0,7	0,39	0,278
	15%	20	-0,7	0,39	0,283
	15%	20	5,9	0,54	0,424
	7,5%	30	-6,4	0,20	0,111
	7,5%	30	-0,7	0,26	0,158
	7,5%	30	5,9	0,36	1,228
	7,5%	30	10,2	0,44	0,254
	7,5%	30	13,8	0,52	0,353
PVAc-MeOH-TPP	7,5%	20	10,0	0,57	0,052
	7,5%	20	13,6	0,70	0,075
	7,5%	20	15,1	0,76	0,099
	7,5%	20	17,6	0,88	0,160

Abb. 3.25: Übersicht der durchgeführten Wiederbefeuchtungsversuche mit den Stoffsystemen PVAc-MeCl-TPP und PVAc-MeOH-TPP.

Die Ergebnisse der Wiederbefeuchtungsversuche zeigen eine signifikante Abhängigkeit der Mobilität des Weichmachers in der Polymerlösung von der Lösemittelbeladung. Dies wird durch den Vergleich der Versuchszeiten deutlich, die benötigt werden, um bei unterschiedlichen Lösemittelbeladungen den anfänglichen Weichmachergradienten in den Polymerschichten auszugleichen. Mit diesen experimentellen Daten wurde die Grundlage geschaffen, die Abhängigkeit des Weichmacherdiffusionskoeffizienten von der Lösemittelbeladung in

Polymerlösungen zu quantifizieren. Die Bestimmung des Diffusionskoeffizientenverlaufs des Weichmachers erfolgt durch Anpassung von Simulationsrechnungen an die gemessenen Weichmacherbeladungsprofile während des Ausgleichsvorgangs. Die genaue Vorgehensweise wird in Kapitel 5.3. beschrieben.

3.3.4 Zweischichtversuche

Die maximale Lösemittelbeladung, die in den Polymerproben bei den Wiederbefeuchtungsversuchen eingestellt werden kann, ist durch das Phasengleichgewicht zwischen Polymer und Gasphase limitiert. Bei hohen Lösemittelaktivitäten in der Gasphase des Strömungskanals steigt die Gefahr, dass das Lösemittel, verursacht durch geringe Temperaturschwankungen, an den Wänden der Apparatur oder der Probe kondensiert. Diese obere Grenze, bei denen die Wiederbefeuchtungsversuche durchgeführt und somit die Diffusionskoeffizienten der schwer flüchtigen Additive bestimmt werden können, ist allerdings nur von theoretischer Bedeutung. Bei der Durchführung von Wiederbefeuchtungsversuchen zeigte sich, dass ein anderer Prozess die maximal mögliche Lösemittelbeladung bei den Versuchen limitiert. Mit steigender Lösemittelbeladung in den Polymerschichten beschleunigt sich der Ausgleichsprozess des Weichmacherbeladungsgradienten. Dies führt bei hohen Lösemittelbeladungen dazu, dass der Ausgleichsprozess des Weichmachers schon während des Eindringvorgangs des Lösemittels deutlich fortgeschritten ist. Ist die Lösemittelbeladung in der Polymerprobe zu hoch, ist der Ausgleichsprozess des Weichmachers nahezu abgeschlossen, bevor eine homogene Lösemittelbeladung im Film erreicht werden kann. Beispielsweise ist eine Lösemittelbeladung von $X_{MeCl} \sim 0{,}45\ g_{MeCl}/g_{PVAc}$ eine sinnvolle Grenze für Versuche mit dem Stoffsystem PVAc-MeCl-TPP. Diese Beladung entspricht einer Lösemittelaktivität a in der Gasphase von $a_{MeCl} \sim 0{,}55$. Um Informationen über den Diffusionskoeffizientenverlauf des Weichmachers auch bei höheren Lösemittelbeladungen zu erhalten, wurde eine neue Versuchstechnik entwickelt. Im folgenden Abschnitt wird diese Versuchstechnik erklärt und die experimentellen Ergebnisse vorgestellt.

Versuchsaufbau / Durchführung

Die Zweischichtversuche basieren auf der Idee, zwei dünne Schichten mit unterschiedlicher Additivbeladung in Kontakt zu bringen und den Konzentrationsausgleich des Additivs zu beobachten. Die Bestimmung des Diffusionskoeffizienten erfolgt dann durch Anpassung von gerechneten an gemessene Additivbeladungsprofile zu verschiedenen Zeitpunkten des Ausgleichsprozesses. Für die Durchführung der Zweischichtversuche werden zwei Polymerlösungen benötigt. Eine binäre Lösung, die nur aus dem Lösemittel und dem Polymer besteht sowie eine entsprechende ternäre Polymerlösung, die zusätzlich noch das schwer flüchtige Additiv enthält. Beide Lösungen haben dabei die gleiche Lösemittelbeladung. Die Weichmacherbeladung der verwendeten ternären Polymerlösungen wurde zu $X_{TPP} = 0{,}25\ g_{TPP}/g_{Polymer}$ gewählt. Die Lösungen sowie der in Abb. 2.6 dargestellte Trocknungskanal werden auf die gewünschte Versuchstemperatur temperiert. Während der Zweischichtversuche wird der Trocknungskanal nicht durchströmt. Nach Erreichen der gewünschten Versuchstemperatur werden die Polymerlösungen ausgestrichen. Dabei wird die binäre Polymerlösung mit einer Rakel direkt auf dem Objektträger auf der Platte im Trocknungskanal ausgestrichen. Simultan dazu wird die ternäre Polymerlösung, die den Weichmacher enthält, auf einen zweiten Objektträger ausgestrichen. Unmittelbar nach dem Auftragen der Polymerlösungen wird der Glasobjektträger mit der, ca. 70 µm dicken ternären Polymerbeschichtung auf den binären Film im Trocknungskanal gelegt und leicht angedrückt. Dabei ist zu beachten, dass ein flächiger Kontakt zwischen den Polymerschichten besteht und bei dem Vorgang keine Luftblasen eingeschlossen werden. Direkt danach wird mit der Vermessung der Schicht zwischen den Glasplatten mit der IMRS-Messtechnik begonnen, wobei der Polymerfilm beginnend an der Filmunterseite schrittweise gescannt wird. Hat der Fokuspunkt des Lasers die obere Glasplatte erreicht, wird ein neuer Tiefenscan gestartet. Unmittelbar nach dem Kontakt der beiden Polymerschichten beginnt der Ausgleichsprozesses der unterschiedlichen Weichmacherbeladung zwischen den beiden Schichten. Dieser Ausgleichsvorgang wird mit Hilfe der Inversen-Mikro-Raman-Spektroskopie beobachtet. In dem Diagramm in Abb. 3.26 sind die während eines Zweischichtversuches gemessenen Weichmacherbeladungsprofile gegen die jeweilige Position in der Schicht aufgetragen. An Position 0 µm befindet sich die untere Glasplatte, an Position 135 µm die obere Glasplatte, die verhindert, dass der Film während der Versuchsdauer trocknet und sich dadurch die Lösemittelbeladung in der Schicht ändern würde. Der Zweischichtversuch wurde bei einer Temperatur von $\vartheta_{Probe} = 15°C$ und einer Methylenchloridbeladung von $X_{MeCl} = 0{,}54\ g_{MeOH}/g_{PVAc}$ durchgeführt. Zusätzlich zu den gemessenen Weichmacherbeladungsprofilen ist in dem Diagramm auch noch der fiktive Weichmacherbeladungsverlauf zu Beginn des Versuchs, also unmittelbar nach dem Kontakt der beiden Schichten eingetragen. Diese Darstellung verdeutlicht, dass die untere Polymerschicht ohne Weichmacher vor dem Kontakt ca. 90 µm dick war, die obere Schicht mit einer Weichmacherbeladung von $X_{TPP} = 0{,}25\ g_{TPP}/g_{PVAc}$ etwa 45 µm. Nach dem Kontakt der beiden Schichten gleicht sich das anfänglich starke Weichmacherbeladungsprofil mit fortschreitender Versuchszeit aus, bis schließlich nach ca. 25 Minuten der Weichmacher homogen im Film verteilt vorliegt.

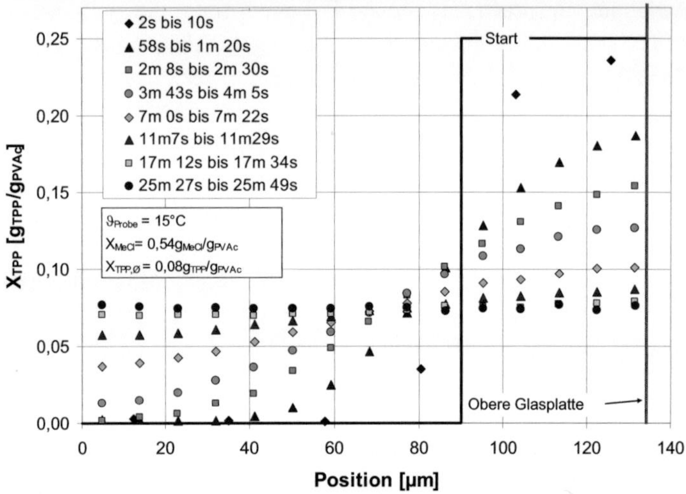

Abb. 3.26: Gemessene Weichmacherbeladungsprofile zu verschiedenen Zeitpunkten des Ausgleichsprozesses des Weichmacherbeladungsgradienten während eines Zweischichtversuchs mit dem Stoffsystem PVAc-MeCl-TPP. Die Versuchstemperatur beträgt $\vartheta_{Probe} = 15°C$, die Lösemittelbeladung $X_{MeOH} = 0{,}54\ g_{MeCl}/g_{PVAc}$ und mittlere Weichmacherbeladung $X_{TPP,Ø} = 0{,}06\ g_{TPP}/g_{PVAc}$.

Die Bestimmung der Diffusionskoeffizient des Weichmachers in der Polymerschicht soll dann, wie bereits in den letzten Kapiteln beschrieben, durch Anpassung von gerechneten an gemessene Weichmacherbeladungsprofile erfolgen.

Allerdings ist die Durchführung der Zweischichtversuche kompliziert. Bedingt durch die relativ hohe Flüchtigkeit der untersuchten Lösemittel Methanol und Methylenchlorid verdunstet bereits in der kurzen Zeit zwischen dem Ausstreichen der temperierten Polymerlösungen und dem Zusammendrücken der beiden Beschichtungen etwas Lösemittel. Dadurch bilden sich, je nach Zeitspanne zwischen Ausstreichen und Kontakt der Schichten und Partialdruck des Lösemittels, Lösemittelkonzentrationsprofile zur Oberfläche der Polymerbeschichtungen aus. Aus diesem Grund wurde darauf geachtet, diese Zeitspanne möglichst kurz zu halten und es wurde eine Versuchstemperatur von nur $\vartheta_{Probe} = 15°C$ gewählt. Durch dieses Vorgehen sind die Lösemittelprofile so gering, dass sie sich sehr schnell nach dem Kontakt der beiden Filme wieder ausgleichen. Die ersten Tiefenscans der durchgeführten Zweischichtversuche zeigen bei den gewählten Bedingungen immer eine homogene Verteilung des Lösemittels in der Polymerschicht. Um die Ausbildung von Lösemittelgradienten zur Oberfläche während der Versuchsvorbereitung zu verhindern und somit auch Messungen bei höheren Temperaturen zu ermöglichen, wurde der in Abb. 3.27 gezeigte Versuchsaufbau zur Durchführung von Zweischichtversuchen konstruiert.

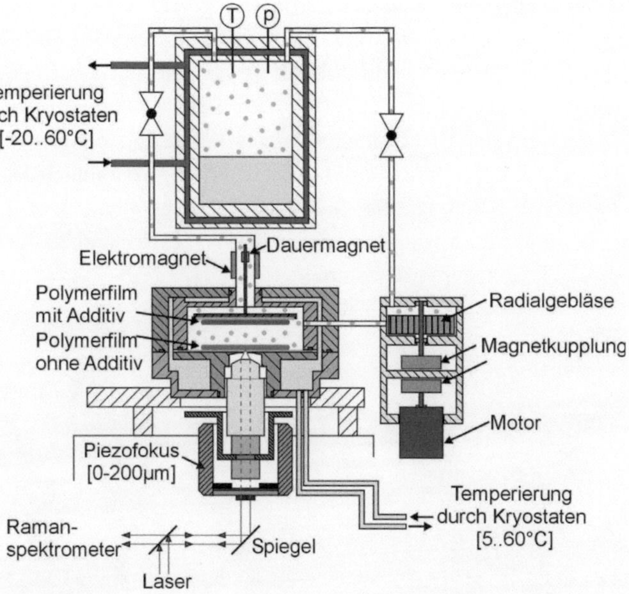

Abb. 3.27: Versuchsaufbau zur Durchführung von Zweischichtversuchen. Die Lösemittelbeladung in den Polymerproben wird über den Lösemittelpartialdruck in der Messzelle eingestellt.

Der Versuchsaufbau besteht im Wesentlichen aus der temperierten Messzelle, in der sich die zwei Polymerfilme befinden, einem Verdampfer, in dem das Lösungsmittel temperiert wird sowie einem Radialgebläse, welches das Lösungsmitteldampf-Luftgemisch in der Versuchsapparatur zirkulieren lässt. Die Messzelle wird über eine Zentrierbohrung mittig über dem Objektiv im Trocknungskanal fixiert. So kann von unten durch eine dünne Glasplatte der Ausgleichsvorgang in der Polymerschicht mit Hilfe der IMRS-Messtechnik beobachtet werden. Die Lösungsmittelbeladung in den Polymerfilmen wird über den Lösungsmittelpartialdruck in der Messzelle eingestellt. Im Gegensatz zu der bisherigen Versuchsdurchführung steht die komplette Gasphase in der Messzelle mit dem Polymerfilm im thermodynamischen Gleichgewicht. Dadurch wird das Trocknen der Polymerfilme verhindert und es ist somit gewährleistet, dass in den beiden Polymerschichten vor ihrem Kontakt das Lösungsmittel homogen verteilt vorliegt. In Abb. 3.28 ist die Durchführung der Zweischichtversuche in dem Versuchsaufbau verdeutlicht. Die Polymerlösung ohne Weichmacher wird auf der Glasplatte in der Messzelle ausgestrichen, die Lösung mit Weichmacher auf einen dünnen Objektträger. Der beschichtete Objektträger wird mit einer speziellen Halterung und einem System aus Dauer- und Elektromagneten über der weichmacherfreien Schicht in der Messzelle gehalten (s. linke Seite in Abb. 3.28). Wenn sich die Polymerfilme im thermodynamischen Gleichgewicht mit dem eingestellten Lösemittelpartialdruck in der Messzelle befinden, was durch Tiefenscans im unteren Film überprüft wird, kann der eigentliche Versuch beginnen. Dazu wird der Elektromagnet abgeschaltet und die Halterung mit dem beschichteten Glasobjektträger sinkt auf die untere, weichmacherfreie Polymerschicht (s. rechte Seite in Abb. 3.28). Sofort nach dem Kontakt der beiden Schichten beginnt der Ausgleichvorgang des Weichmacherbeladungsgradienten und der erste Tiefenscan wird gestartet.

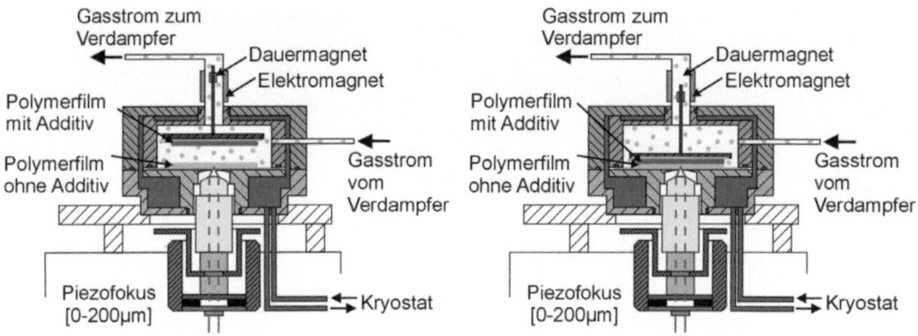

Abb. 3.28: Durchführung eines Zweischichtversuchs. Linke Seite: Die Polymerschichten mit und ohne Weichmacher sind getrennt. Über den Lösemittelpartialdruck in der Messzelle wird die Lösemittelbeladung in den Polymerproben eingestellt. Rechte Seite: Durch Deaktivierung des Elektromagneten werden die Schichten in Kontakt gebracht.

Die in diesem Kapitel vorgestellten Zweischichtversuche ermöglichen die Beobachtung des Ausgleichsprozesses von Additivbeladungsgradienten in Polymerschichten mit vergleichsweise hoher Lösemittelbeladung. Die Durchführung der Versuche ist aufwendig, aber sie bietet die Möglichkeit, Informationen über den Diffusionskoeffizienten eines schwer flüchtigen Additivs in Polymersystemen zu erhalten. Die beobachteten Weichmacherbeladungsprofile zu verschiedenen Zeiten des Ausgleichsprozesses des Weichmacherbeladungsgradienten werden in Kapitel 5.4 zur Bestimmung des Diffusionskoeffizienten verwendet.

4 Modellhafte Beschreibung des Stofftransports

In diesem Kapitel soll die modellhafte Beschreibung von Stofftransportvorgängen in den Polymerbeschichtungen erläutert werden. Im Rahmen dieser Arbeit sollen Modellrechnungen dazu verwendet werden, *Fick'sche* Diffusionskoeffizienten von einzelnen Komponenten in Polymersystemen zu bestimmen. Diese Bestimmung soll durch Anpassung von gerechneten an gemessene Beladungsprofile während Stofftransportvorgängen erfolgen. Dabei kann prinzipiell die Bestimmung von Diffusionskoeffizienten von Lösemitteln und Weichmacher unterschieden werden. Um Diffusionskoeffizienten von Lösemittel in Polymerlösungen bestimmen zu können, wurden Trocknungsversuche durchgeführt, deren prinzipieller Aufbau in Abb. 4.1 schematisch dargestellt ist. Bei der modellhaften Beschreibung von Trocknungsversuchen müssen sowohl der Stofftransport in der Gasphase (s. Kapitel 4.1) als auch das Phasengleichgewicht an der Filmoberseite (s. Kapitel 4.2) berücksichtigt werden. Um die Diffusion des Lösemittels in der Polymerschicht zu beschreiben, werden spezielle Ansätze benötigt, welche die Mobilität des Lösemittels als Funktion der lokalen Zusammensetzung darstellen können. Diese werden in Kapitel 4.3.1 erläutert. Die modellhafte Beschreibung des Trocknungsprozesses erfolgte mit dem Simulationsprogramm NuSFiD welches in Kapitel 4.4.2 erklärt wird.

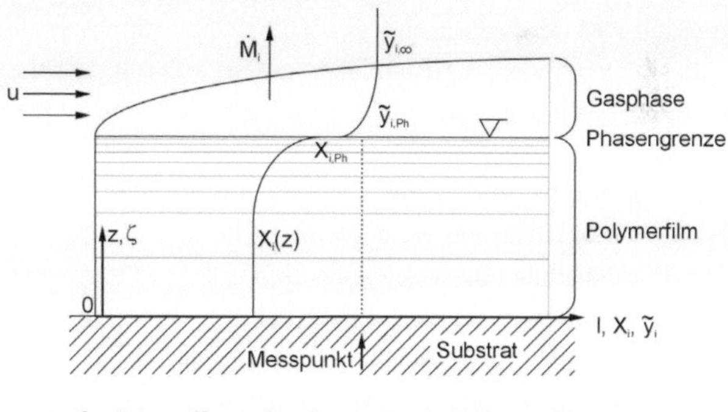

Abb. 4.1: Schematische Darstellung des Systems aus Polymerfilm sowie angrenzender Gasphase.

Um die durchgeführten Experimente zur Weichmacherdiffusion modellhaft beschreiben zu können, muss nur der Stofftransport in der Polymerbeschichtung betrachtet werden, da der Weichmacher schwer flüchtig ist und daher die Phasengrenze der Beschichtung nicht überschreitet. Für die Auswertung der Langzeitversuche bei erhöhter Temperatur wird in Kapitel 4.3.2 ein geeigneter Formalismus erläutert, der die Temperaturabhängigkeit des Diffusionskoeffizienten des Weichmachers in Polymersystemen beschreiben kann. Die modellhafte Beschreibung der Langzeittemperatur-, Wiederbefeuchtungs- und Zweischichtversuche erfolgte mit einem Simulationsprogramm, das auf dem expliziten Differenzenverfahren beruht und in Kapitel 4.4.3 erläutert wird.

4.1 Stofftransport in der Gasphase

Der Stofftransport in der Gasphase für den allgemeinen Fall eines n-Komponentengemisches kann mit dem Ansatz nach *Maxwell-Stefan* beschrieben werden, der sich auf eine molekulare Reibungs- und Stoßtheorie stützt (s. z.B. *Bird et al.* (1960)):

$$\frac{d\tilde{y}_i}{dz} = \sum_{j=1}^{n} \frac{1}{\tilde{\rho}_g \cdot D_{ij}^{MS}} \cdot \left(\tilde{y}_i \cdot \dot{n}_j - \tilde{y}_j \cdot \dot{n}_i \right) \tag{4.1}$$

$\tilde{y}_i$ = *Molenbruch der Komponente i in der Gasphase*

z = *Wegkoordinate*

$\tilde{\rho}_g$ = *molare Dichte der Gasphase*

D_{ij}^{MS} = *Maxwell-Stefan-Diffusionskoeffizient*

$\dot{n}_i$ = *Stoffstrom der Komponente i*

Im allgemeinen Fall der Mehrkomponentendiffusion durch eine Phasengrenzfläche muss diese Gleichung iterativ gelöst werden, was mit einem erheblichen mathematischen Aufwand verbunden ist. Aufgrund der im Rahmen dieser Arbeit getroffenen Annahme, dass der verwendete Weichmacher bei den Versuchstemperaturen als vollständig nicht flüchtig betrachtet werden kann, beschränkt sich die in der Gasphase diffundierende Komponente auf das jeweilige Lösemittel. Somit kann die Gasphase als ein Gemisch aus zwei Komponenten (Stickstoff und Lösemittel) betrachtet werden. Unter der Annahme einer einseitigen Diffusion (nur das Lösemittel diffundiert von der Filmoberfläche – Trocknungsversuch – oder zu der Filmoberfläche – Wiederbefeuchtungsversuch) existiert eine geschlossene Lösung von Gleichung (4.1) (s. z.B. *Schlünder* (1984)):

$$\dot{n}_i = \beta_{ig} \cdot \tilde{\rho}_g \cdot \ln\left(\frac{1-\tilde{y}_{i,\infty}}{1-\tilde{y}_{i,Ph}} \right) \tag{4.2}$$

$\overline{\beta}_{ig}$ = *binärer, gemittellter Stoffübergangskoeffizient*

$\tilde{y}_{i,\infty}$ = *Molenbruch der Komponente i im Innern der Gasphase*

$\tilde{y}_{i,Ph}$ = *Molenbruch der Komponente i an der Phasengrenze*

Gleichung (4.2) ermöglicht die Berechnung des Lösemittelstoffstroms zwischen der Phasengrenze an der Filmoberfläche und dem Bulk der Gasphase. Die Lösemittelkonzentration im Inneren des Gasvolumens (Bulk) ergibt sich aus der Versuchsdurchführung: bei Wiederbefeuchtungsversuchen entspricht sie der jeweils eingestellten Aktivität, bei Trocknungsversuchen ist kein Lösemittel im Kern des Luftstroms vorhanden. Die Konzentrationen an der Phasengrenze (Filmseite, Gasseite) lassen sich über das Sorptionsgleichgewicht berechnen. Dies wird in Abschnitt 4.2 beschrieben.

Der Stoffübergangskoeffizient β_i wird üblicherweise durch *Sherwood*-Korrelationen der Form *Sh = f (Re, Sc, Geometrie)* für bekannte Standardgeometrien berechnet. Die Strömungsverhältnisse des für die Trocknungsversuche verwendeten Kanals (Abb. 3.4), wurden in vorangegangenen Arbeiten (*Schabel* (2004)) ausführlich untersucht. Für die Beschreibung der Strömungsverhältnisse des Filmtisches im Kanal eignet sich die Korrelation für eine einseitig laminar überströmte Platte mit ausgebildeter hydrodynamischer und stofflicher Grenzschicht (*VDI Wärmeatlas* (2006), Abschnitt Gd1). Mit Hilfe eines Hitzedrahtanemometers ist es möglich, die Anströmgeschwindigkeit der Platte im Kanal zu messen. Mit Gleichung (4.3) kann somit die *Sherwood-Zahl* und daraus der gasseitige, gemittelte Stoffübergangskoeffizient $\bar{\beta}_{ig}$ berechnet werden.

$$Sh_{Lam} = \frac{\bar{\beta}_{ig} \cdot L}{D_{ig}} = 0{,}664 \cdot \sqrt{\mathrm{Re}} \cdot \sqrt[3]{Sc} = 0{,}332 \cdot \sqrt{\frac{u \cdot L}{\nu_g}} \cdot \sqrt[3]{\frac{\nu_g}{D_{ig}}} \tag{4.3}$$

Sh_{Lam} = *Sherwood-Zahl (laminarer Bereich)*

L = *Charakteristische Länge der Platte*

Re = *Reynoldszahl*

Sc = *Schmidt-Zahl*

u = *Überströmungsgeschwindigkeit der Platte*

ν_g = *kinematische Viskosität*

D_{ig} = *Fickscher Diffusionskoeffizient in der Gasphase*

Der in Gleichung (4.3) enthaltene Diffusionskoeffizient des Lösemittels in der Gasphase D_{ig} kann nach der Gruppenbeitragsmethode von *Fuller* (1966) berechnet werden. Die hierfür notwendige Gleichung und Parameter sind in Kapitel A 13 im Anhang gegeben. Mit der angegebenen *Sherwood*-Korrelation einer laminar überströmten Platte, den Kanalgeometrien und den Stoffdaten lassen sich die vorherrschenden Strömungsbedingungen für die Bestimmung des gasseitigen Stofftransportes im Trocknungskanal mit hoher Genauigkeit beschreiben.

Im Gegensatz zu den Trocknungsversuchen wurden die Wiederbefeuchtungsversuche in einem Kanal mit verringerter Strömungsquerschnittsfläche durchgeführt (Abb. 3.21). Der verminderte Kanalquerschnitt führt bei der Bestimmung des gasseitigen Stoffübergangskoeffizienten zu Problemen. Einerseits können keine verlässlichen Messungen der Strömungsgeschwindigkeit in Filmnähe durchgeführt werden. Aufgrund der relativen Größe der Messsonde des Hitzdrahtanemometers im Vergleich zum Strömungsquerschnitt und der daraus resultierenden Querschnittsverkleinerung des Kanals kann nicht mehr von störungsfreien Messbedingungen der Strömungsgeschwindigkeit ausgegangen werden. Weiterhin verursacht die Probenplatte im Kanal eine deutliche Verkleinerung des freien Strömungsquerschnittes. Es ist daher zu vermuten, dass aufgrund der Geometrie des kleineren Strömungskanals nicht von einer ungestörten Anströmung der Platte ausgegangen werden kann. Grund hierfür ist eine mögliche Überlagerung der sich ausbildenden hydrodynamischen Grenzschicht am Filmtisch mit den Grenzschichten der Kanalwände. Daher ist unklar, ob die bekannten Korrelationen für frei umströmte Einzelkörper auf die vorliegende Kanalgeometrie angewendbar sind.

Aus den genannten Gründen wurde überprüft, ob die Beschreibung des gasseitigen Stoffübergangs in dem für die Wiederbefeuchtungsversuche verwendeten Strömungskanal durch Standardkorrelationen für überströmte Einzelkörper möglich ist, und es wurde der integrale Stoffübergangskoeffizient unter Versuchsbedingungen experimentell bestimmt. Die Bestimmung des gasseitigen Stoffübergangskoeffizienten erfolgte durch Naphthalinsublimation von speziell präparierten Platten in die Kanalströmung, analog dem Vorgehen von *Presser* (1972). Die genaue Versuchsdurchführung und das Vorgehen sind im Abschnitt A 14 im Anhang beschrieben. Die Ergebnisse zeigen, dass die Anwendung von Standardkorrelationen für die Beschreibung des Stoffübergangs im kleinen Kanal nicht mit ausreichender Genauigkeit möglich ist. Daher wurde eine empirische Funktion – Gleichung (4.4) – an die gemessenen Daten angepasst, die den Verlauf des lokalen Stoffübergangskoeffizienten in Abhängigkeit von der Position x auf der überströmten Platte beschreibt (s. Anhang A 14).

$$\beta_{i,g}\left(m/s\right)^{-1} = -0{,}0043\left(x/mm\right)^{-0{,}2748} + 0{,}0158\left(x/mm\right)^{-0{,}2748} \tag{4.4}$$

Mit Hilfe dieser empirischen Gleichung kann nun die für die Simulation benötigte Berechnung des Stoffübergangskoeffizienten zwischen Polymerfilm und Gasphase bei den Wiederbefeuchtungsversuchen erfolgen.

4.2 Beschreibung des Phasengleichgewichtes

Für die Beschreibung des Phasengleichgewichtes zwischen Lösemittel und Polymer stehen prinzipiell mehrere Methoden zur Verfügung. So können beispielsweise rein prädiktive oder korrelative Modelle verwendet werden. Rein prädiktive Berechnungsmodelle für Phasengleichgewichte sind nach dem Prinzip von Gruppenbeitragsmethoden aufgebaut und besitzen dadurch den Vorteil, dass keine experimentellen Untersuchungen für die Beschreibung des Phasengleichgewichtes benötigt werden. Ein bekanntes Modell für die prädiktive Berechnung von Lösemittel-Polymer-Phasengleichgewichten bietet das UNIFAC-FV-Modell nach *Oishi* und *Prausnitz* (1978). Diese Methode basiert auf der UNIFAC-Methode nach *Fredenslund et al.* (1975), die um einen Term erweitert wurde, der den Beitrag des freien Volumens berücksichtigt und dadurch die spezielle Charakteristik von Polymersystemen besser beschreiben kann. *Schabel* (2004) zeigte, dass die rein prädiktiven Modelle den korrelativen Modellen an Genauigkeit unterlegen sind, wenn entsprechende Messdaten der beschriebenen Stoffsysteme zur Verfügung stehen. Aus diesem Grund werden in dieser Arbeit Lösemittel-Polymer-Phasengleichgewichte mit Hilfe des korrelativen Aktivitätskoeffizientenmodells nach Flory und Huggins berechnet.

Das Modell nach *Flory* (1941) und *Huggins* (1941) erfordert die Anpassung eines Wechselwirkungsparameters an vorhandene Sorptionsdaten des zu untersuchenden Stoffsystems. Das *Flory-Huggins* Modell hat sich zur Beschreibung des Phasengleichgewichtes von unvernetzten Polymerlösungen bewährt. Dabei ist für die praktische Anwendung des Modells seine mathematische Einfachheit von Vorteil, die eine unkomplizierte Verwendung bei gleichzeitig sehr guter Wiedergabe der Messwerte ermöglicht. Die physikalische Vorstellung, dem das Model zugrunde liegt, basiert nicht auf der Betrachtung der flüssigen Phase als ein hochverdichtetes Gas, wie es bei Anwendung von Zustandsgleichungen für die Beschreibung von Flüssigphasen der Fall ist. Vielmehr ist die Flüssigphase als dreidimensionales Gitter aus einzelnen Kugeln anzusehen. Diese Gitterplätze können entweder von einem einzelnen Lösemittelmolekül eingenommen werden oder aber von einem Segment einer vielgliedrigen, sich über mehrere Gitterplätze erstreckenden Polymerkette. An der Phasengrenze Polymer-Gasphase kann das thermodynamische Gleichgewicht mit folgender Gleichung beschrieben werden:

$$\tilde{y}_i = \frac{p_i}{p_{ges}} = \gamma_i \cdot \tilde{x}_i \cdot \frac{p_i^*(T)}{p_{ges}} \tag{4.5}$$

$\tilde{y}_i$ = *Molenbruch der Komponente i*

p_i = *Partialdruck der Komponente i*

p_{ges} = *Gesamtdruck*

γ_i = *Aktivitätskoeffizient der Komponente i*

$\tilde{x}_i$ = *Molenbruch* der Komponente i

p_i^* = *Sättignugsdampfdruck der Komponente i*

Dabei wird das Produkt von γ_i und $\tilde{x}_i$ als Aktivität a_i der Komponente *i* bezeichnet:

$$a_i = \gamma_i \cdot \tilde{x}_i \tag{4.6}$$

Der Sättigungsdampfdruck $p_i^*(T)$ wird über die Dampfdruckkurve des reinen Lösemittels berechnet. Die verwendeten Antoine-Parameter sind im Anhang A 15 aufgelistet.

Der Aktivitätskoeffizient wird in dem Modell über die *Gibbs'sche* Exzessenthalpie berechnet:

$$\ln \gamma_i = \frac{1}{\tilde{R}T} \left(\frac{\partial G^E}{\partial N_i} \right)_{T,\,p,\,N_{j \neq i}} \tag{4.7}$$

$\tilde{R}$ = *allgemeine Gaskonstante*

T = *Temperatur*

N_i = *Stoffmenge der Komponente i*

G^E = *Gibbs'sche Exzessenthalpie*

Die *Gibbs'sche* Exzessenthalpie ist folgendermaßen definiert:

$$G^E = H^E - T \cdot S^E \tag{4.8}$$

H^E = *Exzessenthalpie*

S^E = *Exzessentropie*

Der Aktivitätskoeffizient setzt sich also aus einem enthalpischen sowie einem entropischen Beitrag zusammen. Den entropischen (kombinatorischen) Anteil berechnet *Flory* (1941) durch Anwendung von Methoden der statistischen Thermodynamik auf die Polymerlösung.

$$S^E = -\widetilde{R}\sum N_i \ln\frac{\varphi_i}{\widetilde{x}_i} \tag{4.9}$$

φ_i = *Volumenbruch der Komponente i*

In dem Ausdruck der Exzessenthalpie H^E (Mischungsenthalpie) werden die unterschiedlichen intermolekularen Wechselwirkungen in der Mischung über binäre Wechselwirkungsparameter χ_{ij} zwischen jeweils zwei Molekülarten berücksichtigt (*Flory* (1953)).

$$H^E = \widetilde{R}T\sum N_i \varphi_j \chi_{ij} \tag{4.10}$$

χ_{ij} = *Flory-Huggins Wechselwirkungsparameter*

Für den Wechselwirkungsparameter gilt:

$$\chi_{ij} = \chi_{ji}\frac{\widetilde{V}_i}{\widetilde{V}_j} \tag{4.11}$$

$\widetilde{V}_i$ = *partielles molares Volumen der Komponente i*

Durch Einsetzen von Gleichung (4.9) und (4.10) in (4.8) erhält man für ein binäres System folgenden Ausdruck:

$$\frac{G^E}{\widetilde{R}T} = N_1\varphi_2\chi_{12} + N_1\ln\frac{\varphi_1}{\widetilde{x}_1} + N_2\ln\frac{\varphi_2}{\widetilde{x}_2} \tag{4.12}$$

Einsetzten von Gleichung (4.12) in (4.7) und Berücksichtigung von Gleichung (4.6) liefert für ein binäres System folgenden Ausdruck für die Aktivität des Lösemittels in der Polymerlösung:

$$\ln a_1 = \ln\varphi_1 + (1-\varphi_1) - (1-\varphi_1)\frac{\widetilde{V}_1}{\widetilde{V}_2} + \chi_{12}(1-\varphi_1)^2 \tag{4.13}$$

Ist Komponente 2 ein Polymer (Index p), kann zur Vereinfachung der Gleichung die Näherung angenommen werden, dass $\widetilde{V}_1 << \widetilde{V}_2$ und somit erhält man die für binäre Systeme übliche Form:

$$\ln a_1 = \ln\varphi_1 + (1-\varphi_1) + \chi_{1p}(1-\varphi_1)^2 \tag{4.14}$$

Stehen Sorptionsdaten zur Verfügung, kann der *Flory-Huggins*-Wechselwirkungsparameter χ_{1P} an experimentelle Daten angepasst werden. Somit liefert Gleichung (4.14) die Möglichkeit das Phasengleichgewicht zwischen Lösemittel und Polymer zu berechnen. Die Anpassung der Wechselwirkungsparameter wird in Kapitel 5.1.1 beschrieben.

4.3 Diffusion in Polymerbeschichtungen

Für die Diffusion kleiner Moleküle wie z. B. Lösemittel oder Weichmacher in Polymeren ist es charakteristisch, dass die Mobilität dieser Komponenten sehr stark von der Zusammensetzung sowie der Temperatur des Polymersystems abhängt. Für eine modellhafte Beschreibung von Stofftransportvorgängen in Polymersystemen ist daher die Berücksichtigung dieser Abhängigkeiten von fundamentaler Bedeutung. In den folgenden Kapiteln werden Modellansätze vorgestellt, welche die Abhängigkeiten *Fick'scher* Diffusionskoeffizienten als Funktion der Zusammensetzung und der Temperatur beschreiben.

4.3.1 Beschreibung von Diffusionskoeffizienten in Polymerlösungen

Ein allgemein anerkannter und etablierter Ansatz zur Beschreibung des Diffusionskoeffizienten in Polymerlösungen als Funktion der Zusammensetzung ist die Freie-Volumen-Theorie, die auf Arbeiten von *Cohen* und *Turnbull* (1959), *Fujita* (1961) und *Vrentas und Duda* (1977) zurückzuführen ist. Dieser Ansatz wird aber in der vorliegenden Arbeit nicht verwendet. Aufgrund der Vollständigkeit sowie der hohen Popularität dieses Ansatzes im Bereich der Polymerfilmtrocknung, wird er jedoch vorgestellt. Nach einer kurzen Erläuterung der Theorie und den Hintergründen des Ansatzes wird begründet, warum auf den Einsatz der Freien-Volumen-Theorie nach *Vrentas* und *Duda* (1977) in dieser Arbeit verzichtet wird. Alternativ wird ein einfacher empirischer Exponentialansatz verwendet, um den Diffusionskoeffizientenverlauf als Funktion der Zusammensetzung zu beschreiben.

Für die Beschreibung des Stofftransportes in viskosen Polymerlösungen wird die Gültigkeit des *Fick'schen* Gesetzes vorausgesetzt. Das erste *Fick'sche* Gesetz beschreibt die Kinetik der Diffusion, wobei die treibende Kraft für den Diffusionsstrom j_i der Konzentrationsgradient der Komponente i ist.

$$j_i = -D_{ii} \cdot \frac{\partial c_i}{\partial z} \qquad (4.15)$$

j_i = *flächenspezifischer Diffusionsstrom der Komponente i*

D_{ii} = *Fick'scher Diffusionskoeffizient*

Die Größe des Diffusionsstroms kann aus Gleichung (4.15) berechnet werden, wenn der *Fick'sche* Diffusionskoeffzient des untersuchten Stoffsystems bekannt ist. Speziell in Polymerlösungen ist die Mobilität der einzelnen Komponenten sehr stark von der Zusammensetzung der Lösung abhängig. Diese starke Abhängigkeit drückt sich in einem weiten Wertebereich aus, in dem Diffusionskoeffizienten von Polymerlösungen je nach Zusammensetzung liegen. In hoch verdünnten Polymerlösungen können die Diffusionskoeffizienten denen von Flüssigkeiten ($\sim 10^{-9}$ m^2/s) entsprechen. In trockenen Polymerfilmen werden Werte von bis zu $\sim 10^{-20}$ m^2/s erreicht, was der Größenordnung von Diffusionsvorgängen in Feststoffen entspricht. Die in den Polymerlösungen enthaltenen Makromoleküle sind der Grund für dieses spezielle Verhalten und führen auch dazu, dass sich gängige Ansätze zur Beschreibung von Diffusionskoeffizienten in Flüssigkeiten, wie z. B. von *Einstein* (1905), *Wilke et. al* (1955) oder *Reid et al.* (1977) vorgeschlagen, nicht für die Beschreibung der Diffusion in Polymersystemen eignen.

Für die Berechnung von *Fick'schen* Diffusionskoeffizienten in Polymerlösungen findet man in der Literatur folgenden Ausdruck, der den *Fick'schen* Diffusionskoeffizienten als Produkt des Selbstdiffusionskoeffizienten und eines thermodynamischen Faktors beschreibt:

$$D_{ii} = D_i \cdot \Theta \tag{4.16}$$

D_i = *Selbstdiffusionskoeffizient der Komponente i*

Θ = *Thermodynamischer Faktor*

Der Selbstdiffusionskoeffizient beschreibt die Molekularbewegung in einem System ohne äußeren Gradienten wie z.B. Konzentrations- oder Druckgradienten. Er lässt sich mit Hilfe der Freien-Volumen-Theorie berechnen. Ausgangspunkt dieser Theorie ist das Freie-Volumen-Konzept, das von *Cohen* und *Turnbull* (1959) von Feststoffen auf Flüssigkeiten übertragen wurde. Das Modell beruht auf der Vorstellung, dass sich das Gesamtvolumen einer Flüssigkeit aus einem von Molekülen besetzten und einem zwischen den Molekülen freien Volumen zusammensetzt. Aufgrund von thermischen Schwankungen wird das freie Volumen ständig umverteilt. Entsteht durch solche Verlagerungen ein freies Volumen ausreichender Größe neben einem Molekül, findet ein Diffusionsschritt statt. Die Idee, dieses Modell für die Beschreibung von Diffusionsvorgängen in Polymeren anzuwenden, schlug erstmals *Fujita* (1961) vor. Um den speziellen Eigenschaften von Polymeren besser entsprechen zu können, wurde das bestehende Modell von *Vrentas* und *Duda* (1977) modifiziert. Aufgrund der Größe von Makromolekülen wird bei thermischen Schwankungen nur ein Teil und nicht das gesamte freie Volumen verlagert. Der aufgrund der anziehenden Wechselwirkung benachbarter Moleküle unbewegliche Teil des freien Volumens wird als freies Zwischenraumvolumen bezeichnet. Den Teil des freien Volumens, der durch thermische Schwankungen ständig umverteilt wird, bezeichnet man als freies Lückenvolumen. Demnach ist die bestimmende Größe für die Diffusion in Polymerlösungen das freie Lückenvolumen. Des Weiteren für das Modell die Annahme getroffen, dass nicht nur ganze Moleküle einen Diffusionsschritt ausführen können, sondern auch Teile von Molekülen, so genannte „jumping units“. Ein Diffusionsschritt erfolgt demnach, wenn sich ein ausreichend großes freies Lückenvolumen neben einem Molekül befindet. Diese Annahmen führen zu folgendem Ausdruck für den Selbstdiffusionskoeffizienten D_i des Lösungsmittels in einer binären Polymerlösung:

$$D_i = D_{0i} \cdot \exp\left(-\frac{\omega_i \hat{V}_i^* + \xi_{ip} \cdot \omega_p \hat{V}_p^*}{\hat{V}^{FH} / \gamma_{ip}} \right) \tag{4.17}$$

D_{0i} = *vorexponentieller Faktor der Komponente i*

ω_i = *Massenbruch der Komponente i*

$\hat{V}_i^*$ = *spezifisches freies Lückenvolumen der Komponente i*

ξ_{ip} = *Verhältnis der molaren Volumina der „jumping units“*

$\hat{V}^{FH}$ = *vorhandenes mittleres freies Lückenvolumen*

γ_{ip} = *Überlappungsfaktor*

Die darin enthaltenen spezifischen freien Lückenvolumen $\hat{V}_i^*$ und $\hat{V}_p^*$ sind die minimal benötigten freien Lückenvolumen, die einen Diffusionsschritt ermöglichen. Der Überlappungsfaktor γ_{ip} berücksichtigt, dass benachbarte Moleküle das gleiche freie Lückenvolumen beanspruchen können. Typische Werte des Überlappungsfaktors liegen zwischen 0,5 und 1. Das Verhältnis der molaren Volumina ξ_{ip} ist definiert als:

$$\xi_{ip} = \frac{\hat{V}_i^* \widetilde{M}_{ji}}{\hat{V}_p^* \widetilde{M}_{jp}} \tag{4.18}$$

$\widetilde{M}_{ji}, \widetilde{M}_{jp}$ = *Molmassen der „jumping units“ der Komponenten i bzw. p*

Das mittlere freie Lückenvolumen $\hat{V}^{FH}$ einer Polymerlösung entspricht der Summe aller freien Lückenvolumen der einzelnen Komponenten der Lösung.

Dies hat zur Folge, dass sich durch die Zugabe kleiner Moleküle wie z. B. Lösemittel oder Weichmacher in ein Polymersystem das mittlere freie Lückenvolumen stark vergrößert. Dieses zusätzliche freie Lückenvolumen vereinfacht Diffusionsschritte und führt so zu einer höheren Mobilität der Komponenten in einem Polymersystem. Für eine binäre Polymerlösung oberhalb der Glasübergangstemperatur kann das mittlere freie Lückenvolumen des Polymers nach der Beziehung von *Vrentas* und *Duda* (1977) bestimmt werden:

$$\begin{aligned}\hat{V}^{FH} &= \omega_i \hat{V}_i^{FH} + \omega_p \hat{V}_p^{FH} \\ &= \omega_i K_{I,i}\left(K_{II,i} - T_{gi} + T\right) + \omega_p K_{I,p}\left(K_{II,p} - T_{gp} + T\right)\end{aligned} \tag{4.19}$$

T_{gi} = *Glasüberganstemperatur der Komponente i*

T = *Temperatur der Polymerlösung in Kelvin*

$K_{I,i}, K_{II,i}$ = *Freie-Volumen-Parameter der Komponente i zur Beschreibung des Expansionsverhaltens*

Zur Berechnung des Selbstdiffusionskoeffizienten in einer Polymerlösung nach der Freien-Volumen-Theorie von *Vrentas* und *Duda* (1977) werden elf unabhängige Parameter benötigt. Nach *Zielinski* und *Duda* (1992) lassen sich alle Modellparameter prinzipiell allein aus Reinstoffdaten und Gruppenbeitragsmethoden berechnen.

Vrentas et. al. (1984) erweiterten den Ansatz zur Bestimmung des Selbstdiffusionskoeffizienten auf Mehrkomponentensysteme. Aus Gleichung (4.17) und (4.19) ergeben sich für eine ternäre Polymerlösung folgende Ausdrücke:

$$D_i = D_{0i} \cdot \exp\left(- \frac{\omega_i \hat{V}_i^* + \xi_{ip}/\xi_{iP} \cdot \omega_j \hat{V}_j^* + \xi_{ip} \cdot \omega_p \hat{V}_p^*}{\hat{V}^{FH}/\gamma_{ip}} \right) \tag{4.20}$$

$$\begin{aligned}\hat{V}^{FH} &= \omega_i \hat{V}_i^{FH} + \omega_j \hat{V}_j^{FH} + \omega_p \hat{V}_p^{FH} \\ &= \omega_i K_{I,i}\left(K_{II,i} - T_{gi} + T\right) + \omega_j K_{I,j}\left(K_{II,j} - T_{gj} + T\right) \\ &+ \omega_p K_{I,p}\left(K_{II,p} - T_{gp} + T\right)\end{aligned} \tag{4.21}$$

Für die Berechnung des *Fick'schen* Diffusionskoeffizienten aus dem Selbstdiffusionskoeffzienten wird nach Gleichung (4.16) der thermodynamische Faktor benötigt, der die Wechselwirkungen zwischen den Molekülen der Lösung berücksichtigen soll. Für die Bestimmung des thermodynamischen Faktors muss ein Zusammenhang zwischen dem kinetischen Ansatz von *Bearman* (1961)

(4.22) – in dem eine Stoffströmung aus dem Gradienten des chemischen Potentials resultiert – und dem *Fick'schen* Ansatz (4.15) gefunden werden.

$$-\frac{d\mu_i}{dz} = \sum_{j=1}^{n} \zeta_{ij} \frac{\rho_j}{\widetilde{M}_j} \cdot (u_i - u_j) \tag{4.22}$$

μ_i = *chemisches Potential der Komponente i*

ζ_{ij} = *Reibungskoeffizient zwischen Komponente i und j*

ρ_j = *Dichte der Komponente j*

$\widetilde{M}_j$ = *Molmasse der Komponente j*

Für die Beschreibung von Diffusionsströmungen in Mehrkomponentensystemen wird häufig anstelle von Gleichung (4.15) ein empirisch erweiterter Ansatz nach *Onsager* (1945)verwendet. Bei *Onsager* wird der *Fick'sche* Ansatz durch Kreuzdiffusionskoeffizienten erweitert, die den Gradienten der anderen Komponenten gewichten. *Alsoy* (1998) und *Dabral* (1999) stellen einen Zusammenhang zwischen dem Reibungskoeffizienten ζ_{ij} und dem Fick'schen Diffusionskoeffizienten her, indem der Ansatz von *Bearman* (4.22), ein allgemeiner Ausdruck für einen flächenbezogenen Diffusionsstrom (A 30) und der *Fick'sche* Ansatz (4.15) verglichen werden. Bei Mehrkomponentensystemen muss an Stelle des *Fick'schen* Ansatzes der von *Onsager* für den Vergleich verwendet werden. Für ternäre Systeme erhält man folgende Zusammenhänge zwischen den Haupt- und Kreuzdiffusionskoeffizienten D_{ii} bzw. D_{ij} und den Reibungskoeffizienten ζ_{ij}:

$$\begin{aligned} D_{11} &= f\left(\frac{\partial\mu_1}{\partial\rho_1}, \frac{\partial\mu_2}{\partial\rho_1}, \zeta_{12}, \zeta_{13}, \zeta_{23}\right), \; D_{22} = f\left(\frac{\partial\mu_2}{\partial\rho_2}, \frac{\partial\mu_1}{\partial\rho_2}, \zeta_{12}, \zeta_{13}, \zeta_{23}\right) \\ D_{12} &= f\left(\frac{\partial\mu_1}{\partial\rho_2}, \frac{\partial\mu_2}{\partial\rho_2}, \zeta_{12}, \zeta_{13}, \zeta_{23}\right), \; D_{21} = f\left(\frac{\partial\mu_2}{\partial\rho_1}, \frac{\partial\mu_1}{\partial\rho_1}, \zeta_{12}, \zeta_{13}, \zeta_{23}\right) \end{aligned} \tag{4.23}$$

Für die Berechnung der *Fick'schen* Diffusionskoeffizienten aus Gleichung (4.23) fehlen die Reibungskoeffizienten $\zeta_{12}, \zeta_{13}, \zeta_{23}$. Diese sind messtechnisch nicht zugänglich.

Für den binären Fall kann mit Hilfe eines Zusammenhanges zwischen Reibungskoeffizient und Selbstdiffusionskoeffizient - unter bestimmten Annahmen und für den Grenzfall geringer Lösemittelmengen - folgende Beziehung zwischen dem nach der Freien-Volumen-Theorie berechneten Selbstdiffusionskoeffizienten und dem *Fick'schen* Diffusionskoeffizienten hergestellt werden:

$$D_{ii} = D_i \cdot (1-\varphi_i)\left(\frac{\partial \ln a_i}{\partial \ln \rho_i}\right) \tag{4.24}$$

Wird zur Beschreibung der Aktivität das *Flory-Huggins*-Modell (4.14) verwendet (Vorraussetzung: χ_{ip} *=konstant)*, ergibt sich folgender Zusammenhang:

$$D_{ii} = D_i \cdot (1-\varphi_i)^2 (1-2\chi_{ip}\varphi_i) \tag{4.25}$$

χ_{ip} = *Flory-Huggins Wechselwirkungsparameter*

Für die Berechnung des Fick'schen Diffusionskoeffizienten in ternären Polymerlösungen können die Reibungskoeffizienten nicht ohne weitere Annahmen und Vereinfachungen bestimmt werden. In der Literatur findet man hierzu verschiedene und auch kontroverse Ansätze. Durch teilweise willkürliche Annahmen und Einschränkungen geben beispielsweise *Vrentas* (1984), *Alsoy* und *Duda* (1999), *Dabral* (1999), *Zielinski* und *Hanley* (1999), *Wagner* (2000) und *Price* (2003) verschiedene Zusammenhänge zwischen Selbst- und Fick'schem Diffusionskoeffizienten an. Die unterschiedlichen Annahmen verdeutlichen, dass bisher kein eindeutiger Zusammenhang zwischen Selbstdiffusionskoeffizient und *Fick'schem* Diffusionskoeffizienten in ternären Polymersystemen gefunden wurde. So zeigen *Zielinski* und *Alsoy* (2001), dass ihre eigenen - aber auch andere Ansätze - unter gewissen Voraussetzungen nicht konsistent sind. Um diese Unsicherheiten zu umgehen, schlagen *Vrentas* und *Vrentas* (2000) einen neuen Ansatz vor, der keine Reibungskoeffizienten oder thermodynamische Faktoren mehr beinhaltet. Allerdings ist dieses Modell auf binäre Systeme beschränkt. Weiterhin berichten *Nauman* und *Savoca* (2001), *Price* (2003), *Vrentas* und *Vrentas* (2005) und *Schabel* (2004) dass bei Simulationsrechnungen von Stofftransportprozessen ternärer Polymerlösungen mit den bestehenden Modellansätzen negative Konzentrationen auftreten können. Dieses Phänomen wurde auch im Rahmen dieser Arbeit bei der ternären Simulation des Stoffsystems PVAc-MeCl-TPP beobachtet.

Die Darstellung im vorangegangenen Abschnitt verdeutlicht, dass die Beschreibung von Stofftransportprozessen in ternären Polymerlösungen noch lückenhaft und nicht zweifelsfrei geklärt ist. Speziell die Beschreibung *Fick'scher* Diffusionskoeffizienten in ternären Polymersystemen, basierend auf der Freien-Volumen-Theorie, wirft viele Fragen auf, die aufgrund mangelnder experimenteller Daten bisher noch nicht zufriedenstellend beantwortet werden konnten.

Aufgrund der beschriebenen Unsicherheiten stellt sich daher die Frage, ob es sinnvoll ist, bei der Auswertung der experimentellen Ergebnisse dieser Arbeit die Stofftransportprozesse in einem ternären System zu beschreiben und dabei die Freien-Volumen-Theorie zur Darstellung der *Fick'schen* Diffusionskoeffizienten zu verwenden. In der folgenden Auflistung sind weitere Punkte erläutert, die gegen die modellhafte Beschreibung eines ternären Systems und die Verwendung der Freien-Volumen-Theorie sprechen:

- Die Verwendung des thermodynamischen Faktors zur Beschreibung der Diffusionskoeffizientenverläufe in den Stoffsystemen PVAc-MeOH und PVAc-Toluol führte bei *Schabel* (2004) zu negativen Diffusionskoeffizienten bei hohen Lösemittelbeladungen.

- Die Anwendung eines thermodynamischen Faktors, der in der Freien-Volumen-Theorie den Zusammenhang zwischen Selbstdiffusion und *Fick'scher* Diffusion darstellt, führt bei vielen Stoffsystemen dazu, dass der *Fick'sche* Diffusionskoeffizient nach dem Durchschreiten eines Maximums mit steigender Lösemittelbeladung sinkt. Für das Stoffsystem PVAc-MeCl wurde von *Müller et al.* (2010) gezeigt, dass mit einem solchen Verlauf keine Trocknungsversuche beschrieben werden können.

- Die Beschreibung des Selbstdiffusionskoeffizienten nach Gleichung (4.20) ist recht komplex, bietet aber theoretisch den Vorteil, die in der Gleichung enthaltenen elf Parameter aus Reinstoffdaten und Gruppenbeitragsmethoden zu berechnen. Dies ist prinzipiell korrekt, allerdings ist der so vorhergesagte Verlauf des Diffusionskoeffizienten häufig nicht zufriedenstellend (*Schabel* 2004). Um eine höhere Genauigkeit zu erlangen, werden in der Praxis die Parameter D_{0i} und ξ_{ip}, - die einen starken Einfluss auf den Verlauf des Diffusionskoeffizienten haben - an experimentelle Daten angepasst. Dadurch wird der prinzipiell prädiktive Ansatz tatsächlich aber zu einem empirisch angepassten Exponentialansatz reduziert, der durch Anpassung von zwei Parametern die experimentellen Daten beschreibt.

- Für die Bestimmung der *Fick'schen* Diffusionskoeffizienten aus Selbstdiffusionskoeffizienten wird der *Flory-Huggins* Wechselwirkungsparameter χ_{ip} benötigt (s. Gl. (4.25)). Dieser wird – wie in Kapitel 4.2 beschrieben – über die Absenkung des Lösemittelpartialdruckes über der Polymerlösung bestimmt. Die Bestimmung von Wechselwirkungsparametern χ_{ip} zwischen schwer flüchtigen Komponenten - z. B. der hier verwendete Weichmacher TPP - und Polymeren ist so nicht möglich.

- Die Freie Volumen Theorie wurde zur Beschreibung von Selbstdiffusionskoeffizienten entwickelt. Im Rahmen dieser Arbeit wurden Konzentrationsprofile in ternären Polymerlösungen gemessen. Um die Ausgleichsvorgänge beschreiben zu können, werden daher *Fick'sche* Diffusionskoeffizienten benötigt. Ein eindeutiger Zusammenhang zwischen Selbstdiffusion und *Fick'scher* Diffusion wurde bisher noch nicht gefunden.

Aufgrund der hier aufgelisteten Argumente wurden die in dieser Arbeit untersuchten ternären Stoffsysteme als „quasibinäre" Systeme behandelt. Durch spezielles Design der durchgeführten Versuche war es möglich, das Verhältnis der Masse einer Komponente i und dem Polymer (Massenbeladung X_i der Komponente i) konstant zu halten, während eine zweite Komponente durch dieses Polymersystem diffundiert. Dadurch kann das ternäre System auf ein „quasibinäres" System reduziert werden. Dieses Vorgehen ist in Kapitel 4.4.1 detailliert beschrieben. Weiterhin wurde der Verlauf der *Fick'schen* Diffusionskoeffizienten nicht mit der Freie-Volumen-Theorie beschrieben, sondern mit einem allgemeinen empirischen Exponentialansatz folgender Form:

$$D_{i,p} = \exp\left\{-\frac{a + b \cdot X_i}{1 + c \cdot X_i}\right\}\left[\frac{m^2}{s}\right] \tag{4.26}$$

$D_{i,p}$ = *Fick'scher Diffusionskoeffizient der Komponente i in einem Stoffsystem bestehend aus Komponente i und Polymer p*

Dieser Ansatz wird häufig verwendet um *Fick'sche* Diffusionskoeffizienten an experimentell bestimmte Daten anzupassen. Dabei wird der Diffusionskoeffizientenverlauf einer Komponente i als Funktion der Massenbeladung dieser Komponente und den Anpassparameter a, b und c beschrieben. In Kapitel 5.1.3 wird eine erweiterte Form dieses Ansatzes eingeführt (Gleichung (5.2)), der die Abhängigkeit des Diffusionskoeffizienten einer Komponente i in einer ternären Polymerlösung von der Zusammensetzung beschreiben kann.

4.3.2 Temperaturabhängigkeit der Diffusionskoeffizienten

Die in Kapitel 3.3.2 beschriebenen Langzeitversuche bei erhöhter Temperatur wurden durchgeführt, um Informationen über die Mobilität des Weichmachers im lösemittelfreien Polymer zu erhalten. Bei den Versuchen wurde der Ausgleichsprozess von Weichmacherbeladungsprofilen in binären Weichmacher-Polymersystemen beobachtet. Anhand dieser experimentellen Daten soll mit Hilfe von Simulationsrechnungen der Diffusionskoeffizient des Weichmachers in den untersuchten Systemen bestimmt werden (Kapitel 5.2). Aufgrund der geringen Mobilität des Weichmachers in den Polymersystemen bei Raumtemperatur, konnte der Ausgleichsprozess der Weichmacherbeladung in den Polymerproben nur bei erhöhten Temperaturen beobachtet werden. Um aus den ermittelten Diffusionskoeffizienten bei erhöhten Temperaturen Rückschlüsse auf den Diffusionskoeffizienten des Weichmachers bei niedrigeren Temperaturen ziehen zu können, wird ein Formalismus verwendet, der die Dynamik in polymeren Systemen als Funktion der Temperatur beschreibt. Wenn es mit diesem Formalismus möglich ist, die Temperaturabhängigkeit der Diffusionsvorgänge im untersuchten Temperaturbereich korrekt zu beschreiben, sollte es auch möglich sein, Diffusionskoeffizienten des Weichmachers auf Temperaturen unterhalb des experimentell zugänglichen Temperaturbereiches zu extrapolieren.

Die *WLF*-Gleichung basiert auf dem *WLF*-Formalismus, der ursprünglich aus dem Bereich der Viskoelastizitätstheorie von Polymeren stammt. *Williams*, *Landel* und *Ferry* (1955) korrelierten die Relaxationszeiten von glasbildenden Polymeren mit den jeweiligen Temperaturen bei Spannungsrelaxationsmessungen. Mit dieser Korrelation war es erstmals möglich, für interessierende Temperaturbereiche die Relaxationszeiten von Polymeren zu berechnen, die aufgrund der langen Versuchszeiten experimentell nur schwer zugänglich sind. Der von *Williams*, *Landel* und *Ferry* entdeckte Zusammenhang zwischen der Temperatur und der Relaxationszeit bzw. der Viskosität des Polymers ist in Gleichung (4.27) wiedergegeben (Zeit-Temperatur-Superposition). Diese Gleichung ermöglicht die Berechnung der Relaxationszeit bzw. der dynamischen Viskosität bei einer unbekannten Temperatur, wenn diese Daten bei einer Bezugstemperatur T_0 sowie die stoffspezifischen Konstanten c_1 und c_2 bekannt sind. Die Gleichung wurde ursprünglich von *Williams* et al. (1955) auf empirischem Weg ermittelt. Sie kann jedoch auch theoretisch über das freie Volumen hergeleitet werden (*Wilhelm et al.* (2007)). Diese Herleitung ist im Anhang A 9 dargestellt.

$$\log(a_T) = \log\frac{\tau}{\tau_0} = \log\frac{\eta}{\eta_0} = \frac{-c_1(T-T_0)}{c_2+(T-T_0)} \tag{4.27}$$

α_T = *Shift Faktor*

τ, τ_0 = *Relaxationszeit bei T bzw.* T_0

η, η_0 = *dynamische Viskosität bei T bzw.* T_0

T = *Temperatur*

c_1 = *stoffspezifische Konstante*

c_2 = *stoffspezifische Konstante*

Williams et al. (1955) konnten den empirisch gefunden Zusammenhang weiterhin vereinfachen, indem sie berücksichtigten, dass das Verhalten einer Vielzahl von Polymeren in einem nicht allzu weiten Temperaturbereich um den Glasübergang starke Ähnlichkeit aufweist. In polymeren Systemen stellt die Glasübergangstemperatur T_g einen viskoelastischen Fixpunkt dar. Wenn die Glasübergangstemperatur als Bezugspunkt in Gleichung (4.27) gewählt wird, können die stoffspezifischen Konstanten c_1 und c_2 durch die „universellen" Konstanten c_1^g bzw. c_2^g ersetzt werden. Dies ist in Gleichung (4.28) geschehen und der dadurch erhaltene Ausdruck wird als die allgemein bekannte *WLF*-Gleichung bezeichnet. Die universellen *WLF*-Konstanten nehmen Werte von $c_1^g = 17{,}4$ und $c_2^g = 51{,}6$ K an.

$$\log(a_T) = \log\frac{\eta_T}{\eta_{T_g}} = \frac{-c_1^g(T-T_g)}{c_2^g+(T-T_g)} \tag{4.28}$$

T_g = *Glasübergangstemperatur des Polymers*

c_1^g = *universelle WLF Konstante*

c_2^g = *universelle WLF Konstante*

Um die Temperaturabhängigkeit des Diffusionskoeffizienten mit Hilfe dieser Gleichung zu beschreiben, wird noch ein Zusammenhang zwischen der Viskosität und dem Diffusionskoeffizienten benötigt. *Doolittle* (1951) lieferte einen Ausdruck, der die Viskosität des Polymers mit dem Freien Volumen korreliert und als *Doolittle*-Gleichung bekannt ist.

$$\eta = A_\eta \exp\left\{\frac{B_\eta}{f(T)}\right\} \tag{4.29}$$

A_η, B_η = *stoffspezifische Konstanten des Polymers*

f = *Anteil des spezifischen freien Lückenvolumens*

Die stoffspezifische Konstante A_η kann durch den Vergleich zweier Viskositäten bei T und der Glasübergangstemperatur T_g eliminiert werden.

$$\ln\frac{\eta_T}{\eta_{T_g}} = B_\eta\left(\frac{1}{f(T)}-\frac{1}{f(T_g)}\right) \tag{4.30}$$

Analog der *Doolittle*-Gleichung kann auch der Diffusionskoeffizient als Funktion des freien Lückenvolumens dargestellt werden. So geben *Fujita* (1968) und *Frisch* und *Rogers* (1966) folgenden Ausdruck für die Diffusionskoeffizienten einer im Polymer diffundierenden Spezies bei T und der Glasübergangstemperatur T_g an:

$$\ln \frac{D_{i,p\,(T)}}{D_{i,p\,(T_g)}} = -B_D \left(\frac{1}{f(T)} - \frac{1}{f(T_g)} \right) \tag{4.31}$$

$D_{i,p\,(T)}$, $D_{i,p\,(Tg)}$ = *Diffusionskoeffizient der Komponente i im Polymersystem bei T bzw.* T_g

B_D = *stoffspezifische Konstanten der diffundierenden Spezies*

Ein Vergleich von Gleichung (4.30) und (4.31) liefert den gesuchten Zusammenhang zwischen der Viskosität und dem Diffusionskoeffizienten von Polymersystemen.

$$\ln \frac{D_{i,p\,(T)}}{D_{i,p\,(T_g)}} = -\frac{B_D}{B_\eta} \ln \frac{\eta_T}{\eta_{T_g}} \tag{4.32}$$

Das Verhältnis der Konstanten B_D und B_η wurde von *Frisch* und *Rogers* (1966) durch den Parameter K ersetzt. Er kann als ein „Maß für die effiziente Nutzung des freien Volumens zur Stoffübertragung im Vergleich zur Impulsübertragung" interpretiert werden.

$$K = \frac{B_D}{B_\eta} \tag{4.33}$$

K = *Konstante zur Beschreibung der effektiven Nutzung des freien Lückenvolumens*

Der Wert der experimentell zu bestimmenden Konstante K hängt von der Größe und Form des diffundierenden Moleküls ab und nimmt Werte zwischen 0 und 1 an. In dieser Arbeit wurde für K ein Wert von 0,6 verwendet. Um eine bessere Korrelation mit experimentellen Daten zu erhalten, schlagen *Frisch* und *Rogers* (1966) vor, das Argument des Logarithmus auf der linken Seite von Gleichung (4.32) mit T_g/T zu multiplizieren. Dies führt zu dem in Gleichung (4.34) dargestellten Ausdruck.

$$\log \frac{D_{i,p\,(T)}/T}{D_{i,p\,(T_g)}/T_g} = -K \log \frac{\eta_T}{\eta_{T_g}} \tag{4.34}$$

Wird Gleichung (4.34) in die ursprüngliche *WLF*-Gleichung (4.28) eingesetzt, erhält man einen Ausdruck, der den gesuchten Zusammenhang zwischen der Geschwindigkeit von Diffusionsvorgängen in Polymeren und der Temperatur liefert.

$$\log\frac{D_{i,p\,(T)}}{D_{i,p\,(T_g)}}=\log\frac{T}{T_g}+\frac{K\cdot c_1^g(T-T_g)}{c_2^g+(T-T_g)} \tag{4.35}$$

Diese modifizierte *WLF*-Gleichung (4.35) ermöglicht es, aus experimentell ermittelten Diffusionskoeffizienten bei einer Temperatur diese auch bei anderen Temperaturen zu berechnen. Mit Hilfe dieser Gleichung können aus den Daten der Langzeitversuche bei erhöhter Temperatur Diffusionskoeffizienten des Weichmachers in experimentell nicht zugänglichen Temperaturbereichen extrapoliert werden. Das genaue Vorgehen wird in Kapitel 5.2 detailliert beschrieben.

4.4 Stofftransport in Polymerfilmen

Eine modellhafte Beschreibung des Stofftransportes wird benötigt, um durch Anpassung von gerechneten an gemessene Beladungsprofile den Diffusionskoeffizientenverlauf einer Komponente in der Polymerbeschichtung bestimmen zu können. Wie am Anfang dieses Kapitels bereits erwähnt, wurden die Trocknungsversuche mit einer, am Institut entwickelter Simulationssoftware für die Polymerfilmtrocknung, beschrieben. Dieses Programm berücksichtigt sowohl den Stofftransport innerhalb des Polymerfilms als auch das Phasengleichgewicht an der Phasengrenze und den Stofftransport in der Gasphase. Die dem Programm zugrunde liegenden Ansätze sowie Anfangs- und Randbedingungen werden in Kapitel 4.4.2 erläutert. Für die Auswertung der Langzeittemperatur-, Wiederbefeuchtungs- und Zweischichtversuche wurde ein neues Simulationsprogramm entwickelt, welches auf dem expliziten Differenzenverfahren beruht. Das Prinzip dieses Programmes sowie die detaillierte Umsetzung werden in Kapitel 4.4.3 erklärt. Da die im Rahmen dieser Arbeit verwendeten Simulationsprogramme auf binäre Systeme mit einer diffundierenden Komponente beschränkt sind, müssen für die modellhafte Beschreibung der gemessenen Stoffausgleichvorgänge in den ternären Systemen (Polymer-Lösemittel-Weichmacher) die Messdaten in eine binäre Form überführt werden. Dafür werden die ternären Systeme auf quasibinäre reduziert. Dieses Vorgehen wird im folgenden Abschnitt beschrieben.

4.4.1 Umrechnung von ternären auf quasibinäre Stoffdaten

In der vorliegenden Arbeit werden die eigentlich ternären Stoffsysteme als quasibinäre Systeme behandelt. Dabei werden zwei Komponenten des Polymersystems zu einer Komponente zusammengefasst. Die dritte Komponente des ternären Systems entspricht in diesem quasibinären System der zweiten, diffundierenden Spezies. Diese Reduzierung ist prinzipiell möglich, wenn die zwei zusammenzufassenden Komponenten ein konstantes Massenverhältnis haben. Bei den Trocknungsversuchen werden die beiden schwer flüchtigen Feststoffe - Polymer und Additiv TPP - zu einer Komponente reduziert.

$$\overline{m}_{Feststoff} = m_{Polymer} + m_{TPP} \tag{4.36}$$

$\overline{m}_{Feststoff}$ = *flächenbezogene Feststoffmasse in quasibinärer Darstellung*

$m_{Polymer}$ = *flächenbezogene Polymermasse*

m_{TPP} = *flächenbezogene TPP-Masse*

Bei den Wiederbefeuchtungs- und Zweischichtversuchen wird angenommen, dass der Weichmacher TPP in einer homogenen Mischung aus Lösemittel und Polymer diffundiert. In diesen Fällen werden Polymer und Lösemittel als eine homogene Komponente betrachtet. Bei den Wiederbefeuchtungsversuchen darf daher nur der Teil des beobachteten Ausgleichsvorgangs des Weichmacherprofils in der Simulation berücksichtigt werden, der nach Erreichen einer homogenen Lösemittelverteilung im Film gemessen wurde. Ab diesem Zeitpunkt ist das Massenverhältnis von Lösemittel und Polymer konstant, und die beiden Komponenten können wie eine Komponente behandelt werden.

$$\overline{m}_{Lösung} = m_{Lsm} + m_{TPP} \tag{4.37}$$

$\overline{m}_{Lösug}$ = *flächenbezogene Masse der Lösung in quasibinärer Darstellung*

$m_{Lösemittel}$ = *flächenbezogene Lösemittelmasse*

Für die Berechnung eines Trocknungsversuches ist zur Veranschaulichung die Umrechnung von der ternären Beladung an Lösemittel auf eine quasibinäre Lösemittelbeladung in Gleichung (4.38) und (4.39) gezeigt.

$$X_{Lsm} = \frac{m_{Lsm}}{m_{PVAc}} \quad \rightarrow \quad X_{Lsm,QB} = \frac{m_{Lsm}}{m_{PVAc} + m_{TPP}} \tag{4.38}$$

X_{Lsm} = *massenbezogene Beladung des Polymers an Lösemittel*

$X_{Lsm,QB}$ = *quasibinäre Lösemittelbeladung*

$$X_{Lsm,QB} = \frac{X_{Lsm}}{1 + X_{TPP}} \tag{4.39}$$

Um die physikalischen Eigenschaften der zusammengefassten Komponenten richtig beschreiben zu können, muss die Mischdichte der Feststoffe bzw. der Lösung berechnet werden. Dazu wird die Regel nach *Amargard* (*VDI-WA* (2006)) verwendet.

$$\bar{\rho}_{Feststoff} = \frac{1}{\frac{x_{PVAc}}{\rho_{PVAc}} + \frac{x_{TPP}}{\rho_{TPP}}} \tag{4.40}$$

x_i = *Massenbruch der Komponente i*

$\bar{\rho}_{Feststoff}$ = *massenbezogene Mischdichte*

Die Simulationsprogramme berechnen die Stofftransportvorgänge im quasibinären System. Das bedeutet, dass die für die Berechnung relevanten ternären Daten (Beladungsverläufe und Dichten) in quasibinäre Daten umgerechnet und dann dem Programm als Eingangsgrößen übergeben werden. Die Programme rechnen intern mit den quasibinären Werten. Vor der Ausgabe der berechneten Beladungsprofile müssen die quasibinären wieder in ternäre Beladungen umgerechnet werden, um sie mit den gemessenen Profilen vergleichen zu können. Weiterhin muss beachtet werden, dass die Parameter *a*, *b* und *c* in Gleichung (4.26), die zur Beschreibung des Diffusionskoeffizientenverlaufes verwendet wird, den Diffusionskoeffizienten der diffundierenden Komponente als Funktion der quasibinären Beladung wiedergeben. Um den Diffusionskoeffizientenverlauf als Funktion der realen, ternären Beladung beschreiben zu können, müssen die programminternen, quasibinären Parameter umgerechnet werden. Dies ist im Folgenden exemplarisch für einen quasibinären Parametersatz eines Trocknungsversuches des Stoffsystems Polymer-Lsm-TPP gezeigt. Ausgangspunkt dafür ist der in Gleichung (4.26) gezeigte allgemeine empirische Exponentialansatz zur Beschreibung des Diffusionskoeffizientenverlaufes $D_{Lsm,p\text{-}TPP} = f(X_{Lsm})$ der diffundierenden Komponente. Für $X_{Lsm} = 0$ gilt $X_{Lsm,QB} = 0$ und daraus folgt, dass der Parameter *a* unabhängig von der Definition der Beladung sein muss. Die verbleibenden Parameter *b* und *c* können berechnet werden, wenn der Verlauf des Diffusionskoeffizienten als Funktion der quasibinären Lösemittelbeladung zur Verfügung steht. Dazu werden aus dem Verlauf zwei Wertepaare $D_{Lsm,p\text{-}TPP}$ und $X_{Lsm,QB}$ benötigt. Mit Hilfe von Gleichung (4.39) werden aus den beiden quasibinären Beladungen die realen Lösemittelbeladungen $X_{Lsm,1}$ und $X_{Lsm,2}$ berechnet. Ein Wertepaar wird in Gleichung (4.26) eingesetzt und nach Parameter b aufgelöst:

$$b = -\frac{a + \ln\left(\mathrm{D}_{\mathrm{Lsm,p\text{-}TPP},\,1}\right) \cdot \left(1 + c \cdot X_{Lsm,1}\right)}{X_{Lsm,1}} \tag{4.41}$$

Analog dazu wird das zweite Wertepaar in Gleichung (4.26) eingesetzt:

$$\mathrm{D}_{\mathrm{Lsm,p\text{-}TPP},\,2} = \exp\left\{ -\frac{a + b \cdot X_{Lsm,2}}{1 + c \cdot X_{Lsm,2}} \right\} \tag{4.42}$$

Einsetzen von Gleichung (4.41) in (4.42) und auflösen der Gleichung nach c ergibt:

$$c = \frac{\dfrac{a + \ln\left(\mathrm{D}_{\mathrm{Lsm,p\text{-}TPP},\,1}\right)}{X_{Lsm,1}} - \dfrac{a + \ln\left(\mathrm{D}_{\mathrm{Lsm,p\text{-}TPP},\,2}\right)}{X_{Lsm,2}}}{\ln\left(\mathrm{D}_{\mathrm{Lsm,p\text{-}TPP},\,2}\right) - \ln\left(\mathrm{D}_{\mathrm{Lsm,p\text{-}TPP},\,1}\right)} \tag{4.43}$$

Mit Gleichung (4.41) und (4.43) können die gesuchten Parameter b und c berechnet werden. Mit dem so errechneten Parametersatz kann der Diffusionskoeffizientenverlauf des Lösemittels als Funktion der realen Lösemittelbeladung beschrieben werden. Die in der Arbeit angegebenen Parametersätze sind immer auf die realen Beladungen bezogen.

Bei der Auswertung der Langzeitversuche bei erhöhter Temperatur wird diese Umrechnung nicht benötigt, da das untersuchte Stoffsystem ein binäres (Polymer + Weichmacher) ist.

4.4.2 Simulation der Trocknungsversuche

Die modellhafte Beschreibung der Trocknungsversuche erfolgte in dieser Arbeit mit dem von *Scharfer* (2003) und *Schabel* (2004) entwickelten Simulationsprogramm *NuSFiD* (**Nu**merical **S**imulation of **Fi**lm **D**rying). Dieses Programm hat sich seither bei der Auslegung vieler Trocknungsprozesse bewährt und die so gewonnenen Simulationsergebnisse wurden anhand von experimentell ermittelten Daten bestätigt. Im Rahmen dieser Arbeit wurde das bestehende Programm nur minimal modifiziert. Die Veränderungen umfassen die Implementierung von Gleichung (4.26) zur Beschreibung des Diffusionskoeffizientenverlaufes mit dem allgemeinen empirischen Exponentialansatz und die programminterne Rechnung mit quasibinären Stoffdaten. Die Theorie, die diesem Simulationsmodell zugrunde liegt sowie deren mathematische Umsetzung soll hier nur ansatzweise beschrieben werden. Detaillierte Informationen über die verwendeten Ansätze, Herleitungen und der Programmaufbau können den Arbeiten von *Scharfer* (2003) und *Schabel (2004)* entnommen werden.

Wie in Abb. 4.1 dargestellt, muss ein Simulationsprogramm für Trocknungsprozesse in der Lage sein, die Lösemitteldiffusion in der Polymerschicht, das Phasengleichgewicht an der Phasengrenze sowie den Stofftransport in der Gasphase zu beschreiben. Die Modellansätze, die in der Simulation zur Beschreibung des Stofftransportes in der Gasphase und des Phasengleichgewichtes implementiert sind, wurden bereits in Kapitel 4.1 und 4.2 erläutert. Bei der modellhaften Beschreibung des Stofftransports im Polymerfilm muss berücksichtigt werden, dass sich die Schichtdicke während des Trocknungsprozesses kontinuierlich verringert. Dies hat zur Folge, dass sich die Phasengrenze zwischen Polymerfilm und Gasphase ständig verschiebt und durch diese Schrumpfung des Films die obere Randbedingung zur Lösung der Differentialgleichung nicht konstant ist. Um dies zu umgehen, verwenden *Wagner* (2000) und *Schabel* (2004) ein mitbewegtes, polymermassenbezogenes Koordinatensystem. Im Gegensatz zu einem ortsfesten Koordinatensystem „schrumpft“ das polymermassenbezogene Koordinatensystem mit dem trocknenden Film. Die Diffusion des Lösemittels muss dabei auch im mitbewegten polymermassenbezogenen Koordinatensystem beschrieben werden. Der Massenstrom j_i^P, der sich senkrecht zur Ausbreitungsrichtung mit der Referenzgeschwindigkeit u_p bewegt, lautet wie folgt:

$$j_i^P = \rho_i^V \cdot (u_i - u_P) \tag{4.44}$$

ρ_i^V = *volumenbezogene Dichte der Komponente i (Mass i pro Volumen)*

u_i = *Geschwindigkeit der Komponente i*

u_P = *mittlere Geschwindigkeit des Polymers*

Analog lautet das erste *Fick'sche* Gesetz im mitbewegten, polymermassenbezogenen Koordinatensystem:

$$j_i^P = -D_{i,p}^P \frac{\partial \rho_i^P}{\partial \zeta} = -D_{i,p}^P \frac{1}{\hat{V}_p} \frac{\partial X_i}{\partial \zeta} \tag{4.45}$$

$D_{i,p}^P$ = *Fick'scher Diffusionskoeffizient derKomponente i im polmermassenbezogenen Koordinatensystem*

ζ = *Koordinate des mitbewegten Koordinatensystems*

X_i = *Beladung des Polymers an Komponente i*

$\hat{V}_p$ = *spezifisches Volumen des Polymers*

ρ_i^P = *polymebezogenen Dichte der Komponente i (Masse i pro Volumen Polymer)*

Dabei muss der polymermassenbezogene *Fick'sche* Diffusionskoeffizient $D_{i,p}^P$ aus dem volumenbezogenen *Fick'sche* Diffusionskoeffizient $D_{i,p}^V$ berechnet werden (s. Anhang A 10).

Die Differentialgleichung zur Beschreibung der instationären Diffusion des Lösemittels im Polymerfilm ergibt sich aus einer Massenbilanz um ein infinitesimales Volumenelement im polymermassenbezogenen Koordinatensystem.

$$\frac{\partial \rho_i^P}{\partial t} \cdot d\zeta = j_{i,\zeta}^P - j_{i,\zeta+d\zeta}^P \tag{4.46}$$

Mit einer linearen Taylorreihenentwicklung des Massenstroms j_i^P an der Position $\zeta + d\zeta$ erhält man aus Gleichung (4.46) folgenden Ausdruck:

$$\frac{\partial \rho_i^P}{\partial t} = -\frac{\partial j_i^P}{\partial \zeta} \tag{4.47}$$

Kombiniert man Gleichung (4.47) mit dem kinetischen Ansatz (4.45) erhält man eine Differentialgleichung zur Beschreibung der instationären Diffusion die formal dem zweiten *Fick'schen* Gesetz ähnlich ist:

$$\frac{\partial X_i}{\partial t} = \frac{\partial}{\partial \zeta}\left(D_{i,p}^P \frac{\partial X_i}{\partial \zeta} \right) \tag{4.48}$$

Durch die Normierung der Koordinate des mitbewegten Koordinatensystems ζ auf die Dicke des trockenen Polymerfilms, der so genannten Endfilmdicke, ($\zeta_{max} = z_{trocken}$) kann Gleichung (4.48) in folgender Form ausgedrückt werden:

$$\frac{\partial X_i}{\partial t} = \frac{1}{\zeta_{\max}^2} \cdot \frac{\partial}{\partial(\zeta/\zeta_{\max})}\left(D_{i,p}^P \frac{\partial X_i}{\partial(\zeta/\zeta_{\max})} \right) \tag{4.49}$$

Für die Berechnung der Endfilmdicke wird von einem idealen Mischungsverhalten der Komponenten im Polymerfilm ausgegangen. Ist dies der Fall, lässt sich die Endfilmdicke aus der Anfangszusammensetzung, der Anfangsfilmdicke und den Reinstoffdichten berechnen.

Zur Lösung der Differentialgleichung (4.49) werden eine Anfangs- und zwei Randbedingungen benötigt. Die Anfangsbedingung resultiert aus der Annahme, dass alle Komponenten bei Versuchsbeginn homogen im Polymerfilm verteilt vorliegen. Daher wird die Lösungsmittelbeladung zu Beginn der Trocknung über der Filmdicke als konstant angenommen.

$$t = 0: \qquad X_{i,p}\left(0 \le \zeta \le \zeta_{\max}\right) = X_{i,p}\left(\zeta = 0\right) \tag{4.50}$$

Da das Substrat, auf dem der Polymerfilm aufgetragen wird, undurchlässig für die verwendeten Lösemittel ist, sind die Massenströme und folglich auch die Beladungsgradienten an der Filmunterseite gleich null. Daher ergibt sich für die erste Randbedingung:

$$t \ge 0: \qquad \left.\frac{\partial X_i}{\partial \zeta}\right|_{\zeta=0} = 0 \tag{4.51}$$

An der Oberseite des Films, der Phasengrenze, muss aus Kontinuitätsgründen der Diffusionsstrom im Film dem Lösemittelmassenstrom in der Gasphase entsprechen. Somit lautet die zweite Randbedingung:

$$t \ge 0: \qquad \left.-\frac{D_{ii}^{P}}{\hat{V}_P}\frac{\partial X_i}{\partial \zeta}\right|_{\zeta=\zeta_{\max}} = \dot{m}_i \tag{4.52}$$

Das stark nichtlineare Differentialgleichungssystem wird durch ein VISUAL BASIC-Programm gelöst. Dieses Programm greift intern auf FORTRAN-Routinen der NAG-Bibliothek (Numerical Algorithems Group) zurück (*Bissinger* (2002)), welche speziell auf die Lösung dieses Differentialgleichungssystems zugeschnitten sind.

4.4.3 Simulation der Ausgleichsprofile

Die in Kapitel 3.3.2, 3.3.3 und 3.3.4 beschriebenen Langzeitversuche bei erhöhter Temperatur, Wiederbefeuchtungs- und Zweischichtversuche wurden nicht mit dem Simulationsprogramm NuSFiD ausgewertet. Im Gegensatz zu den Trocknungsversuchen findet bei diesen Versuchen kein Stofftransport außerhalb des Polymerfilms statt. Bei den Langzeitversuchen bei erhöhter Temperatur und den Zweischichtversuchen sind sowohl Ober- als auch Unterseite der Polymerschichten von Glasobjektträgern abgedeckt. Ein Austausch mit der Gasphase kann daher nicht erfolgen. Im Falle der Wiederbefeuchtungsversuche erfolgt die Analyse der Ausgleichsvorgänge in den Polymerbeschichtungen erst ab dem Zeitpunkt einer homogenen Lösemittelverteilung im Film, die mit der lösemittelbeladenen Gasphase im thermodynamischen Gleichgewicht steht. Ab diesem Zeitpunkt bleibt die Lösemittelbeladung im Film konstant, und es überschreiten keine Stoffströme die Phasengrenze des Polymerfilms. Dies hat zur Konsequenz, dass für die Beschreibung der Stofftransportvorgänge in der Polymerschicht das Phasengleichgewicht sowie die Gasphase nicht berücksichtigt werden müssen. Weiterhin ist es für die Berechnung der Ausgleichvorgänge bei diesen Versuchen notwendig, dem Simulationsprogramm die anfänglichen Weichmacherkonzentrationsprofile zu übergeben. Dies war bei dem sehr komplex aufgebauten NuSFiD-Programm schwierig.

Aus diesen Gründen wurde ein neues Simulationsprogramm entwickelt, das auf dem expliziten Differenzenverfahren basiert und sich an eine Arbeit von *Gutoff* (1994) anlehnt. Durch das explizite Differenzenverfahren (*Bronstein* (1999), *VDI Wärmeatlas* (2002)) lassen sich partielle Differentialgleichungen numerisch lösen. Dabei ist die mathematische Umsetzung vergleichsweise einfach. Die modellhafte Beschreibung der Stofftransportvorgänge in Polymerbeschichtungen mit Hilfe des expliziten Differenzenverfahrens beruht auf der Diskretisierung der in (4.53) angegebenen 2. *Fick'schen* Differentialgleichung zur Beschreibung des räumlichen und zeitlichen Verlaufs eines Diffusionsvorgangs.

$$\frac{\partial C_i}{\partial t} = \frac{\partial}{\partial x}\left(D_{i,p} \cdot \frac{\partial C_i}{\partial x} \right) \tag{4.53}$$

C_i = *Konzentration der diffundierenden Komponente i*

t = *Zeit*

$D_{i,p}$ = *Fick'scher Diffusionskoeffizient der Komponente i*

x = *Ortskoordinate*

Die zeitliche Diskretisierung der Differentialgleichung erfolgt mit Hilfe finiter Differenzen, die räumliche mittels finiter Elemente. In Abb. 4.2 ist die räumliche Diskretisierung der Polymerschicht in eine Anzahl von *n* Schichten (Stützstellen) dargestellt. Dabei wird die Annahme getroffen, dass innerhalb einer Schicht eine homogene Zusammensetzung herrscht, und die Masse der Schicht in der Stützstelle (Mitte der Schicht) lokalisiert ist. So ist beispielsweise in der Schicht *m* der *Fick'sche* Diffusionskoeffizient $D_{TPP,p,m}$ des schwer flüchtigen Additivs über der Schichtdicke h_m konstant, da die Zusammensetzung innerhalb einer Schicht als konstant angenommen wird. Der Stoffaustausch des schwer flüchtigen Additivs findet über die Grenzflächen mit den beiden benachbarten Schichten statt. Ausnahmen hierbei stellen die unterste und die oberste Schicht (Schicht *1* bzw. *n*) dar. Wie in der Abbildung zu erkennen ist, befindet sich unterhalb der ersten Schicht das Substrat. Ein Stoffaustausch kann daher nur mit der darüber liegenden Schicht stattfinden. Analog dazu kann der Weichmacher in der obersten (*n-ten*) Schicht nur in die darunter liegende Schicht diffundieren.

Bei den Langzeitversuchen bei erhöhter Temperatur und den Zweischichtversuchen ist die Oberseite der Polymerbeschichtungen von einem Glasobjektträger begrenzt (s. Versuchsaufbauten in Abb. 3.17 und Abb. 3.28). Bei den Wiederbefeuchtungsversuchen ist die oberste Schicht nicht durch eine physikalische Abdeckung limitiert. Allerdings verhindert der vernachlässigbare Dampfdruck des Weichmachers bei den Versuchstemperaturen einen nennenswerten Stoffübergang in die Gasphase während der Dauer der Versuche.

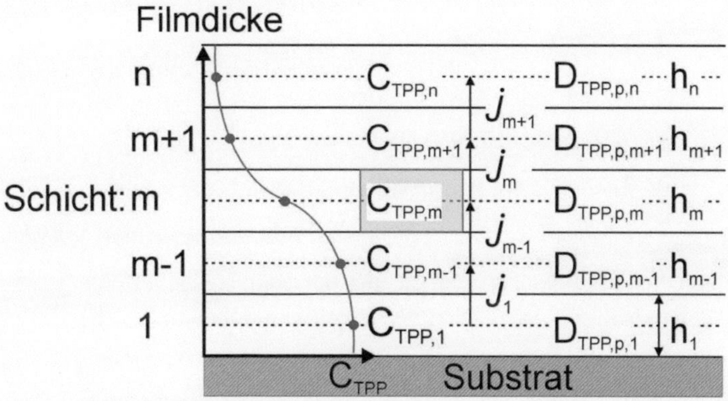

Abb. 4.2: Räumliche Diskretisierung des Films in finite Elemente. Die Filmdicke wird in n äquidistante Stützstellen unterteilt, deren Dicke h_i sich jeweils aus der Addition von konstantem Polymeranteil und beladungsabhängigem Weichmacheranteil ergibt.

Am Anfang der Auswertung wird die gesamt Filmdicke h_{Film} in n äquidistante Schichten der Dicke h unterteilt. In den meisten Fällen wurde eine Stützstellenanzahl von $n = 200$ gewählt. Daraus resultiert – je nach Filmdicke - eine Schichtdicke von h etwa 0,5 µm. Da keine Komponenten in den Film eindringen oder ihn verlassen, bleibt die Gesamtfilmdicke während der Versuche konstant. Die experimentell bestimmten Weichmacherkonzentrationsprofile zu Beginn der Ausgleichversuche müssen als Anfangsbedingungen dem Simulationsprogramm übergeben werden. Dafür wird eine Ausgleichsfunktion (Polynom 6. Grades) durch die anfänglichen Weichmacherkonzentrationsprofile gelegt. Mit diesem Polynom wird die lokale Weichmacherkonzentration der n Stützstellen des diskretisierten Films berechnet. Aufgrund der Diffusionsströmungen des Weichmachers zwischen benachbarten Bilanzräumen verändert sich während des Ausgleichsprozesses die Masse des Weichmachers in den jeweiligen Schichten. Durch die Veränderung der Additivmasse in einer Schicht verändert sich auch die Dicke h dieser Schicht. Die Dicke einer Schicht h_m lässt sich zu jedem Zeitpunkt aus der Summe der beiden Beiträge $h_{P,m}$ und $h_{A,m}$ berechnen. Dabei entspricht $h_{P,m}$ dem konstanten Anteil - der durch Polymer und Lösemittel verursacht wird - $h_{A,m}$ dem variablen Anteil des Additivs.

$$\mathrm{h_m = h_{P,m} + h_{A,m}} = \frac{\overline{m}_{Lösung,m}}{\overline{\rho}_{Lösung}} + \frac{m_m}{\rho_A} \tag{4.54}$$

h_m = *Dicke der Schicht m*

$h_{P,m}$ = *Schichtdicke von Polymer und Lösemittel in Schicht m*

$h_{A,m}$ = *Schichtdicke des Additivs in Schicht m*

ρ_A = *spezifische Dichte des Additivs*

$\overline{\rho}_{Lösung}$ = *gemittelte spezifische Dichte von Polymer und Lösemittel*

m_m = *flächenbezogene Weichmachermasse in Schicht m (Bilanzraum)*

$\overline{m}_{Lösung,m}$ = *flächenbezogene Polymer und Lösemittelmasse in Schicht m*

Die einzelnen Schichtdicken *h* werden aus der Stützstellenverteilung und der aktuellen Weichmacherkonzentration der jeweiligen Schicht für jeden Zeitpunkt berechnet.

Jede der *n* Stützstellen entspricht einem diskreten Bilanzraum, für den eine Weichmachermassenbilanz unter Berücksichtigung von ein- und austretenden Stoffströmen aufgestellt wird. Die einzelnen Schichten sind untereinander durch die ein- und austretenden Massenströme des Weichmachers verbunden. So lautet beispielsweise die Massenbilanz für Schicht *m*:

$$\underbrace{\frac{dm_m}{dt}}_{Akkumulation} = \underbrace{j_{m-1}}_{Massenstrom\ Ein} - \underbrace{j_m}_{Massenstrom\ Aus} \tag{4.55}$$

t = *Zeit*

j = *in den Bilanzraum ein- bzw. austretender, flächenbezogener Weichmachermassenstrom*

Mit dem ersten *Fick'schen* Gesetz der Diffusion kann der flächenbezogene Weichmachermassenstrom j_m als Funktion des Stoffübergangskoeffizienten β_m und der Differenz der Weichmacherkonzentrationen $C_{TPP,m}$ ausgedrückt werden.

$$j_m = \beta_m \left(C_{TPP,m-1} - C_{TPP,m} \right) \tag{4.56}$$

$C_{TPP,m}$ = *Weichmacherkonzentration in Schicht m*

Der Stoffübergangskoeffizient β ist allgemein als Quotient des Diffusionskoeffizienten und des Diffusionsweges s definiert:

$$\beta = \frac{D_{TPP,p}}{s} \tag{4.57}$$

Der in Gleichung (4.56) verwendete Stoffübergangskoeffizient β_m muss allerdings gesondert berechnet werden. Der in dieser Gleichung beschriebene Stoffstrom j_m diffundiert von der Mitte der Schicht m zur Mitte der Schicht $m+1$. Der Diffusionsweg s_m beträgt demnach:

$$s_m = \frac{h_m + h_{m+1}}{2} \tag{4.58}$$

Da in den Schichten m und $m+1$ verschiedene Weichmacherkonzentrationen – $C_{TPP,m}$ und $C_{TPP,m+1}$ - herrschen sind auch die Diffusionskoeffizienten $D_{TPP,p,m}$ und $D_{TPP,p,m+1}$ unterschiedlich. Der in Gleichung (4.56) verwendete Stoffübergangskoeffizient β_m beschreibt somit eine Reihenschaltung der Stoffübergangswiderstände der Schichten m und $m+1$ mit jeweils der halben Schichtdicke:

$$\frac{1}{\beta_m} = \frac{h_m}{2 \cdot D_{TPP,p,m}} + \frac{h_{m+1}}{2 \cdot D_{TPP,p,m+1}} \rightarrow \beta_m = \frac{2 \cdot D_{TPP,p,m} \cdot D_{TPP,p,m+1}}{h_m \cdot D_{TPP,p,m+1} + h_{m+1} \cdot D_{TPP,p,m}} \tag{4.59}$$

Wird in (4.55) die flächenbezogene Masse des Weichmachers m_m im Bilanzraum als Weichmacherkonzentration $C_{TPP,m}$ ausgedrückt

$$C_{TPP,m} = \frac{m_m}{h_m} \tag{4.60}$$

und werden die ein- und austretenden Massenströme mit Gleichung (4.56) beschrieben, erhält man folgende Formel:

$$\underbrace{\left(\frac{C_{TPP,m,t+1} \cdot h_{m,t+1} - C_{TPP,m,t} \cdot h_{m,t}}{\Delta t}\right)}_{Akkumulation} = \underbrace{\beta_{m-1}\left(C_{TPP,m-1,t} - C_{TPP,m,t}\right)}_{Eintretender\ Massenstrom} - \underbrace{\beta_m\left(C_{TPP,m,t} - C_{TPP,m+1,t}\right)}_{Austretender\ Massenstrom} \tag{4.61}$$

$C_{m,t} \cdot h_{m,t}$ = *flächenbezogene Weichmachermasse in Schicht m zum Zeitpunkt t*

$C_{m,t+1} \cdot h_{m,t+1}$ = *flächenbezogene Weichmachermasse in Schicht m zum Zeitpunkt t+1*

Δt = *Zeitschritt*

Gleichung (4.61) zeigt die diskretisierte Form des 2. Fick'schen Gesetzes (Gleichung (4.53)) für Schicht *m* innerhalb des Polymerfilms. Basierend auf den bekannten Weichmacherkonzentrationen in Schicht *m, m+1* und *m-1* zum Zeitpunkt *t* ermöglicht diese Gleichung die Berechnung der Weichmacherkonzentration $C_{TPP,m,t+1}$ zm Zeitpunkt $t + \Delta t$.

$$C_{TPP,m,t+1} = C_{TPP,m,t}\frac{h_{m,t}}{h_{m,t+1}} + \frac{\Delta t}{h_{m,t+1}} \cdot \left[\frac{2 \cdot D_{TPP,p,m,t}\, D_{TPP,p,m+1,t}}{h_{m,t}\, D_{TPP,p,m+1,t} + h_{m+1,t}\, D_{TPP,p,m,t}}\left(C_{TPP,m+1,t} - C_{TPP,m,t}\right) - \frac{2 \cdot D_{TPP,p,m-1,t}\, D_{TPP,p,m,t}}{h_{m-1,t}\, D_{TPP,p,m,t} + h_{m,t}\, D_{TPP,p,m-1,t}}\left(C_{TPP,m,t} - C_{TPP,m-1,t}\right)\right] \tag{4.62}$$

Für die Berechnung der untersten Schicht entfällt der Term des eintretenden Stoffstroms, bei der obersten Schicht der des austretenden Stoffstroms. Dies entspricht mathematisch den Randbedingungen $\partial C_{TPP}/\partial x = 0$ an Unter- und Oberseite des Polymerfilms. Die Berechnung dieser beiden Schichten muss im Simulationsprogramm separat behandelt werden.

Mit Gleichung (4.62) und der Anfangsbedingung – der experimentell ermittelten Weichmacherverteilung in der Polymerschicht bei Versuchsbeginn – lässt sich die Weichmacherverteilung zu jedem späteren Zeitpunkt des Ausgleichsprozesses berechnen. Allerdings ist bei einem expliziten Differenzenverfahren der maximal mögliche Zeitschritt Δt_{max} eines Berechnungsdurchlaufes nicht beliebig wählbar, sondern aus Gründen von Genauigkeit und Konvergenz limitiert. Ein Stabilitätskriterium, der sogenannte Modulus (4.63), verknüpft den maximal möglichen Zeitschritt Δt_{max} mit dem Diffusionsweg s (~Schichtdicken) und dem *Fick'schen* Diffusionskoeffizienten $D_{TPP,p}$.

$$\frac{s^2}{D_{TPP,p} \cdot \Delta t} \cdot \geq 2 \qquad (4.63)$$

Dieses Stabilitätskriterium führt bei geringen Diffusionswegen (~ 0,3 µm) und moderaten Diffusionskoeffizienten ($1 \cdot 10^{-13}$ m²/s) zu maximal zulässigen Zeitschritten Δt kleiner als 0,5 s und somit zu einem hohen Rechenaufwand. Aufgrund der kleinen Zeitschritte muss für die vollständige Beschreibung eines Versuches die Berechnungsschleife (Berechnung aller n-Bilanzen) ungefähr 50000-mal durchlaufen werden. Dank der hohen Rechenleistung moderner Computer ist dieser Aufwand allerdings vertretbar.

Das Simulationsprogramm ist in Visual Basic for Applications (VBA) geschrieben. Es liest alle für die Simulation relevanten Parameter (Schichtdicke, Weichmacherverteilung, Versuchszeiten) aus einem Excel-Tabellenblatt ein. Für die Beschreibung des Diffusionskoeffizientenverlaufes des Weichmachers als Funktion der lokalen Zusammensetzung wird Gleichung (4.26) verwendet. Die darin verwendeten Parameter a, b und c müssen manuell eingegeben werden. Die berechneten Weichmacherkonzentrationsverläufe werden programmintern zu ternären Weichmacherbeladungsverläufe umgerechnet, die Daten in das ursprüngliche Tabellenblatt ausgegeben und die berechneten Weichmacherbeladungsprofile zusammen mit den experimentellen Daten in einem Diagramm dargestellt.

5 Ergebnisse

Im folgenden Kapitel werden die Auswertung und Analyse der experimentell ermittelten Daten detailliert beschrieben. Ziel dieser Analysen ist es, aus den Versuchsergebnissen die Diffusionskoeffizienten der jeweils untersuchten Spezies in den unterschiedlichen Polymersystemen zu ermitteln. Dabei wird von der Hypothese ausgegangen, dass es möglich ist, den Diffusionskoeffizientenverlauf einer Spezies durch Anpassung von Simulationsrechnungen an beobachtete Stofftransportvorgänge zu bestimmen. Durch dieses Vorgehen sollen aus den Ergebnissen der unterschiedlichen Versuche die Diffusionskoeffizienten der jeweils untersuchten Spezies ermittelt werden. So werden in Kapitel 5.1 die Ergebnisse der Trocknungsversuche dazu verwendet, durch Anpassung von gerechneten an die gemessenen Lösemittelbeladungsprofile während des Trocknungsprozesses, den Diffusionskoeffizienten des Lösemittels im jeweiligen Polymersystem zu bestimmen. Weiterhin kann durch Analyse und Vergleich von Trocknungsversuchen mit unterschiedlichen Weichmacheranteilen der Einfluss des Weichmachers auf den Diffusionskoeffizienten des Lösemittels quantifiziert werden. In Kapitel 5.2 bis 5.4 werden durch Vergleich von gerechneten mit experimentell bestimmten Weichmacherbeladungsprofilen zu verschiedenen Zeitpunkten des Ausgleichsprozesses während der Langzeitversuche bei erhöhter Temperatur, Wiederbefeuchtungsversuche und Zweischichtversuche die Diffusionskoeffizientenverläufe des Weichmachers in den verschiedenen Polymersystemen ermittelt. Daraus können neue Erkenntnisse über die Temperaturabhängigkeit des Diffusionskoeffizienten gewonnen werden sowie die Einflüsse der Lösemittel- und Weichmacherbeladung auf den Diffusionskoeffizienten des Weichmachers quantifiziert werden. Abschließend werden in Kapitel 5.5 die ermittelten Diffusionskoeffizientenverläufe des Weichmachers sowie Einflussgrößen auf die Verläufe diskutiert.

5.1 Ergebnisse der Trocknungsversuche

Der Einfluss der Weichmacherkonzentration auf die Mobilität von Lösemitteln in Polymerlösungen wurde schon in Kapitel 3.2 anhand des qualitativen Vergleichs von Trocknungsverlaufskurven verschiedener Polymerlösungen erläutert. Im folgenden Kapitel sollen nun durch Anpassung von gerechneten an gemessene Lösemittelbeladungsprofile die Diffusionskoeffizientenverläufe der Lösemittel in den verschiedenen Polymerlösungen bestimmt werden. Für die Simulationsrechnungen der Trocknungsvorgänge wird eine modellhafte Beschreibung des Phasengleichgewichtes zwischen dem Lösemittel in der Gasphase und in der Polymerlösung benötigt. Dafür wird das Aktivitätskoeffizientenmodell nach *Flory* und *Huggins* verwendet. Für die präzise Darstellung von Phasengleichgewichten werden die für das Modell verwendeten Flory-Huggins-Wechselwirkungsparameter an die ermittelten Sorptionsdaten angepasst. Mit Hilfe der modellhaften Beschreibung des Phasengleichgewichtes können die Trocknungsversuche simuliert und die Diffusionskoeffizienten bestimmt werden. Anschließend können die so ermittelten Diffusionsdaten dazu zuverwendet werden, die Abhängigkeit des Lösemitteldiffusionskoeffizienten von der Weichmacherkonzentration zu quantifizieren. Es konnte eine empirische Gleichung aufgestellt werden, die den Diffusionskoeffizienten der Lösemittel in den untersuchten Polymerlösungen als Funktion der Lösemittelbeladung und der Weichmacherbeladung mit hoher Genauigkeit beschreibt. In den folgenden Abschnitten wird zunächst die Bestimmung der Sorptionsisothere sowie die quantitative Auswertung der Trocknungsversuche erläutert.

5.1.1 Bestimmung des Phasengleichgewichtes

Für eine genaue Beschreibung des Phasengleichgewichtes mit dem in Kapitel 4.2 vorgestellten korrelativen Aktivitätskoeffizientenmodell nach *Flory* und *Huggins* ist die Anpassung der *Flory-Huggins*-Wechselwirkungsparameter an Sorptionsdaten notwendig. *Flory* und *Huggins* gingen ursprünglich davon aus, dass dieser Wechselwirkungsparameter χ_{ip} reziprok von der Temperatur ist, jedoch nicht von der Zusammensetzung der Lösung abhängt. Entgegen der ursprünglichen Modellannahme zeigen experimentelle Untersuchungen von z. B. *Schabel* (2004), *Wagner* (2000) und *Saure* (1995) sowie die eigenen Messungen, dass der Wechselwirkungsparameter χ_{ip} für die untersuchten Stoffsysteme von der Zusammensetzung, aber nicht von der Temperatur abhängt. Eine Erklärung hierfür ist, dass entgegen der ursprünglichen Annahme entropische Effekte berücksichtigt werden müssen. Eine Polymerkette kann sich nicht nur linear ausdehnen, sondern bildet auch Schlingen aus, wodurch die Lösemittelmoleküle (entgegen der ursprünglichen Annahme) nicht alle verfügbaren Gitterplätze besetzen können (*Favre et al.* (2007)). Zur Beschreibung des Phasengleichgewichtes wird deshalb der Wechselwirkungsparameter als Funktion des Lösemittelvolumenbruches an die Messdaten der Sorptionswaage angepasst.

Für die Anpassung wird Gleichung (4.14) nach dem Wechselwirkungsparameter χ_{ip} aufgelöst und es werden die Wechselwirkungsparameter der jeweiligen Messpunkte der Sorptionsmessungen berechnet. Die so ermittelten Wechselwirkungsparameter werden gegen den Volumenbruch des Lösemittels aufgetragen. Der Verlauf des Wechselwirkungsparameters als Funktion des Lösemittelvolumenbruchs kann dann durch ein Polynom angepasst werden. In Abb. 5.1 sind die so berechneten Wechselwirkungsparameter der Sorptionsversuche von Methylenchlorid in reinem PVAc sowie in einer PVAc-TPP-Mischung mit einer Weichmacherbeladung von $X_{TPP} = 0{,}11\ g_{TPP}/g_{PVAc}$ gegen den Volumenbruch des Lösemittels aufgetragen.

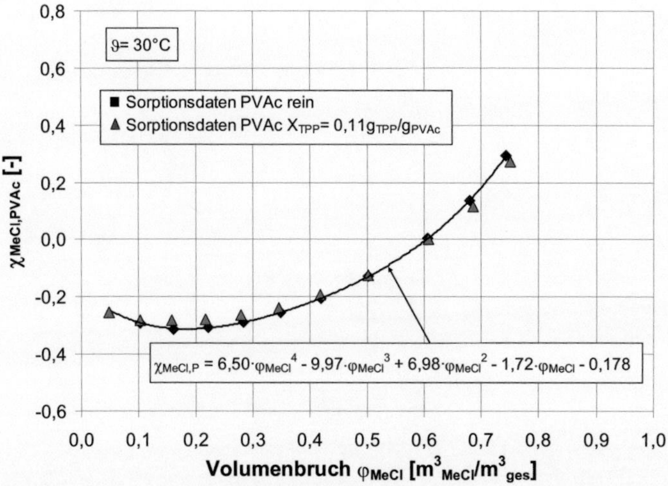

Abb. 5.1: Flory-Huggins Wechselwirkungsparameter von Methylenchlorid in reinem PVAc sowie in einer PVAc-TPP-Mischung mit einer Weichmacherbeladung von X_{TPP}= 0,11 $g_{TPP/PVAc}$ als Funktion des Lösemittelvolumenbruchs.

Bei der Berechnung der Wechselwirkungsparameter des Lösemittels in der PVAc-TPP-Mischung wurde die PVAc-TPP-Mischung als ein Feststoff mit entsprechender Dichte beschrieben. Die aus den beiden Sorptionsreihen ermittelten Wechselwirkungsparameter weichen nur minimal voneinander ab. Zusätzlich ist in dem Diagramm noch der an die Messdaten der Sorptionsversuche mit reinem PVAc angepasste Verlauf des Wechselwirkungsparameters als Funktion des Lösemittelvolumenbruchs als Polynom vierter Ordnung eingetragen. Dieses Polynom kann jetzt in Gleichung (4.14) verwendet werden, um die Sorptionsisotherme des Lösemittels zu berechnen. Für die untersuchten Stoffsysteme PVAc-MeCl und PVAc-MeCl-TPP sind die experimentell ermittelten Sorptionsdaten zusammen mit der nach dem Flory-Huggins-Modell berechneten Sorptionsisotherme in Abb. 5.2 aufgetragen. Die Darstellung zeigt, dass sich mit der berechneten Sorptionsisotherme sowohl die Sorptionsdaten von Methylenchlorid in reinem PVAc als auch in der untersuchten PVAc-TPP-Mischung mit hoher Genauigkeit beschreiben lassen. Die gleichen Beobachtungen wurden für die

Stoffsysteme PVAc-MeOH und TAC-MeCl gemacht. Die gemessenen und berechneten Sorptionsisothermen dieser Stoffsysteme sind in 6.2A 11 und A 12 im Anhang dargestellt.

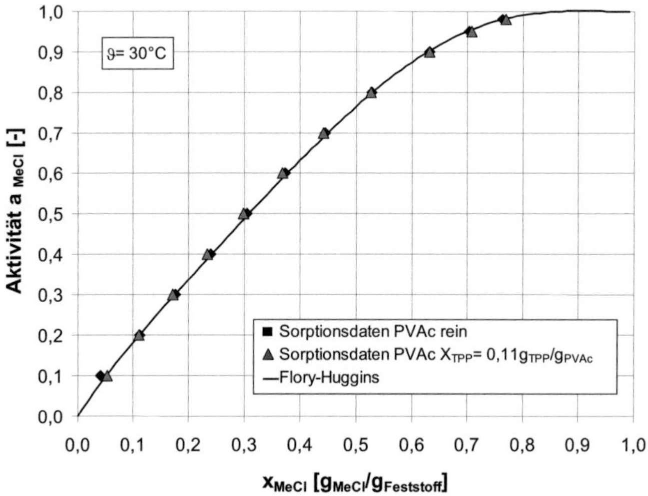

Abb. 5.2: Vergleich gemessener (Punkte)und mit dem Flory-Huggins-Modell berechneter (Linie) Sorptionsisotherme für Methylenchlorid in reinem PVAc und einer PVAc-TPP-Mischung. Der bei der Rechnung verwendete Wechselwirkungsparameter wurde an Sorptionsdaten von MeCl in reinem PVAc angepasst.

Mit Hilfe des *Flory-Huggins* Aktivitätskoeffizientenmodells und den an Sorptionsversuche angepassten Wechselwirkungsparametern kann das Phasengleichgewicht zwischen Gasphase und Polymerlösung mit hoher Genauigkeit beschrieben werden. Durch Implementierung dieses Modells in das Simulationsprogramm können die durchgeführten Trocknungsversuche der Polymerlösungen mit und ohne Weichmacher simuliert werden. Die Simulation des Trocknungsprozesses soll neue Erkenntnisse über den Einfluss schwer flüchtiger Additive auf die Mobilität des Lösemittels liefern.

5.1.2 Auswertung der Trocknungsversuche

Die Ergebnisse der in Kapitel 3.2 beschriebenen Trocknungsversuche sollen nun dazu verwendet werden, die Diffusionskoeffizientenverläufe der Lösemittel Methylenchlorid und Methanol in den untersuchten Polymerlösungen zu bestimmen. Ziel ist es, den Diffusionskoeffizienten des Lösemittels im Polymer als Funktion der Lösemittelbeladung auszudrücken. Um dieses Ziel zu erreichen, wurden die durchgeführten Trocknungsversuche mit dem in Kapitel 4.4 vorgestellten Programm simuliert. Dabei wird der Diffusionskoeffizientenverlauf des Lösemittels durch Vergleich zwischen den vom Simulationsprogramm berechneten Lösemittelbeladungsprofilen und den gemessenen Lösemittelbeladungsprofilen bestimmt. Durch Variation der Diffusionskoeffizientenverläufe werden die berechneten Lösemittelbeladungsprofile iterativ an die Messdaten angepasst. Durch dieses Vorgehen sollen mit Hilfe der experimentellen Daten der Trocknungsversuche und des Simulationsprogramms die Diffusionskoeffizientenverläufe der Lösemittel in den untersuchten Polymerlösungen bestimmt werden.

Das Simulationsprogramm benötigt für die Berechnung des Trocknungsprozesses neben den Trocknungsbedingungen wie Kanaltemperatur und Überströmungsgeschwindigkeit auch die Anfangsbeladung des Lösemittels, die Weichmacherbeladung des Polymers sowie die Endfilmdicke. Das Programm rechnet intern aus der Überströmungsgeschwindigkeit den äußeren Stoffübergangskoeffizienten und aus der Endfilmdicke, den Beladungen und den intern hinterlegten spezifischen Dichten die Anfangsdicke des ausgestrichenen Polymerfilms. Die Anfangsfilmdicke wird auf diese Weise berechnet, da die Endfilmdicke aufgrund der geringen Schrittweiten von 1 - 2 μm beim letzten Tiefenscan sehr genau bestimmt werden kann. Wie in Kapitel 3.2 bereits beschrieben, wird aufgrund der hohen Trocknungsgeschwindigkeit am Anfang eines Versuches eine relativ hohe Schrittweite von 15 μm für die ersten Tiefenscans gewählt. Mit Hilfe dieser Angaben berechnet das Simulationsprogramm die sich während der Trocknung im Film ausbildenden Lösemittelbeladungsprofile. In Abb. 5.3 sind die gemessen Methylenchloridbeladungsprofile eines PVAc-MeCl-TPP-Films während der Trocknung bei $\vartheta_{Probe} = 20°C$ und einer Überströmungsgeschwindigkeit von u = 0,2 m/s zusammen mit den Simulationsrechnungen dargestellt. Da die Durchführung eines Tiefenscans eine bestimmte Zeit beansprucht, wird das simulierte Lösemittelbeladungsprofil zum mittleren Zeitpunkt des Tiefenscans berechnet. Dies hat zur Folge, dass die ersten gemessenen Lösemittelbeladungen eines Tiefenscans etwas oberhalb des berechneten Lösemittelprofils liegen müssen, da sie etwas früher aufgenommen worden sind. Dementsprechend liegen die letzten gemessenen Lösemittelbeladungen eines Scans etwas unterhalb der Rechnung, da sie zu späteren Zeitpunkten aufgenommen worden sind. Diese zeitliche Abweichung zwischen den jeweiligen Messungen und der Rechnung von einigen Sekunden ist allerdings nur für die ersten Tiefenscans von Relevanz. Wie man in Abb. 5.3 erkennen kann, hat die Trocknungsgeschwindigkeit nach kurzer Versuchsdauer so stark abgenommen, dass die zeitliche Diskrepanz von wenigen Sekunden zwischen Messung und Rechnung nicht mehr zu erkennen ist. Wie man anhand der guten Übereinstimmung von gerechneten und gemessenen Lösemittelbeladungsprofilen erkennen kann, lässt sich der Diffusionskoeffizientenverlauf von Methylenchlorid in der ternären Polymerlösung durch das beschriebene Vorgehen gut bestimmen.

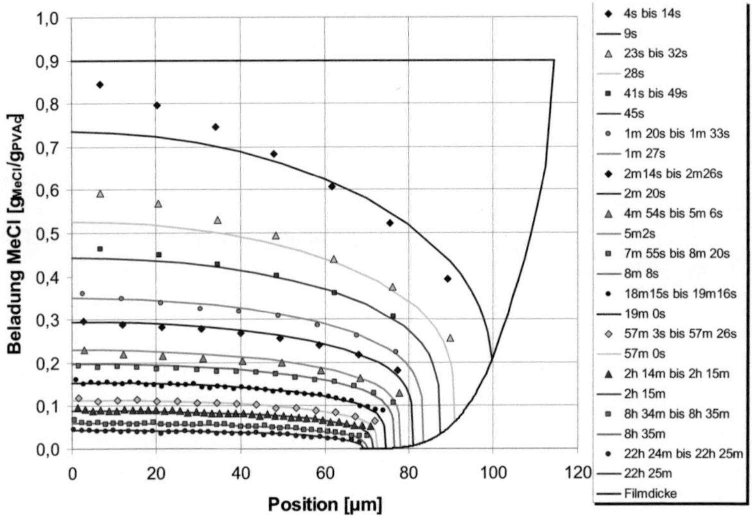

Abb. 5.3: Vergleich gemessener mit gerechneten Lösemittelbeladungsprofile eines PVAc-MeCl-TPP-Films während der Trocknung bei $\vartheta_{Probe} = 20°C$ und $u = 0,2$ m/s. Anfangsfilmdicke = 115 µm, Weichmacherbeladung $X_{TPP} = 0,15$ g_{TPP}/g_{PVAc}, anfängliche Lösemittelbeladung $X_{MeCl} = 0,9$ g_{MeCl}/g_{PVAc}.

Aus den berechneten Lösemittelbeladungsprofilen wird die mittlere Lösemittelbeladung ermittelt. Die Ergebnisse sind zusammen mit der gemessenen, integralen Trocknungsverlaufskurve in Abbildung Abb. 5.4 verglichen. Wie bereits die gute Übereinstimmung zwischen simulierten und gemessenen Lösemittelbeladungsprofilen andeutete, lässt sich auch die gemessene Trocknungsverlaufskurve mit der Simulationsrechnung sehr gut beschreiben. Die Verläufe zeigen nur sehr geringe Abweichungen bis zum Abbruch des Versuchs nach 22 Stunden. Dabei wurden die Diffusionskoeffizienten des Methylenchlorids im Polymerfilm durch Gleichung (4.26) berechnet. Durch die Anpassung von gerechneten an gemessene Lösemittelbeladungsprofile wurden für diesen Trocknungsversuch ($\vartheta_{Probe} = 20°C$, $X_{TPP} = 0,15$ g_{TPP}/g_{PVAc}) die Parameter *a*, *b* und *c*, die den Diffusionskoeffizientenverlaufs des Methylenchlorids beschreiben, zu $a = 35$, $b = 154$ und $c = 7,90$ bestimmt.

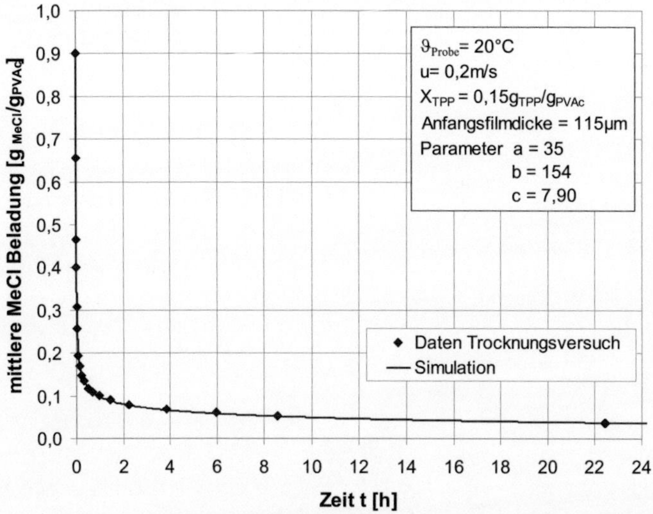

Abb. 5.4: Vergleich gemessener mit gerechneter integraler Trocknungsverlaufskurve eines PVAc-MeCl–TPP-Films während der Trocknung bei $\vartheta_{Probe} = 20°C$ und $u = 0{,}2$ m/s. Der Diffusionskoeffizient kann sehr gut mit Gleichung (4.26) und den Parametern $a = 35$, $b = 154$ und $c = 7{,}9$ beschrieben werden.

Durch dieses Vorgehen wurden die Diffusionskoeffizientenverläufe von Methylenchlorid und Methanol in den untersuchten Polymerlösungen mit unterschiedlichen Weichmacherbeladungen (von 0 bis 0,15 g_{TPP}/g_{PVAc}) bestimmt. In Abb. 5.5 bzw. Abb. 5.6 sind zum Vergleich die gemessenen Trocknungsverlaufskurven mit den Simulationsrechnungen dargestellt. Wie man anhand der guten Übereinstimmung zwischen Messung und Rechnung erkennen kann, lassen sich sowohl für das Stoffsystem PVAc-MeCl-TPP als auch für PVAc-MeOH-TPP die Diffusionskoeffizientenverläufe der Lösemittel in den Polymerlösungen sehr gut mit Gleichung (4.26) beschreiben.

In Abb. A 33 im Anhang ist exemplarisch der Vergleich von simulierten mit gemessenen Methanolbeladungsverläufen während der Trocknung eines PVAc-MeOH-TPP-Films mit einer Triphenylphosphatbeladung von $X_{TPP}= 0{,}15\ g_{TPP}/g_{PVAc}$ bei $\vartheta_{Probe} = 20°C$ und $u = 0{,}2$ m/s dargestellt. Die Darstellung verdeutlicht, dass auch für Methanol als Lösemittel nicht nur der integrale Trocknungsverlauf rechnerisch gut beschrieben werden kann, sondern auch die gerechneten mit den gemessenen Methanolbeladungsprofilen sehr gut übereinstimmen.

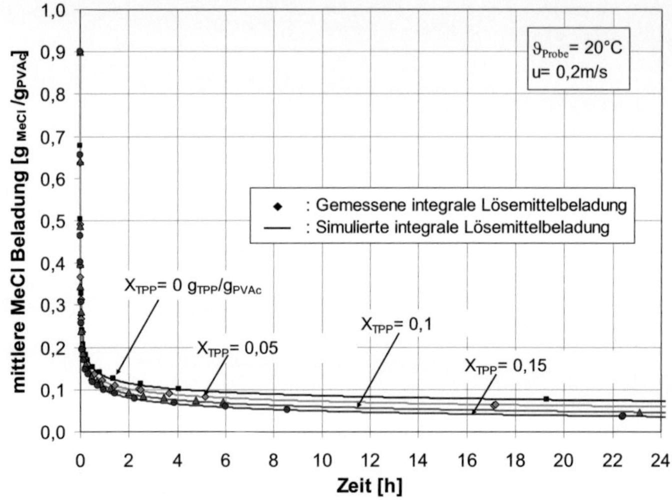

Abb. 5.5: Vergleich gemessener mit gerechneten, integralen Trocknungsverlaufskurven von PVAc-MeCl-TPP-Lösungen. Trocknungsbedingungen: ϑ_{Probe} = 20°C, u = 0,2 m/s.

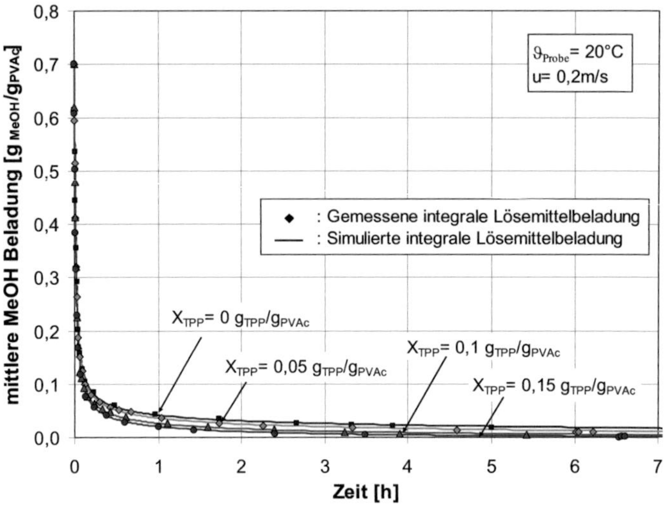

Abb. 5.6: Vergleich gemessener mit gerechneten, integralen Trocknungsverlaufskurven von PVAc-MeOH-TPP -Lösungen. Trocknungsbedingungen: ϑ_{Probe} = 20°C, u = 0,2 m/s.

In der Tabelle in Abb. 5.7 sind die durch das beschriebene Vorgehen bestimmten Parameter *a*, *b* und *c* für die Beschreibung der Diffusionskoeffizienten als Funktion der Lösemittelbeladung der untersuchten Polymerlösungen aufgelistet.

Stoffsystem	$X_{TPP}[g_{TPP}/g_{PVAc}]$	a	b	c
PVAc-MeCl-TPP	0	43,0	256,0	13,09
	0,05	39,0	205,7	10,63
	0,10	36,5	167,3	8,62
	0,15	35,0	153,9	7,90
PVAc-MeOH-TPP	0	33,2	436,0	19,55
	0,05	31,8	352,4	15,88
	0,10	30,7	300,0	13,54
	0,15	29,8	282,1	12,71

Abb. 5.7: Übersicht ermittelter Parameter a, b und c, die mit Gleichung (4.26) die Diffusionskoeffizientenverläufe der Lösemittel in den untersuchten Stoffsystemen bei ϑ_{Probe} = 20°C beschreiben.

Um den Einfluss der unterschiedlichen Weichmacherbeladungen auf die Diffusionskoeffizienten der Lösemittel in den verschiedenen Polymerlösungen zu verdeutlichen, sind die bestimmten Diffusionskoeffizientenverläufe von Methylenchlorid in Abb. 5.8 und von Methanol in Abb. 5.9 dargestellt. In diesen Diagrammen ist der Diffusionskoeffizient des Lösemittels als Funktion der Lösemittelbeladung in der Polymerlösung aufgetragen. Man erhält eine Kurvenschar, welche die Diffusionskoeffizientenverläufe der Lösemittel bei unterschiedlichen Weichmacherbeladungen beschreibt. In den Diagrammen kann man sehr deutlich den starken Einfluss der Weichmacherbeladung auf die Diffusionskoeffizienten der Lösemittel erkennen. Wenn man zunächst die Diffusionskoeffizientenverläufe von Methylenchlorid in Abb. 5.8 betrachtet, bestätigt sich die bereits aus dem Vergleich der Trocknungsverlaufskurven abgeleitete Vermutung, dass die beschleunigende Wirkung des Weichmachers auf die Lösemitteldiffusion erst bei relativ geringen Lösemittelbeladungen einsetzt. Bei einer Lösemittelbeladung von $X_{MeCl} = 0{,}3\ g_{MeCl}/g_{PVAc}$ sind die Diffusionskoeffizienten von Methylenchlorid in der Polymerlösung - unabhängig von der Weichmacherbeladung - beinahe identisch. Mit sinkender Lösemittelbeladung weichen die Diffusionkoeffizientenverläufe voneinander ab, wobei dieser Unterschied mit abnehmender Lösemittelbeladung stark zunimmt. Der maximale Unterschied der

Diffusionskoeffizienten ergibt sich für den Grenzfall des trockenen Films $X_{MeCl} \rightarrow 0\ g_{MeCl}/g_{PVAc}$. In einem Polymersystem mit einer Weichmacherbeladung von $X_{TPP} = 0\ g_{TPP}/g_{PVAc}$ beträgt der Diffusionskoeffient des Methylenchlorids $D_{MeCl,PVAc} = 2{,}1 \cdot 10^{-19}\ m^2/s$. Wird die Weichmacherbeladung auf den Wert von $X_{TPP} = 0{,}15\ g_{TPP}/g_{PVAc}$ erhöht, steigt der Diffusionskoeffizient des Lösemittels auf $D_{MeCl,PVAc\text{-}TPP} = 6{,}3 \cdot 10^{-16}\ m^2/s$. Dies entspricht einer Erhöhung der Mo bilität um fast drei Dekaden.

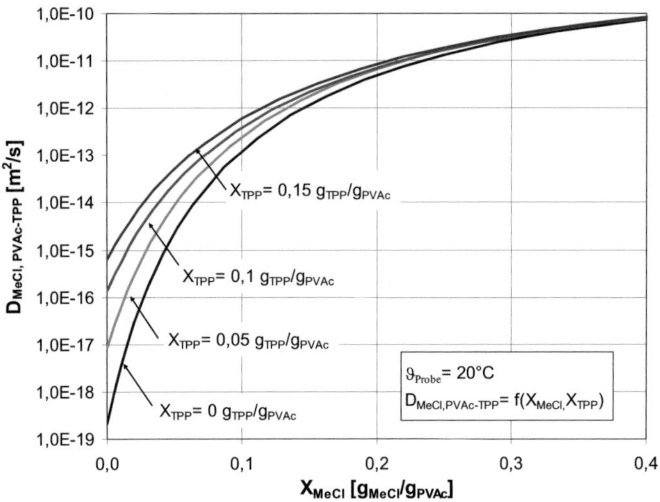

Abb. 5.8: Einfluss der Weichmacherbeladung auf die Diffusionskoeffizientenverläufe von Methylenchlorid im Stoffsystem PVAc-MeCl-TPP bei $\vartheta_{Probe} = 20°C$.

Weiterhin kann man in diesem Diagramm sehr schön die für Polymerlösungen typische, starke Abhängigkeit des Diffusionskoeffizienten des Lösemittels von der eigenen Beladung erkennen. Bei sehr geringen Lösemittelbeladungen steigt der Diffusionskoeffizient mit zunehmender Lösemittelbeladung zunächst sehr stark um mehrere Dekaden an. Bei höheren Lösemittelbeladungen flacht die Steigung des Diffusionskoeffizientenverlaufes zunehmend ab. So verändern sich die Diffusionskoeffizienten von Lösemitteln in Polymerlösungen je nach Lösemittelbeladung um mehrere Dekaden und können Werte annehmen, die typisch für Diffusionsvorgänge in Feststoffen ($\sim 10^{-13}$ bis $10^{-19}\ m^2/s$) oder Flüssigkeiten ($\sim 10^{-9}\ m^2/s$) sind.

Ein ähnliches Verhalten zeigen auch die Diffusionskoeffizientenverläufe von Methanol, die in Abb. 5.9 dargestellt sind. Bis zu einer Methanolbeladung von ungefähr $X_{MeOH} = 0{,}3\ g_{MeOH}/g_{PVAc}$ sind die Diffusionskoeffizienten unabhängig von der Weichmacherbeladung und nahezu identisch. Mit abnehmender Lösemittelbeladung sinken die Diffusionskoeffizientenverläufe von Methanol in Lösungen mit geringerer Weichmacherbeladung stärker ab.

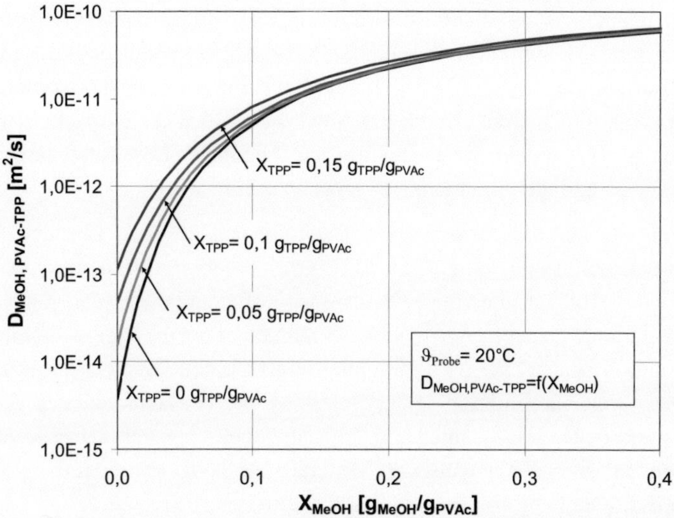

Abb. 5.9: Einfluss der Weichmacherbeladung auf die Diffusionskoeffizientenverläufe von Methanol im Stoffsystem PVAc-MeOH-TPP bei $\vartheta_{Probe} = 20°C$.

Der Vergleich der Diffusionskoeffizienten von Methanol in Polymerlösungen mit Weichmacherbeladungen von 0 und 0,15 g_{TPP}/g_{PVAc} für den Grenzfall $X_{MeOH} \rightarrow 0\ g_{MeOH}/g_{PVAc}$ zeigt eine Erhöhung des Diffusionskoeffizienten von $D_{MeOH,PVAc\text{-}TPP} = 3{,}8 \cdot 10^{-15}\ m^2/s$ auf $D_{MeOH,PVAc\text{-}TPP} = 1{,}4 \cdot 10^{-13}\ m^2/s$. Verglichen mit der Erhöhung des Diffusionskoeffizienten im Stoffsystem PVAc-MeCl-TPP ist der Einfluss des Weichmachers somit etwas geringer. Auch ist die Abhängigkeit des Diffusionskoeffizienten von Methanol von seiner eigenen Beladung nicht so ausgeprägt wie bei Methylenchlorid. Vergleicht man die beiden Diffusionskoeffizientenverläufe von Methylenchlorid und Methanol in den binären Stoffsystemen PVAc-MeCl und PVAc-MeOH fällt der Diffusionskoeffizient von Methanol mit sinkender Lösemittelbeladung deutlich schwächer ab als der Diffusionskoeffizient von Methylenchlorid. Haben die Diffusionskoeffizienten beider Lösemittel bei einer Lösemittelbeladung von $X_{Lsg} = 0{,}4\ g_{Lsm}/g_{PVAc}$ noch ähnliche Werte ($D_{MeOH,PVAc\text{-}TPP} = 5{,}9 \cdot 10^{-11}\ m^2/s$, $D_{MeCl,PVAc\text{-}TPP} = 7{,}4 \cdot 10^{-11}\ m^2/s$) besteht ein Unterschied von fast vier Dekaden für den Grenzfall $X_{Lsg} \rightarrow 0\ g_{Lsm}/g_{PVAc}$ ($D_{MeOH,PVAc\text{-}TPP} = 3{,}8 \cdot 10^{-15}\ m^2/s$, $D_{MeCl,PVAc\text{-}TPP} = 2{,}1 \cdot 10^{-19}\ m^2/s$).

Die durchgeführten Trocknungsversuche zeigen eindeutig eine Beschleunigung des Trocknungsprozesses mit zunehmender Weichmacherkonzentration in den Polymerlösungen. Anhand des vorgestellten Vorgehens lassen sich durch Anpassung von gerechneten an gemessene Lösemittelbeladungsprofile die Diffusionskoeffizientenverläufe der Lösemittel in den verschiedenen Polymerlösungen bestimmen. Dadurch konnte erstmals die Abhängigkeit des Lösemitteldiffusionskoeffizienten von der Weichmacherbeladung quantifiziert werden. Die Ergebnisse verdeutlichen, dass durch die Anwesenheit des Weichmachers in den untersuchten Stoffsystemen der Diffusionskoeffizient der Lösemittel bei geringen Lösemittelbeladungen um mehrere Dekaden erhöht wird.

Bisher werden die Diffusionskoeffizientenverläufe der Lösemittel als Funktion der Lösemittelbeladung mit Hilfe von Gleichung (4.26) ausgedrückt. Dabei wird die Abhängigkeit des Diffusionskoeffizienten von der jeweiligen Lösemittelbeladung durch verschiedene, voneinander unabhängige Parametersätze (*a*, *b* und *c)* beschrieben. Es wäre aber sinnvoll, den Diffusionskoeffizienten des Lösemittels als Funktion seiner Beladung <u>und</u> der Beladung des Weichmachers auszudrücken. Dafür muss ein Zusammenhang zwischen den einzelnen Parametersätzen und der jeweiligen Weichmacherbeladung erstellt werden. Solch ein Zusammenhang soll im folgenden Kapitel erarbeitet werden.

5.1.3 Beschreibung des Lösemitteldiffusionskoeffizientenverlaufs

Um aus den in Abb. 5.8 und Abb. 5.9 gezeigten Kurvenscharen eine empirische Funktion aufzustellen, die den Diffusionskoeffizienten des Lösemittels als Funktion der Lösemittel- <u>und</u> Weichmacherbeladung beschreiben kann, muss ein Zusammenhang zwischen den angepassten Parametern a, b und c und der jeweiligen Weichmacherbeladung der Polymerlösung gefunden werden. Zu diesem Zweck sind in Abb. 5.10 die dimensionslosen Parameter *a*, *b* und *c* für das Stoffsystem PVAc-MeCl-TPP gegen die Weichmacherbeladung der untersuchten Polymerlösung aufgetragen. Zusätzlich sind in dem Diagramm drei Regressionskurven eingetragen, die die Verläufe der bestimmten Parameter als Funktion der Weichmacherbeladung beschreiben. Wie man in der Darstellung erkennen kann, lassen sich die Parameter, mit denen sich die Diffusionskoeffizientenverläufe vom Methylenchlorid beschreiben lassen, gut als Funktion der Weichmacherbeladung ausdrücken. Die Bestimmtheitsmaße der Regressionskurven sind unter den jeweiligen Funktionsgleichungen angegeben. Als Regressionsgleichungen eignen sich Polynome zweiter Ordnung.

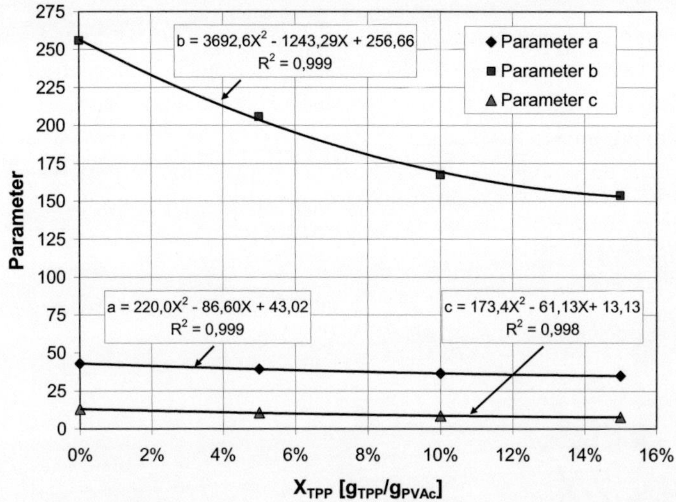

Abb. 5.10: Bestimmung der Polynome der Parameter a, b und c aus Gleichung (4.26) als Funktion der Weichmacherbeladung für die Beschreibung der Diffusionskoeffizientenverläufe von Methylenchlorid im Stoffsystem PVAc-MeCl-TPP bei ϑ_{Probe} = 20°C.

Beispielhaft ist in Gleichung (5.1) das Polynom für die Beschreibung von Parameter *a* dargestellt.

$$a = k_{a,1} \cdot X_{TPP}^2 + k_{a,2} \cdot X_{TPP} + k_{a,3} \tag{5.1}$$

Mit Hilfe dieser drei Polynome bietet sich die Möglichkeit, die Parameter *a*, *b* und *c* in Gleichung (4.26) als Funktion der Weichmacherbeladung auszudrücken. Dadurch erhält man eine empirische Gleichung (5.2) die den *Fick'schen* Diffusionskoeffizienten des Lösemittels als Funktion der Lösemittel- <u>und</u> Weichmacherbeladung der Polymerlösung beschreibt.

$$\begin{aligned} D_{Lsm,PVAc-TPP}(X_{Lsm}, X_{TPP}) &= \exp\left\{-\frac{a + b \cdot X_{Lsm}}{1 + c \cdot X_{Lsm}}\right\}\left[\frac{m^2}{s}\right] \\ &= \exp\left\{ \begin{matrix} -\dfrac{k_{a,1} \cdot X_{TPP}^2 + k_{a,2} \cdot X_{TPP} + k_{a,3}}{1 + \left(k_{c,1} \cdot X_{TPP}^2 + k_{c,2} \cdot X_{TPP} + k_{c,3}\right) \cdot X_{Lsm}} \\ -\dfrac{\left(k_{b,1} \cdot X_{TPP}^2 + k_{b,2} \cdot X_{TPP} + k_{b,3}\right) \cdot X_{Lsm}}{1 + \left(k_{c,1} \cdot X_{TPP}^2 + k_{c,2} \cdot X_{TPP} + k_{c,3}\right) \cdot X_{Lsm}} \end{matrix} \right\}\left[\frac{m^2}{s}\right] \end{aligned} \tag{5.2}$$

Mit Hilfe dieser empirischen Funktion kann die Abhängigkeit des Lösemitteldiffusionskoeffizienten von der Zusammensetzung der entsprechenden ternären

Polymerlösung eindeutig berechnet werden. Um die Genauigkeit der Gleichung zu demonstrieren, sind in Abb. 5.11 die mit Gleichung (5.2) berechneten Diffusionskoeffizientenverläufe von Methylenchlorid im untersuchten PVAc-MeCl-TPP-System zusammen mit den durch Anpassung an die durchgeführten Trocknungsversuche bestimmten Diffusionskoeffizientenverläufe dargestellt.

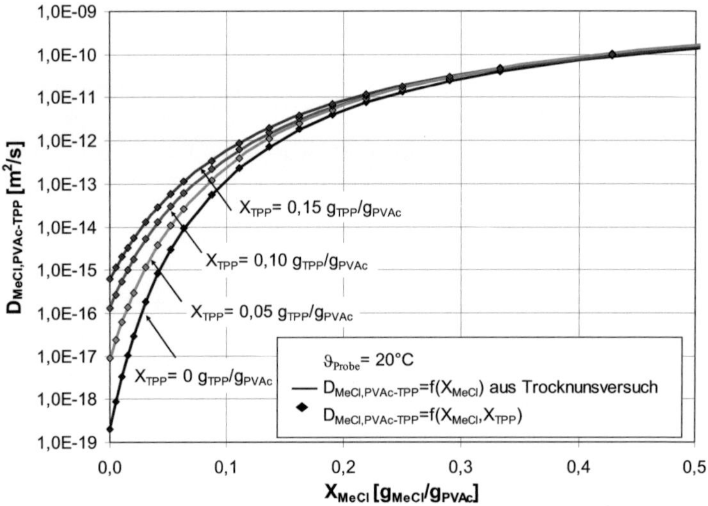

Abb. 5.11: Vergleich zwischen den Diffusionskoeffizientenverläufen von Methylenchlorid, die durch Anpassung an Trocknungsversuche bestimmt wurden (Linien) und den mit Gleichung (5.2) berechneten (Punkte) bei $\vartheta_{Probe} = 20°C$.

Der Vergleich zeigt eine sehr gute Übereinstimmung zwischen den beiden Verläufen. Die Bestimmung der Polynome der Regressionsgeraden für das Stoffsystem PVAc-MeOH-TPP und der Vergleich zwischen den mit Gleichung (5.2) berechneten und den angepassten Methanoldiffusionskoeffizientenverläufe sind in Abb. A 35 und Abb. A 36 im Anhang gezeigt. Auch wenn Methanol als Lösemittel verwendet wird, kann der Diffusionskoeffizientenverlauf sehr gut durch das beschriebene Vorgehen bestimmt und mit Gleichung (5.2) beschrieben werden.

In der Tabelle in Abb. 5.12 sind die so ermittelten Konstanten für die untersuchten Stoffsysteme aufgelistet. Da die Trocknungsversuche bei $\vartheta_{Probe} = 20°C$ durchgeführt wurden, beschreiben die angegebenen Diffusionskoeffizientenverläufe auch die Mobilität des Lösemittels bei $\vartheta_{Probe} = 20°C$. Die in der Tabelle angegebenen Konstanten sind zunächst nur innerhalb der untersuchten Beladungsbereiche ($X_{TPP} = 0$ - $0{,}15\ g_{TPP}/g_{PVAc}$, $X_{MeCl} = 0$ - $0{,}9\ g_{MeCl}/g_{PVAc}$,

$X_{MeOH} = 0 - 0,7\ g_{MeOH}/g_{PVAc}$) gültig. Ob mit diesen Daten auch die Lösemitteldiffusionskoeffizientenverläufe bei höheren Weichmacher bzw. Lösemittelbeladungen beschrieben werden kann wurde nicht überprüft.

Stoffsystem	Parameter	k_1	k_2	k_3
PVAc-MeCl-TPP-	a	220,0	-86,60	43,02
	b	3692,6	-1243,29	256,66
	c	173,4	-61,13	13,13
PVAc-MeOH-TPP	a	41,8	-29,37	33,19
	b	6524,6	-2009,50	436,10
	c	280,7	-87,96	19,55

Abb. 5.12: Übersicht über die ermittelten Konstanten k_1, k_2 und k_3, die eingesetzt in Gleichung (5.2), den Diffusionskoeffizientenverlauf von Methylenchlorid und Methanol in einer PVAc-TPP-Lösung bei ϑ_{Probe} = 20°C beschreiben.

Mit Hilfe der experimentell bestimmten Lösemittelbeladungsverläufen in den Polymerfilmen während der Trocknung und der Anpassung von Simulationsrechnungen an diese Daten ist es erstmals gelungen, den Einfluss des Weichmachers auf den Diffusionskoeffizientenverlauf des Lösemittels zu quantifizieren. Weiterhin ist es gelungen, eine empirische Gleichung aufzustellen, die den Diffusionskoeffizienten des Lösemittels in ternären Systemen als Funktion der Lösemittel- und Weichmacherbeladung mit großer Genauigkeit beschreiben kann. Damit ist für die untersuchten Stoffsysteme die Grundlage für eine ternäre Simulation geschaffen und ein neues Vorgehen zur Bestimmung und Beschreibung von Lösemitteldiffusionskoeffizienten in ternären Polymerlösungen aufgezeigt worden.

5.2 Ergebnisse der Langzeitversuche bei erhöhter Temperatur

Die in Kapitel 3.3.2 ermittelten Versuchszeiten, die für den Ausgleich eines anfänglichen Weichmacherkonzentrationsgradienten in den untersuchten Polymerproben benötigt werden, lassen qualitative Rückschlüsse auf eine steigende Mobilität der Weichmachermoleküle in den Polymersystemen bei steigender Versuchstemperatur zu. Ziel dieses Kapitels ist es, den Diffusionskoeffizienten des Weichmachers mit Hilfe der experimentellen Daten und Simulationsrechnungen zu ermitteln. Dabei wird von der Hypothese ausgegangen, das sich der Diffusionskoeffizienten des Weichmachers durch Anpassung von gerechneten an gemessene Weichmacherbeladungsprofile während des Ausgleichsprozesses des Weichmachergradienten bestimmen lässt. Wenn es also möglich ist, den gemessenen Ausgleichsprozess der Weichmacherbeladung durch Simulationsrechnungen korrekt zu beschreiben, sollte der in der Rechnung verwendete Diffusionskoeffizientenverlauf der Mobilität des Weichmachers entsprechen. Dieses Vorgehen liefert in Verbindung mit den experimentellen Möglichkeiten der IMRS-Messtechnik eine zuverlässige Methode für die Bestimmung von *Fick'schen* Diffusionskoeffizienten schwer flüchtiger Additive in polymeren Systemen.

Im folgenden Kapitel werden die Diffusionskoeffizientenverläufe des Weichmachers bei den jeweiligen Versuchstemperaturen durch Anpassung von gerechneten an gemessene Weichmacherbeladungsprofile bestimmt. Mit den ermittelten Diffusionskoeffizientenverläufen im experimentell zugänglichen Temperaturbereich kann dann die Anwendbarkeit des in Kapitel 4.3.2 beschriebenen WLF-Formalismus auf das untersuchte Stoffsystem überprüft werden. Wenn die Beschreibung der Temperaturabhängigkeit des Diffusionskoeffizienten durch die WLF-Gleichung (4.35) im untersuchten Temperaturbereich möglich ist, soll damit der Diffusionskoeffizientenverlauf des Weichmachers zu niedrigeren Temperaturen extrapoliert werden.

5.2.1 Auswertung der Langzeitversuche bei erhöhter Temperatur

Um den Diffusionskoeffizienten des Weichmachers in den binären Polymersystemen zu beschreiben, wird der allgemeine exponentielle Ansatz - Gleichung (4.26) - verwendet. Mit diesem Ansatz sollte es möglich sein, die Abhängigkeit des Diffusionskoeffizienten von seiner eigenen Beladung im Polymersystem zu beschreiben. Die Simulation des Ausgleichsprozesses des anfänglichen Weichmacherbeladungsgradienten erfolgt mit dem in Kapitel 4.4 vorgestellten Programm. Als Startbedingung für den Ausgleichsprozess wird dem Programm das experimentell ermittelte Weichmacherbeladungsprofil bei Versuchsbeginn übergeben. Die drei Parameter *a*, *b* und *c* für die Beschreibung des Diffusionskoeffizientenverlaufs des Weichmachers werden dann iterative bestimmt. Dabei werden die einzelnen Parameter manuell von Simulationsdurchgang zu Simulationsdurchgang verändert, bis die bestmögliche Anpassung der gerechneten an die gemessenen Weichmacherbeladungsprofile erzielt wird. In Abb. 5.13 ist exemplarisch der Vergleich der berechneten und gemessenen Weichmacherbeladungsprofile während des Ausgleichvorgangs der Weichmacherbeladung in einer 90 μm dicken PVAc-Probe bei $\vartheta_{Probe} = 56°C$ dargestellt.

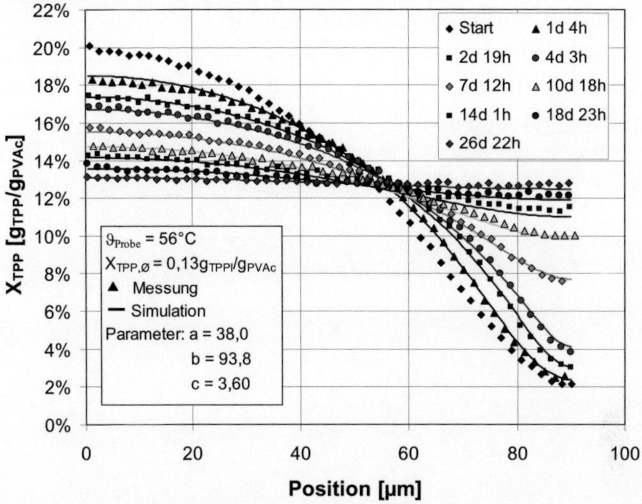

Abb. 5.13: Vergleich gemessener (Punkte) und gerechneter (Linien) Weichmacherbeladungsprofile zu verschiedenen Zeitpunkten des Ausgleichsprozesses in einem PVAc-TPP -Film bei $\vartheta_{Probe} = 56°C$ und einer mittleren Weichmacherbeladung von $X_{TPP,\varnothing} = 0,13\ g_{TPP}/g_{PVAc}$.

Aufgrund der hohen Übereinstimmung zwischen Messung und Rechnung kann davon ausgegangen werden, dass das Simulationsprogramm den Stofftransport des Ausgleichsprozesses korrekt beschreibt. Auch die Möglichkeit der Darstellung und Anpassung des Diffusionskoeffizientenverlaufs des Weichmachers durch Gleichung (4.26) wird durch die hohe Übereinstimmung bestätigt. Die Parameter *a*, *b* und *c,* die durch die Anpassung von gerechneten an gemessene Profile bestimmt wurden, sind in der Legende des Diagramms angegeben. Der so ermittelte Diffusionskoeffizientenverlauf des Weichmachers ist in der Lage, die in Kapitel 3.3.2 diskutierte starke Abhängigkeit des Diffusionskoeffizienten von der Weichmacherbeladung zu beschreiben. So verändert sich das berechnete Weichmacherbeladungsprofil nach einer Versuchsdauer von einem Tag an der weichmacherarmen Filmoberseite – trotz verhältnismäßig steilem Weichmachergradienten – nur minimal im Vergleich zum anfänglichen Weichmacherbeladungsprofil. Im gleichen Zeitraum zeigt die Simulationsrechnung auch die Abnahme der Weichmacherbeladung an der weichmacherreichen Filmunterseite um ca. 2 % trotz sehr geringem Weichmacherbeladungsgradient in diesem Bereich.

Um die Abhängigkeit des Diffusionskoeffizienten des Weichmachers von der Weichmacherbeladung im Stoffsystem PVAc-TPP zu veranschaulichen, sind in Abb. 5.14 die durch Anpassung von gerechneten an gemessene Ausgleichsprozesse ermittelten Diffusionskoeffizientenverläufe dargestellt. Neben dem Verlauf bei $\vartheta_{Probe} = 56°C$ sind auch die bei anderen Versuchstemperaturen ermittelten Diffusionskoeffizientenverläufe des Weichmachers als Funktion der Weichmacherbeladung aufgetragen. Wie der Vergleich der Verläufe zeigt, ist der Diffusionskoeffizient des Weichmachers sowohl stark von der Temperatur als auch von der Weichmacherbeladung abhängig.

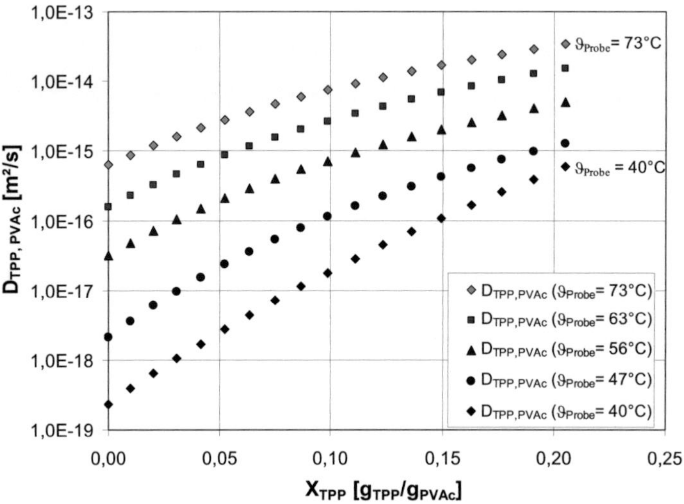

Abb. 5.14: Durch Anpassung von gerechneten an gemessene Ausgleichsprozesse der Weichmacherbeladung ermittelte Diffusionskoeffizienten des Weichmachers TPP im binären Stoffsystem PVAc-TPP.

Betrachtet man beispielsweise die Abhängigkeit des Diffusionskoeffizienten von der Weichmacherbeladung bei einer Temperatur von $\vartheta_{Probe} = 56°C$ so ändert sich der Diffusionskoeffizient von $D_{TPP,PVAc} = 3{,}1 \cdot 10^{-17}$ m²/s bei $X_{TPP} \rightarrow 0$ g_{TPP}/g_{PVAc} auf $D_{TPP,PVAc} = 5{,}0 \cdot 10^{-15}$ m²/s bei $X_{TPP} = 0{,}2$ g_{TPP}/g_{PVAc}. Der Vergleich der Diffusionskoeffizientenverläufe bei unterschiedlichen Temperaturen zeigt, dass der Einfluss der Weichmacherbeladung auf den Diffusionskoeffizienten mit steigender Temperatur sinkt. Die Abhängigkeit des Diffusionskoeffizienten des Weichmachers von der Temperatur ist von ähnlicher Größenordnung in dem untersuchten Bereich. So steigt der Diffusionskoeffizient bei einer Weichmacherbeladung von $X_{TPP} = 0{,}1$ g_{TPP}/g_{PVAc} von $D_{TPP,PVAc} = 1{,}8 \cdot 10^{-17}$ m²/s bei einer Versuchstemperatur von $\vartheta_{Probe} = 40°C$ auf $D_{TPP,PVAc} = 7{,}4 \cdot 10^{-15}$ m²/s bei $\vartheta_{Probe} = 73°C$. Vergleicht man die Abhängigkeit der Diffusionskoeffizienten bei unterschiedlicher Weichmacherbeladung von der Temperatur, lässt sich der

Trend erkennen, dass der Einfluss der Temperatur auf den Diffusionskoeffizienten des Weichmachers im Polymersystem mit steigender Weichmacherbeladung sinkt. Die starke Temperaturabhängigkeit des Diffusionskoeffizienten des Weichmachers erklärt auch die signifikante Zunahme der Versuchsdauer der Langzeitversuche bei sinkenden Versuchstemperaturen. So wurde die Untersuchung des Ausgleichsvorgangs bei der geringsten Versuchtemperatur von $\vartheta_{Probe} = 40°C$ nach mehr als drei Monaten abgebrochen. In dieser Zeit konnte aufgrund der niedrigen Mobilität des Weichmachers der Beladungsgradient in der Beschichtung nicht vollständig ausgeglichen werden. Den Vergleich der gemessenen und gerechneten Weichmacherbeladungsprofile bei dieser niedrigen Versuchtemperatur zeigt Abb. A 37 im Anhang. Die aus den Langzeitversuchen bei verschiedenen Temperaturen ermittelten Parameter *a*, *b* und *c* für die Beschreibung der Diffusionskoeffizientenverläufe durch Gleichung (4.26) sind tabellarisch in Abb. A 38 im Anhang aufgeführt.

Im Gegensatz zu den Versuchen mit dem Stoffsystem PVAc-TPP konnten die gemessenen Ausgleichvorgänge der Weichmacherbeladung im Stoffsystem TAC-TPP durch die Simulationsrechnungen nicht zufriedenstellend dargestellt werden. Dies verdeutlicht der in Abb. 5.15 gezeigte Vergleich zwischen gemessenen und berechneten Weichmacherbeladungsprofilen während des Ausgleichsvorgangs der Weichmacherbeladung bei einer Versuchstemperatur von $\vartheta_{Probe} = 100°C$. Während die Simulation die gemessenen Weichmacherbeladungsprofile in der unteren Hälfte (Position 0 - 35 μm) des Polymerfilms mit akzeptabeler Präzision beschreibt, ist die Darstellung der gemessenen Beladungsverläufe in der oberen Hälfte nicht zufriedenstellend. Die steil ansteigende Flanke der Weichmacherbeladung zwischen dem Beladungsminimum und der Filmoberfläche wird von den berechneten Verläufen zu schnell geglättet. Dies kann durch eine deutliche Verringerung des Diffusionskoeffizienten des Weichmachers verhindert werden. Allerdings kann mit den geringeren Diffusionskoeffizienten der Verlauf des Weichmacherbeladungsprofils unterhalb des Beladungsminimums nicht korrekt beschrieben werden. Der Ausgleichsprozess wird in diesem Bereich wesentlich langsamer vorausgesagt als er in Wirklichkeit stattfindet. Der Diffusionskoeffizientenverlauf, der für die Berechnung der in Abb. 5.15 gezeigten Weichmacherbeladungsprofile verwendet wurde, ist ein Kompromiss, um die gemessenen Beladungsprofile im kompletten Film bestmöglich zu beschreiben. Das Problem bei der Anpassung der gerechneten an die gemessenen Weichmacherbeladungsprofile trat bei den Auswertungen aller Langzeitversuche bei erhöhten Temperaturen mit dem Stoffsystems TAC-TPP im untersuchten Temperaturbereich von $\vartheta = 100$ bis 130°C auf. Mögliche Ursachen, die diese Probleme bei der Beschreibung des Stofftransportes in diesem Stoffsystem verursachen können, werden in Kapitel 5.3.1 diskutiert.

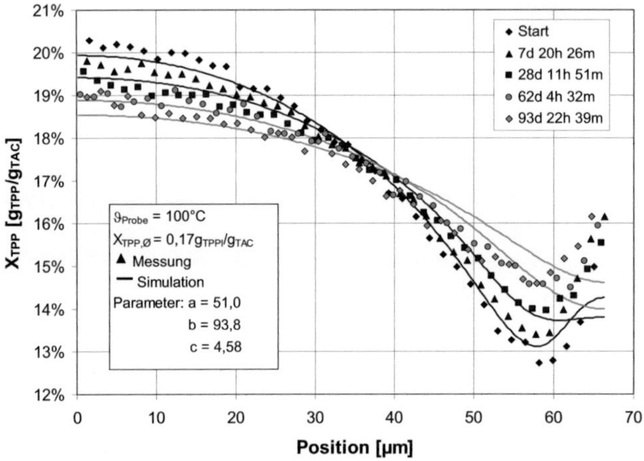

Abb. 5.15: Vergleich gemessener (Punkte) und gerechneter (Linien) Weichmacherbeladungsprofile zu verschiedenen Zeitpunkten des Ausgleichsprozesses in einem TAC-TPP-Film bei ϑ_{Probe} = 100°C und einer mittleren Weichmacherbeladung von $X_{TPP,\varnothing}$ = 0,17 g_{TPP}/g_{TAC}.

Für das Stoffsystem PVAc-TPP konnte der Ansatz, den Diffusionskoeffizientenverlauf eines schwer flüchtigen Additivs in einer Polymerprobe durch Anpassung von gerechneten an experimentell ermittelte Ausgleichsprozesse umgesetzt werden. Mit Hilfe der IMRS-Messtechnik konnten die Weichmacherbeladungsprofile in den Polymerschichten während der Langzeitversuche bei erhöhter Temperatur mit hoher Präzision gemessen werden. Diese Daten bildeten die Grundlage für eine modellhafte Beschreibung des Ausgleichsprozesses und eröffneten die Möglichkeit, Diffusionskoeffizientenverläufe des schwer flüchtigen Additivs zu bestimmen. Der Vergleich zwischen den gerechneten und gemessenen Weichmacherbeladungsprofilen zu verschiedenen Zeitpunkten des Ausgleichsprozesses zeigt, dass durch das beschriebene Vorgehen der Diffusionskoeffizientenverlauf des Weichmachers mit hoher Genauigkeit bestimmt werden kann. Die ermittelten Diffusionskoeffizientenverläufe bei unterschiedlichen Temperaturen sollen dazu verwendet werden, den Diffusionskoeffizienten als Funktion der Temperatur zu beschreiben. Die dabei angewendeten Formalismen und Vorgehensweisen sind im anschließenden Kapitel detailliert beschrieben.

5.2.2 Temperaturabhängigkeit der Diffusionskoeffizienten

Ziel dieses Kapitels ist, mit Hilfe des in Kapitel 4.3.2 beschriebenen WLF-Formalismus den Diffusionskoeffizienten des Weichmachers in den Polymerproben als Funktion der Temperatur zu beschreiben. Dabei sollen die bei unterschiedlichen Temperaturen ermittelten Diffusionskoeffizientenverläufe dazu dienen, die Gültigkeit und Genauigkeit des WLF-Formalismus im untersuchten Temperaturbereich zu überprüfen. Wenn die Abhängigkeit des Diffusionskoeffizienten von der Temperatur im experimentell zugänglichen Temperaturbereich von der WLF-Funktion mit hinreichender Genauigkeit beschrieben werden kann, sollte eine Extrapolation der Diffusionskoeffizienten zu niedrigeren Temperaturen ($\vartheta_{Probe} = 20$ - 30°C) möglich sein. Wie in Kapitel 3.3.2 beschrieben, ist es aufgrund der geringen Dynamik in den Polymersystemen bei diesen niedrigen Temperaturen nicht möglich, den Ausgleichsprozess der Weichmachergradienten zu beobachten und somit die Diffusionskoeffizientenverläufe zu bestimmen. Da aber die Beharrungstemperatur der Polymerbeschichtungen bei Trocknungsprozessen in diesem Temperaturbereichliegen, ist die Mobilität des Weichmachers bei diesen Bedingungen von besonderem Interesse.

Um dieses Ziel zu erreichen, soll zunächst der Diffusionskoeffizientenverlauf des Weichmachers mit Hilfe des WLF-Formalismus als Funktion der Temperatur dargestellt werden. Dazu wird die modifizierte WLF-Gleichung (4.35) nach $D_{TPP,PVAc\,(Tg)}$ (*Fick'scher* Diffusionskoeffizient des Weichmachers bei Glasübergangstemperatur T_g) aufgelöst. Mit der so erhaltenen Gleichung (5.3) und einem bei der Temperatur T ermittelten Diffusionskoeffizientenverlauf $D_{TPP,PVAc\,(T)} = f(X_{TPP})$ kann der Diffusionskoeffizientenverlauf bei Glasübergangstemperatur $D_{TPP,PVAc\,(Tg)} = f(X_{TPP})$ des Polymersystems berechnet werden.

$$D_{TPP,PVAc(T_g)} = D_{TPP,PVAc(T)} \cdot \frac{T_g}{T} \cdot 10^{\frac{K \cdot c_1^g (T-T_g)}{c_2^g + (T-T_g)}} \tag{5.3}$$

Dabei muss berücksichtigt werden, dass sich die Glasübergangstemperatur in der Polymerbeschichtung je nach lokaler Zusammensetzung ändert. Dies hat zur Folge, dass die Weichmacherbeladungsprofile in den untersuchten Polymerfilmen auch Profile der lokalen Glasübergangstemperatur hervorrufen. Bei der Berechnung des Diffusionskoeffizientenverlaufs bei Glasübergangstemperatur wird daher in Gleichung (5.3) die Abhängigkeit der Glasübergangstemperatur von der Weichmacherbeladung $T_g = f(X_{TPP})$ mit Hilfe von Gleichung (A 21) berücksichtigt. Für das Stoffsystem PVAc-TPP wurde für die Berechnung des Diffusionskoeffizientenverlaufs bei Glasübergangstemperatur der bei $\vartheta_{Probe} = 56$°C ermittelte Diffusionskoeffizientenverlauf verwendet. Mit dem so ermittelten Verlauf und der modifizierten WLF-Gleichung (4.35) kann der Diffusionskoeffizientenverlauf des Weichmachers bei anderen Temperaturen berechnet werden. Um die Anwendbarkeit der modifizierten WLF-Gleichung auf das untersuchte Stoffsystem zu überprüfen, wurden zunächst die Diffusionskoeffizientenverläufe bei den anderen Versuchstemperaturen berechnet. Dadurch konnten die berechneten Diffusionskoeffizientenverläufe des Weichmachers mit den, bei $\vartheta_{Probe} = 40$, 47, 63 und 73°C experimentell ermittelten Werten verglichen werden. Der Vergleich zwischen den berechneten und den an die gemessenen Ausgleichsvorgänge angepassten Diffusionskoeffizientenverläufen ist in Abb. 5.16 dargestellt.

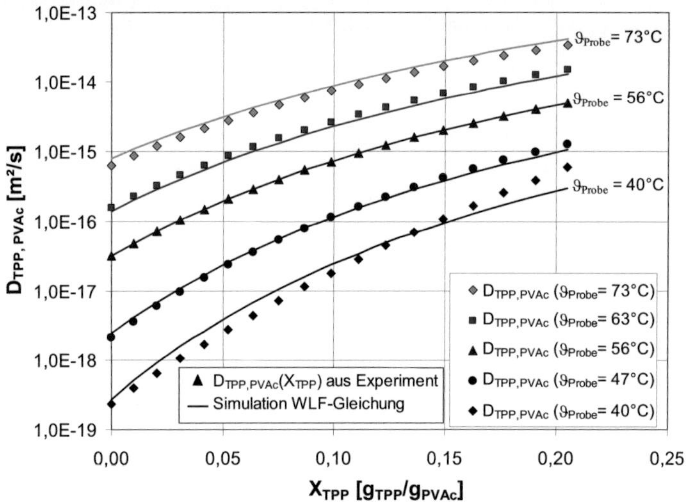

Abb. 5.16: Vergleich experimentell ermittelter (Punkte) und mit der modifizierten WLF-Gleichung (4.35) berechneter (Linien) Diffusionskoeffizientenverläufe des Weichmachers für das Stoffsystem PVAc-TPP. Grundlage der Berechnung der Temperaturabhängigkeit ist der bei $\vartheta_{Probe} = 56°C$ ermittelte Diffusionskoeffizientenverlauf.

Wie man erkennen kann, lassen sich die experimentell ermittelten Diffusionskoeffizientenverläufe im untersuchten Temperaturbereich mit hoher Genauigkeit mit der modifizierten WLF-Gleichung beschreiben. Da die Temperaturabhängigkeit der Diffusionskoeffizientenverläufe ca. 20°C oberhalb und unterhalb der Referenztemperatur von $\vartheta_{Probe} = 56°C$ mit hoher Genauigkeit wiedergegeben werden kann, wird angenommen, dass mit dieser Gleichung Extrapolationen von Diffusionskoeffizientenverläufen zu Temperaturen unterhalb des experimentell zugänglichen Temperaturbereiches möglich sind.

Mit den aus den Langzeitversuchen bei erhöhten Temperaturen ermittelten Diffusionskoeffizientenverläufen des Weichmachers und der modifizierten WLF-Gleichung konnte die Temperaturabhängigkeit des Diffusionskoeffizienten im untersuchten Temperaturbereich quantifiziert und die Anwendbarkeit des WLF-Formalismus auf das Stoffsystem überprüft werden. Wegen der genauen Vorhersagbarkeit der experimentell ermittelten Diffusionskoeffizientenverläufe durch die modifizierte WLF-Gleichung im untersuchten Temperaturbereich kann auch von einer zuverlässigen Extrapolation des Diffusionskoeffizienten unterhalb des experimentell zugänglichen Temperaturbereiches ausgegangen werden. Durch dieses Vorgehen wurde die Möglichkeit geschaffen, Aussagen über die Mobilität des Weichmachers für das Stoffsystem PVAc-TPP bei Temperaturen treffen zu können, die für Trocknungsprozesse relevant sind. Die mit Hilfe des WLF-Formalismus extrapolierten Diffusionskoeffizienten sind in Kapitel 5.5 bei der Diskussion der Einflussgrößen auf den Diffusionskoeffizientenverlauf des Weichmachers dargestellt.

5.3 Ergebnisse der Wiederbefeuchtungsversuche

Der qualitative Vergleich der Ergebnisse, der in Kapitel 3.3.3 vorgestellten Wiederbefeuchtungsversuche, zeigt einen eindeutigen Zusammenhang zwischen der Lösemittelbeladung und der Mobilität des Weichmachers in den untersuchten Polymerbeschichtungen. Die experimentellen Daten sollen in diesem Kapitel dazu verwendet werden, diesen Einfluss zu quantifizieren und die Diffusionskoeffizientenverläufe des Weichmachers in den untersuchten Stoffsystemen zu bestimmen. Dabei ist die Vorgehensweise ähnlich wie in Kapitel 5.2. Der Diffusionskoeffizientenverlauf des Weichmachers soll durch Anpassung von gerechneten an gemessene Weichmacherbeladungsprofile während des Ausgleichsprozesses des Weichmachergradienten in einer Polymerprobe bestimmt werden. Die so ermittelten Diffusionskoeffizienten des Weichmachers bei unterschiedlichen Lösemittelbeladungen werden dann in einem zweiten Schritt dazu verwendet, eine empirische Gleichung zu entwickeln, die den Diffusionskoeffizientenverlauf des Weichmachers als Funktion der Lösemittel- und Weichmacherbeladung ausdrückt.

5.3.1 Auswertung der Wiederbefeuchtungsversuche

Bei der Auswertung der experimentellen Daten der Wiederbefeuchtungsversuche wird erneut nach dem Prinzip vorgegangen, den Diffusionskoeffizienten des Weichmachers in Polymerlösungen sowie dessen Abhängigkeit von der Lösemittelbeladung durch Anpassung von gerechneten an gemessene Weichmacherbeladungsprofile während des Ausgleichsprozesses zu bestimmen. Im Unterschied zur Auswertung der Langzeitversuche bei erhöhter Temperatur (Kapitel 5.2) findet der Ausgleich des Weichmachergradienten bei den Wiederbefeuchtungsversuchen in einer ternären Polymerlösung statt. Allerdings wird für die Bestimmung des Diffusionskoeffizienten nur der Zeitraum des Ausgleichsprozesses der Weichmacherbeladung berücksichtigt, in dem bereits eine konstante Lösemittelbeladung (Gleichgewichtsbeladung) in der Probe vorherrscht. Dadurch können wie in Kapitel 4.4.1 beschrieben, Polymer und Lösemittel als eine Komponente behandelt werden. Das ternäre Stoffsystem lässt sich so auf ein quasibinäres System reduzieren. In Abb. 5.17 sind die gemessenen Weichmacherbeladungsprofile beispielhaft für das Stoffsystem PVAc-MeCl-TPP bei $\vartheta_{Probe} = 20°C$ und einer Methylenchloridbeladung von $X_{MeCl} = 0,26\ g_{MeCl}/g_{PVAc}$ mit den Simulationsergebnissen verglichen.

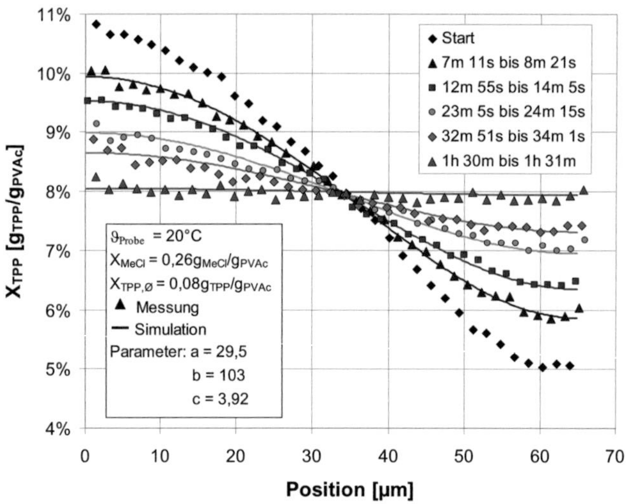

Abb. 5.17: Vergleich gemessener (Punkte) und gerechneter (Linien) Weichmacherbeladungsprofile zu verschiedenen Zeitpunkten des Ausgleichsprozesses in einem PVAc-MeCl-TPP-Film bei $\vartheta_{Probe} = 20°C$ und einer MeCl-Beladung $X_{MeCl} = 0,26\ g_{MeCl}/g_{PVAc}$.

Die gute Übereinstimmung zwischen Messung und Rechnung zeigt, dass durch das beschriebene Vorgehen die Stofftransportvorgänge in der Polymerbeschichtung gut durch die Simulation beschrieben werden können. Die in der Legende angegebenen Parameter *a*, *b* und *c* wurden durch Anpassung der gerechneten an die gemessenen Weichmacherbeladungsprofile bestimmt und beschreiben nach Gleichung (4.26) den Diffusionskoeffizientenverlauf des Weichmachers als Funktion der Weichmacherbeladung bei der in diesem Versuch herrschenden

Methylenchloridbeladung von $X_{MeCl} = 0{,}26\ g_{MeCl}/g_{PVAc}$. Bei geringeren Lösemittelbeladungen der Proben, die eine deutliche Verlangsamung des Ausgleichsprozesses bewirken (Kapitel 3.3.3), lassen sich die Weichmacherbeladungsprofile ebenfalls modellhaft beschreiben. Abb. 5.18 zeigt dazu den Vergleich des gerechneten und gemessenen Ausgleichsprozess eines Wiederbefeuchtungsversuchs bei einer Lösemittelbeladung des Polymers von $X_{MeCl} = 0{,}12\ g_{MeCl}/g_{PVAc}$ zeigt. Der Weichmacherstoffstrom ist bei diesen Versuchsbedingungen so gering, dass der Versuch nach ca. einem Tag abgebrochen wurde.

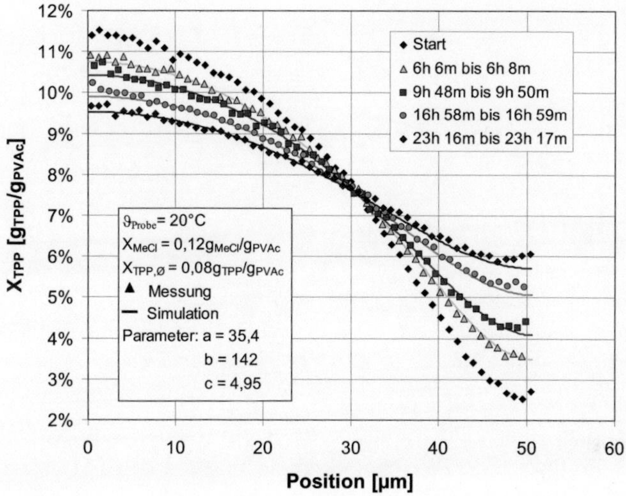

Abb. 5.18: Vergleich gemessener (Punkte) und gerechneter (Linien) Weichmacherbeladungsprofile zu verschiedenen Zeitpunkten des Ausgleichsprozesses in einem PVAc-MeCl-TPP-Film bei $\vartheta_{Probe} = 20°C$ und einer MeCl-Beladung $X_{MeCl} = 0{,}12\ g_{MeCl}/g_{PVAc}$.

Der Einfluss der Lösemittelbeladung auf den Diffusionskoeffizientenverlauf des Weichmachers in der Polymerlösung ist in Abb. 5.19 gezeigt. In dem Diagramm sind die durch Auswertung der einzelnen Wiederbefeuchtungsversuche bei unterschiedlicher Methylenchloridbeladung bestimmten Diffusionskoeffizientenverläufe des Weichmachers gegen die Weichmacherbeladung aufgetragen. Die Versuche wurden alle bei $\vartheta_{Probe} = 20°C$ und mit Proben, die eine durchschnittliche Weichmacherbeladung von 8 % aufwiesen, durchgeführt. Die dargestellten Verläufe des Diffusionskoeffizienten verdeutlichen zwei interessante Aspekte. Erstens ist der Diffusionskoeffizient des Weichmachers sehr stark von der Lösemittelbeladung in der Polymerbeschichtung abhängig. In dem untersuchten Lösemittelbeladungsbereich von $X_{MeCl} = 0{,}42$ bis $0{,}12\ g_{MeCl}/g_{PVAc}$ verringert sich der Diffusionskoeffizient des Weichmachers $D_{TPP,PVAc\text{-}MeCl}$ von

$2{,}3\cdot10^{-12}$ auf $4{,}2\cdot10^{-16}$ m^2/s für den Grenzfall $X_{TPP} \rightarrow 0$ g_{TPP}/g_{PVAc} und für $X_{TPP} = 0{,}2$ g_{TPP}/g_{PVAc} von $D_{TPP,PVAc\text{-}MeCl} = 6{,}8\cdot10^{-12}$ auf $1{,}2\cdot10^{-14}$ m^2/s.

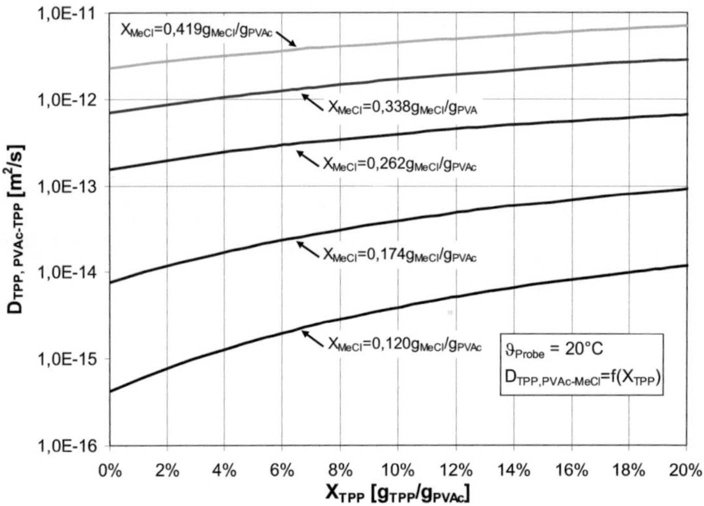

Abb. 5.19: Diffusionskoeffizientenverläufe des Weichmachers TPP in dem Stoffsystem PVAc-TPP-MeCl bei unterschiedlichen Methylenchloridbeladungen als Funktion der Weichmacherbeladung bei $\vartheta_{Probe} = 20°C$.

Zweitens kann man an den Diffusionskoeffizientenverläufen eine deutliche Verringerung des Einflusses der Weichmacherbeladung auf den Diffusionskoeffizienten mit zunehmender Lösemittelbeladung erkennen. So ändert sich bei einer Lösemittelbeladung von $X_{MeCl} = 0{,}12$ g_{MeCl}/g_{PVAc} der Diffusionskoeffizient in dem Weichmacherbeladungsintervall von $X_{TPP} = 0$ bis $0{,}2$ g_{TPP}/g_{PVAc} um fast zwei Dekaden (von $D_{TPP,PVAc\text{-}MeCl} = 4{,}2\cdot10^{-16}$ auf $1{,}2\cdot10^{-14}$ m^2/s). Bei einer Lösemittelbeladung von $X_{MeCl} = 0{,}42$ g_{MeCl}/g_{PVAc} ist in dem untersuchten Weichmacherbeladungsbereich eine deutlich geringere Änderung des Diffusionskoeffizienten von $D_{TPP,PVAc\text{-}MeCl} = 2{,}3\cdot10^{-12}$ auf $6{,}8\cdot10^{-12}$ m^2/s zu beobachten.

Sehr ähnlich verhält sich der Diffusionskoeffizientenverlauf des Weichmachers, wenn Methanol an Stelle von Methylenchlorid als Lösemittel in den Wiederbefeuchtungsversucen eingesetzt wird. Exemplarisch sind für das Stoffsystem PVAc-MeOH-TPP in Abb. A 39 im Anhang die gemessenen und gerechneten Weichmacherbeladungsprofile während des Ausgleichsprozesses des Weichmachergradienten in der Polymerbeschichtung bei $\vartheta_{Probe} = 20°C$ und einer Methanolbeladung von $X_{MeOH} = 0{,}01$ g_{MeCl}/g_{PVAc} verglichen. Die ermittelten Diffusionskoeffizientenverläufe bei unterschiedlichen Methanolbeladungen sind in

Abb. 5.20 gegen die Weichmacherbeladung aufgetragen. Auch bei diesem Stoffsystem existiert eine deutliche Abhängigkeit des Diffusionskoeffizienten des Weichmachers (um mehrere Dekaden) von der Lösemittelbeladung.

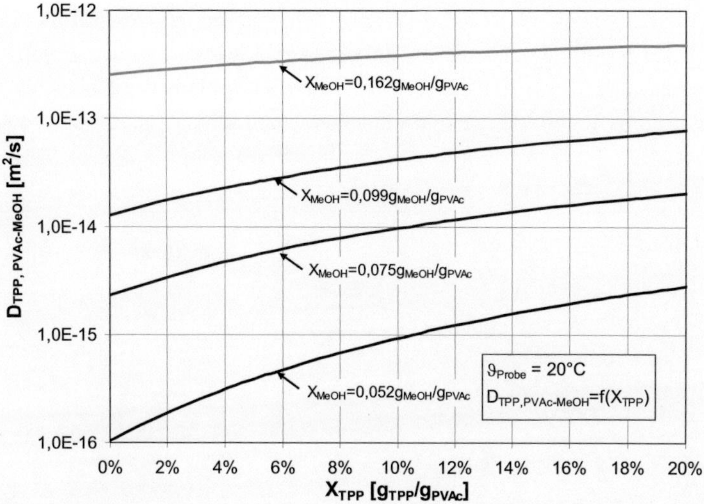

Abb. 5.20: Diffusionskoeffizientenverläufe des Weichmachers TPP in dem Stoffsystem PVAc-TPP-MeOH bei unterschiedlichen Methanolbeladungen als Funktion der Weichmacherbeladung bei ϑ_{Probe} =20°C.

Weiterhin ist auch bei Methanol als Lösemittel zu erkennen, wie der Einfluss der Weichmacherbeladung auf den Diffusionskoeffizientenverlauf des Weichmachers mit steigender Lösemittelbeladung abnimmt. Die Parameter *a*, *b* und *c*, die die Diffusionskoeffizientenverläufe des Weichmachers als Funktion der Weichmacherbeladung in den untersuchten Stoffsystemen beschreiben, sind für die durchgeführten Wiederbefeuchtungsversuche im Anhang in Kapitel A 20 bis A 22 tabellarisch aufgelistet.

5.3.2 Beschreibung des Weichmacherdiffusionskoeffizientenverlaufs

Um den Diffusionskoeffizientenverlauf des Weichmachers als Funktion der Lösemittel- und Weichmacherbeladung zu beschreiben, soll ähnlich wie in Kapitel 5.1.3 vorgegangen werden. Dafür muss aus der in Abb. 5.19 dargestellten Kurvenschar, die die Diffusionskoeffizientenverläufe bei unterschiedlichen Lösemittelbeladungen als Funktion der Weichmacherbeladung beschreibt, eine Kurvenschar erstellt werden, welche die Diffusionskoeffizientenverläufe bei unterschiedlichen Weichmacherbeladungen als Funktion der Lösemittelbeladung wiedergibt. Um so eine Darstellung zu erhalten, werden aus den Versuchsdaten der durchgeführten Wiederbefeuchtungsversuche die Diffusionskoeffizienten des Weichmachers bei Weichmacherbeladungen von $X_{TPP} = 0$, 0,05, 0,1 und 0,15 g_{TPP}/g_{PVAc} und den fünf unterschiedlichen Lösemittelbeladungen in den Polymerproben ermittelt. Die so ausgewählten Diffusionskoeffizienten des Weichmachers werden gegen die jeweilige Lösemittelbeladung aufgetragen. Dies ist in Abb. 5.21 dargestellt. Durch dieses Vorgehen erhält man aus den Ergebnissen der Wiederbefeuchtungsversuche eine Kurvenschar, welche die Diffusionskoeffizientenverläufe des Weichmachers für unterschiedliche Weichmacherbeladungen als Funktion der Lösemittelbeladungen beschreibt.

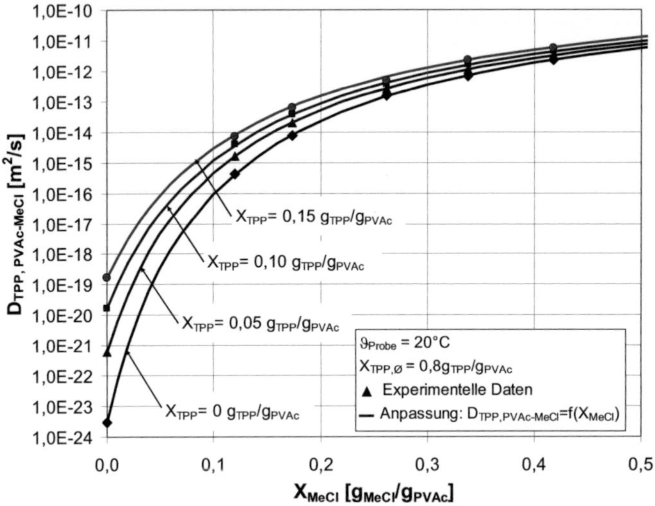

Abb. 5.21: Diffusionskoeffizientenverläufe des Weichmachers TPP als Funktion der Lösemittelbeladung bei $\vartheta_{Probe} = 20°C$. Die eingetragenen Verläufe entsprechen unterschiedlichen Weichmacherbeladungen von $X_{TPP} = 0$ bis 0,15 g_{TPP}/g_{PVAc}.

Für eine vollständige Beschreibung der Diffusionskoeffizientenverläufe fehlen allerdings Diffusionsdaten bei sehr geringen Lösmittelbeladungen, also für den Lösemittelbeladungsbereich, in dem die Wiederbefeuchtungsversuche aufgrund der langsamen Ausgleichsbewegung kaum noch durchführbar sind. Aus diesem Grund sind in dem Diagramm zusätzlich zu den Diffusionsdaten aus den Wiederbefeuchtungsversuchen auch noch Diffusionskoeffizienten des Weichmachers bei einer Lösemittelbeladung von $X_{MeCl} = 0$ g_{MeCl}/g_{PVAc} eingetragen. Diese Diffusionskoeffizienten wurden aus den Ergebnissen der Langzeitversuche bei erhöhter Temperatur ermittelt. Dabei wurden, wie in Kapitel 5.1 beschrieben, die bei höheren Temperaturen ermittelten Diffusionskoeffizientenverläufe des binären Stoffsystems PVAc-TPP auf $\vartheta_{Probe} = 20°C$ extrapoliert. Mit den experimentell ermittelten Diffusionskoeffizienten aus den Langzeitversuchen bei erhöhter Temperatur und den Wiederbefeuchtungsversuchen kann der Diffusionskoeffizientenverlauf des Weichmachers bei unterschiedlichen Weichmacherbeladungen als Funktion der Lösemittelbeladung dargestellt werden. Durch diese Darstellung (Abb. 5.21) ist der Einfluss der Lösemittelbeladung auf die Abhängigkeit des Diffusionskoeffizienten des Weichmachers von der Weichmacherbeladung gut zu erkennen. Bei geringen Lösemittelbeladungen (Grenzfall $X_{MeCl} \rightarrow 0$) ist der Einfluss der Weichmacherbeladung auf den Weichmacherdiffusionskoeffizienten sehr groß. Im betrachteten Weichmacherbeladungsbereich von $X_{TPP} = 0$ bis $0{,}15\ g_{TPP}/g_{PVAc}$ unterscheiden sich die Diffusionskoeffizienten um mehr als vier Dekaden. Mit zunehmender Lösemittelbeladung im Polymersystem nimmt der Einfluss der Weichmacherbeladung auf den Diffusionskoeffizienten sehr stark ab. Bei hohen Lösemittelbeladungen ist die Weichmacherbeladung des Polymersystems kaum noch von Bedeutung für den Diffusionskoeffizienten des Weichmachers. Um den Diffusionskoeffizienten des Weichmachers als Funktion der Lösemittel- und Weichmacherbeladung auszudrücken, werden in einem ersten Schritt die Diffusionskoeffizientenverläufe des Weichmachers bei unterschiedlichen Weichmacherbeladungen unter Verwendung von Gleichung (4.26) als Funktion der Lösemittelbeladung dargestellt. Dabei werden die Parameter *a*, *b* und *c*, die die Diffusionskoeffizientenverläufe beschreiben, durch Anpassung an die experimentellen Diffusionsdaten bestimmt. Durch dieses Vorgehen erhält man für jede Weichmacherbeladung eine Funktion $D_{TPP,PVAc\text{-}MeCl} = f(a,b,c,X_{MeCl})$ und einen Parametersatz von *a*, *b* und *c*. In Abb. 5.21 sind die so ermittelten Diffusionskoeffizientenverläufe eingetragen. Wie man in dieser Darstellung erkennen kann, lassen sich die experimentellen Daten gut mit Gleichung (4.26) und den jeweiligen Parametern beschreiben. In den Kapiteln A 20 und A 21 im Anhang sind die ermittelten Parameter für die untersuchten Stoffsysteme aufgelistet. Analog der Vorgehensweise bei der Beschreibung des Lösemitteldiffusionskoeffizienten als Funktion der Lösemittel- und Weichmacherbeladung wird nun versucht, den Verlauf der Parameter *a*, *b* und *c* als Funktion der Weichmacherbeladung darzustellen. Dafür sind in Abb. 5.22 die ermittelten Parameter gegen die jeweilige Weichmacherbeladung aufgetragen. Durch die Parameterreihen wird jeweils ein Polynom zweiter Ordnung als Regressionskurve gelegt. Wie die Abbildung zeigt, ist die Darstellung der Verläufe der Parameter durch die Regressionskurven mit hoher Genauigkeit möglich.

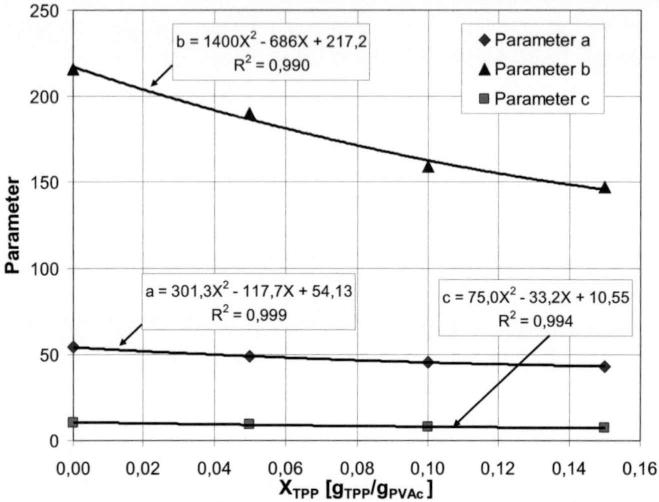

Abb. 5.22: Bestimmung der Polynome der Parameter a, b und c als Funktion der Weichmacherbeladung für die Beschreibung der Diffusionskoeffizientenverläufe von TPP im Stoffsystem PVAc-MeCl-TPP bei ϑ_{Probe} = 20°C.

Durch dieses Vorgehen erhält man jeweils eine Funktion (Gleichung (5.1)), die den Parameterverlauf in Abhängigkeit der Weichmacherbeladung beschreibt. Werden die Parameter *a*, *b* und *c* im allgemeinen exponentiellen Ansatz (Gleichung (4.26)), der den Diffusionskoeffizientenverlauf des Weichmachers als Funktion der Lösemittelbeladung darstellt, durch diese drei Polynome ersetzt, lässt sich der Diffusionskoeffizientenverlauf des Weichmachers durch folgende Gleichung beschreiben:

$$D_{TPP,PVAc-Lsm}(X_{Lsm}, X_{TPP}) = \exp\left\{-\frac{a + b\cdot X_{Lsm}}{1 + c\cdot X_{Lsm}}\right\}\left[\frac{m^2}{s}\right]$$

$$= \exp\left\{\begin{matrix} -\dfrac{k_{a,1}\cdot X_{TPP}^2 + k_{a,2}\cdot X_{TPP} + k_{a,3}}{1 + \left(k_{c,1}\cdot X_{TPP}^2 + k_{c,2}\cdot X_{TPP} + k_{c,3}\right)\cdot X_{Lsm}} \\ -\dfrac{\left(k_{b,1}\cdot X_{TPP}^2 + k_{b,2}\cdot X_{TPP} + k_{b,3}\right)\cdot X_{Lsm}}{1 + \left(k_{c,1}\cdot X_{TPP}^2 + k_{c,2}\cdot X_{TPP} + k_{c,3}\right)\cdot X_{Lsm}} \end{matrix}\right\}\left[\frac{m^2}{s}\right] \quad (5.4)$$

Diese Gleichung ist eine empirische Funktion, welche die Abhängigkeit des Diffusionskoeffizienten des Weichmachers in einer ternären Polymerlösung sowohl von der Lösemittel- als auch von der Weichmacherbeladung ausdrückt. Um die

Genauigkeit dieser Gleichung zu demonstrieren, sind in Abb. 5.23 die mit dieser Gleichung berechneten Diffusionskoeffizientenverläufe des Weichmachers mit den Verläufen verglichen, die durch Anpassung an die experimentellen Daten ermittelt wurden. Der Vergleich zeigt, dass sich die experimentell ermittelten Diffusionskoeffizientenverläufe mit hoher Genauigkeit durch Gleichung (5.4) darstellen lassen.

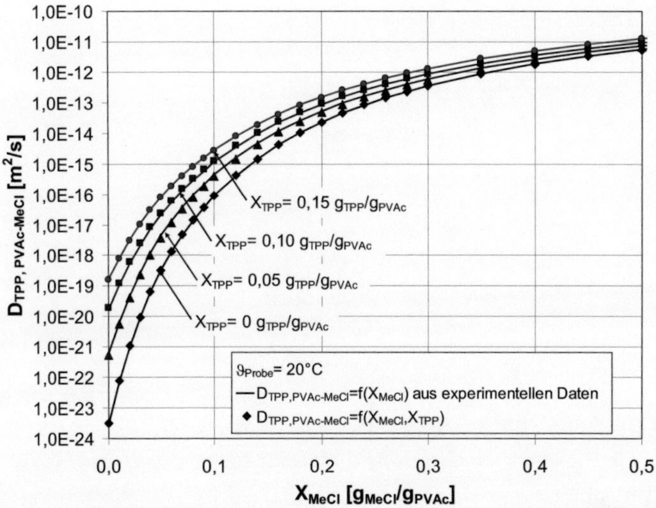

Abb. 5.23: Vergleich zwischen den Diffusionskoeffizientenverläufen von TPP im Stoffsystem PVA-MeCl-TPP, die durch Anpassung an Trocknungsversuche bestimmt wurden (Linien), und den mit Gleichung (5.4) berechneten (Punkte) bei $\vartheta_{Probe} = 20°C$.

Die experimentellen Ergebnisse der Wiederbefeuchtungsversuche, die mit dem Lösemittel Methanol an Stelle von Methylenchlorid durchgeführt wurden, sind mit Hilfe des vorgestellten Vorgehens ausgewertet und die Parameter *a*, *b* und *c* der Gleichung (4.26) sowie die Polynome für die Beschreibung der Parameter in Gleichung (5.4) bestimmt worden. Die entsprechenden Diagramme sind im Anhang A 18 dargestellt. Auch für dieses Stoffsystem konnte mit Hilfe der experimentellen Daten und der beschriebenen Auswertung eine empirische Funktion ermittelt werden, die den Diffusionskoeffizientenverlauf des Weichmachers in Abhängigkeit der Lösemittel- und Weichmacherbeladung beschreibt.

In Abb. 5.24 sind die so berechneten und durch Anpassung an die experimentellen Daten ermittelten Diffusionskoeffizientenverläufe des Weichmachers in dem Stoffsystem PVAc-MeOH-TPP bei einer Temperatur von $\vartheta_{Probe} = 20°C$ dargestellt. Der Vergleich zeigt, dass auch bei diesem Stoffsystem die experimentell bestimmten Diffusionskoeffizientenverläufe sehr gut durch die empirische Funktion mit den ermittelten Polynomen beschrieben werden können.

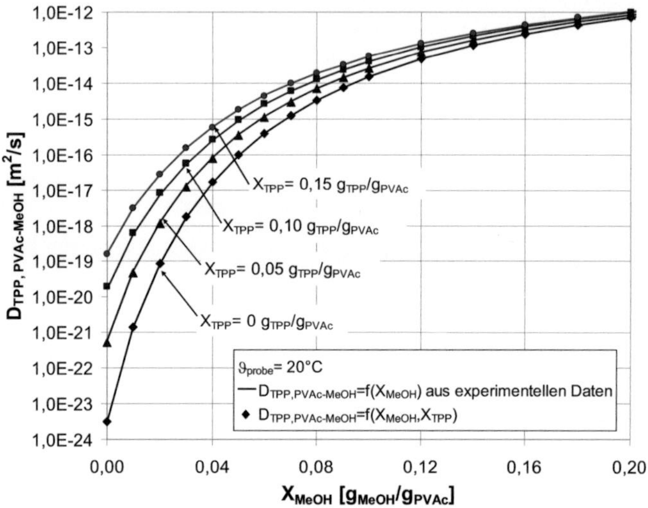

Abb. 5.24: Vergleich zwischen den Diffusionskoeffizientenverläufen von TPP im Stoffsystem PVAc-MeOH-TPP, die durch Anpassung an Trocknungsversuche bestimmt wurden (Linien), und den mit Gleichung (5.4) berechneten (Punkte) bei ϑ_{Probe} = 20°C.

Mit dieser Methode sind auch die Ergebnisse der Wiederbefeuchtungsversuche ausgewertet worden, die mit dem Stoffsystem PVAc-MeCl-TPP bei einer Temperatur von ϑ_{Probe} = 30°C durchgeführt worden sind. Auch für diese Versuchsbedingungen konnte ein Parametersatz bestimmt werden, mit dem sich die ermittelten Diffusionskoeffizientenverläufe durch die empirische Gleichung mit hoher Genauigkeit wiedergeben lassen (Kapitel A 19 im Anhang).

In der Tabelle in Abb. 5.25 sind für die untersuchten Stoffsysteme die ermittelten Konstanten k_1, k_2 und k_3, die in der empirischen Gleichung (5.4) die Parameter *a*, *b* und *c* beschreiben, aufgelistet. Die angegebenen Konstanten sind zunächst nur innerhalb der untersuchten Beladungsbereiche (X_{TPP} = 0 - 0,15 g_{TPP}/g_{PVAc}, X_{MeCl} = 0 - 0,42 g_{MeCl}/g_{PVAc}, X_{MeOH} = 0 - 0,16 g_{MeOH}/g_{PVAc}) gültig. Ob mit diesen Daten auch die Weichmacherldiffusionskoeffizientenverläufe bei höheren Weichmacher bzw. Lösemittelbeladungen beschrieben werden kann wurde im Rahmen dieser Arbeit nicht überprüft.

Stofsystem	ϑ_{Probe} [°C]	Parameter	k_1	k_2	k_3
PVAc-MeCl-TPP	20	a	301,3	-117,7	54,13
		b	1400,0	-686,0	217,20
		c	75,0	-33,2	10,55
	30	a	189,3	-79,6	47,27
		b	4200,0	-1530,0	254,00
		c	175,5	-65,1	11,83
PVAc-MeOH-TPP	20	a	301,3	-117,7	54,13
		b	4300,0	-1683,0	541,40
		c	195,0	-77,4	24,03

Abb. 5.25: Übersicht über die ermittelten Konstanten k_1, k_2 und k_3 die eingesetzt in Gleichung (5.4), den Diffusionskoeffizientenverlauf von TPP in PVAc-MeCl- bzw. PVAc-MeOH-Lösungen bei ϑ_{Probe} = 20°C beschreiben.

Die Bestimmung der Diffusionskoeffizientenverläufe des Weichmachers im Stoffsystem TAC-MeCl-TPP und dessen Abhängigkeit von der Lösemittelbeladung verlief nicht zufriedenstellend. Für dieses Stoffsystem ließen sich die experimentell bestimmten Weichmacherbeladungsprofile während des Ausgleichsprozesses nicht zufriedenstellend durch Simulationsrechnungen beschreiben. Dies ist beispielhaft in Abb. 5.26 dargestellt. In dem Diagramm sind die experimentell bestimmten Weichmacherbeladungsprofile zu verschiedenen Zeitpunkten während des Ausgleichsprozesses bei einer Methylenchloridbeladung von $X_{MeCl} = 0{,}17\ g_{MeCl}/g_{TAC}$ und einer Versuchstemperatur von ϑ_{Probe} = 20°C dargestellt. Zusätzlich zu den experimentellen Daten sind auch die berechneten Weichmacherbeladungsprofile eingetragen. In der Legende sind die Parameter *a*, *b* und *c* angegeben, die nach mehreren Iterationsschritten die bestmögliche Beschreibung der experimentellen Daten ergaben. Wie man allerdings an dem Vergleich zwischen den gemessenen und gerechneten Weichmacherbeladungsprofilen erkennen kann, weichen die beiden Verläufe - vor allem im oberflächennahen Bereich zwischen 60 und 80 µm - voneinander ab. Mit dem angegebenen Diffusionskoeffizientenverlauf wird die steil ansteigende Flanke der gemessenen Weichmacherbeladungsprofile von der Simulation zu schnell geglättet. Um den schnellen Ausgleich in diesem Bereich zu verlangsamen, müsste ein deutlich geringerer Diffusionskoeffizient für die Simulationsrechnung verwendet werden. Dies hat allerdings zur Konsequenz, dass der simulierte Ausgleichsprozess im unteren Bereich des Films (0 bis 30 µm) deutlich langsamer abläuft als es die experimentellen Daten belegen.

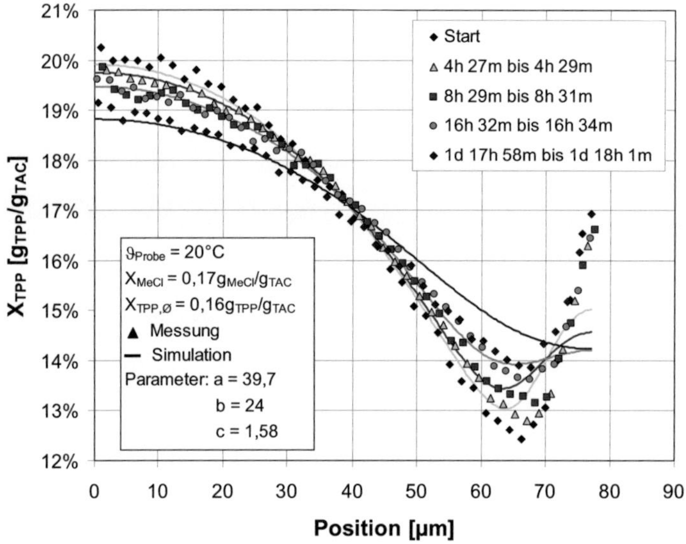

Abb. 5.26: Vergleich gemessener (Punkte) und gerechneter (Linien) Weichmacherbeladungsprofile zu verschiedenen Zeiten des Ausgleichsprozesses in einem TAC-MeCl-TPP-Film bei einer Lösemittelbeladung von $X_{MeCl} = 0{,}12\ g_{MeCl}/g_{PVAc}$ und $\vartheta_{Probe} = 20°C$.

Weil bei diesem Stoffsystem keine zufriedenstellende Anpassung der gerechneten an die gemessenen Ausgleichsprofile möglich war, ist die Genauigkeit der ermittelten Diffusionskoeffizientenverläufe des Weichmachers in TAC-Lösungen nicht mit den Ergebnissen der PVAc-Lösungen zu vergleichen. Aus diesem Grund erschien es nicht sinnvoll, mit der beschriebenen Methode Parametersätze für Gleichung (5.4) anzupassen, um den Diffusionskoeffizientenverlauf des Weichmachers in diesem Stoffsystem als Funktion der Lösemittel- und Weichmacherbeladung darzustellen.

Es stellt sich daher – wie bereits in Kapitel 5.2 – die Frage, warum die modellhafte Beschreibung des Ausgleichsprozesses der Weichmacherbeladungsgradienten im Stoffsystem TAC-MeCl-TPP nicht mit der gleichen hohen Übereinstimmung mit den experimentellen Daten möglich ist, wie für die untersuchten PVAc-Systeme. Eine mögliche Ursache für eine unzureichende Beschreibung der gemessenen Ausgleichsprozesse könnte die Numerik des Simulationsprogramms sein. Prinzipiell wäre es möglich, dass die Simulation nicht in der Lage ist, die Stoffströmungen während der Ausgleichsprozesse in den TAC-Beschichtungen korrekt zu beschreiben. Im Gegensatz zu den PVAc-Filmen, bei denen die simulierten Ausgleichsprozesse gut mit den gemessenen Weichmacherbeladungsprofilen übereinstimmen, weist die anfängliche Weichmacherverteilung in den TAC-Beschichtungen eine grundlegend andere Form auf. Das Weichmacherbeladungsprofil im TAC-System durchläuft ein Minimum unterhalb der Filmoberfläche. Dies hat zur Folge, dass bei einem Ausgleichsprozess die minimale Weichmacherbeladung im Film sowohl von einem Weichmacherstoffstrom von der Filmunterseite als auch von einem Stoffstrom von der Filmoberseite ausgeglichen wird. Das bedeutet, dass sich die Richtung des Stoffstroms und damit das Vorzeichen mit der Position im Film ändern. So eine Situation tritt beim Ausgleichsprozess der Weichmacherbeladung in den untersuchten PVAc-Filmen nicht auf. In diesen Proben sinkt die Weichmacherbeladung stetig bis zur Filmoberseite ab, der Stoffstrom erfolgt nur in eine Richtung ohne Vorzeichenwechsel. Prinzipiell wäre es also denkbar, dass das Simulationsprogramm den Ausgleichsprozess einer Weichmacherverteilung mit einem Beladungsminimum nicht korrekt beschreiben kann. Um diese Vermutung zu überprüfen, wurde ein Wiederbefeuchtungsversuch mit einem speziell hergestellten PVAc-TPP-Film durchgeführt. In dieser PVAc-Probe konnte durch ein besonderes Vorgehen bei der Herstellung (A 6 im Anhang) ein Weichmacherbeladungsminimum realisiert werden, das den Weichmacherbeladungsprofilen der TAC-TPP-Filmen sehr ähnlich ist. Der Wiederbefeuchtungsversuch wurde bei einer Temperatur von $\vartheta_{Probe} = 20°C$ mit Methylenchlorid als Lösemittel durchgeführt. Die gemessenen Weichmacherbeladungsprofile während des Ausgleichsprozesses sind in Abb. 5.27 dargestellt. Zusätzlich zu den experimentellen Daten sind die berechneten Weichmacherbeladungsprofile eingetragen, die den simulierten Ausgleichsprozess wiedergeben. Der in der Simulationsrechnung verwendete Diffusionskoeffizientenverlauf des Weichmachers wurde durch Gleichung (5.4) und die in Abb. 5.25 aufgelisteten Konstanten beschrieben, die unabhänging von diesem Versuchen bestimmt wurden. Wie man anhand der Übereinstimmung zwischen den gemessenen und berechneten Weichmacherbeladungsprofilen erkennen kann, ist das Simulationsprogramm in der Lage, den Ausgleichsprozess der Weichmacherverteilung im PVAc-TPP-Film korrekt zu beschreiben. Der gemessene Ausgleich des Beladungsminimums in der Filmmitte sowie das Abflachen der Flanken an Ober- und Unterseite des Films werden durch die Simulationsrechnung gut wiedergegeben. Da sich das in Abb. 5.27 gezeigte, ursprüngliche Weichmacherbeladungsprofil grundlegend von den Weichmacherbeladungsprofilen unterscheidet, die zur Anpassung der Diffusionskoeffizienten in den Langzeittemperatur- und Wiederbefeuchtungsversuchen verwendet wurden, untermauern die Simulationsergebnisse die Robustheit der erhobenen Diffusionsdaten. Mit Hilfe der ermittelten Diffusionskoeffizientenverläufe und des Simulationsprogramms können verschiedenste Weichmacherstoffströme in dünnen PVAc-Beschichtungen korrekt beschrieben werden.

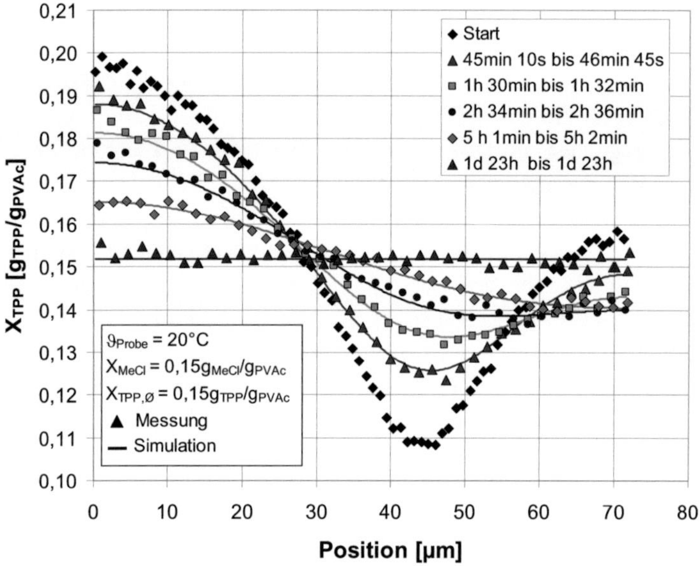

Abb. 5.27: Vergleich gemessener (Punkte) und gerechneter (Linien) Weichmacherbeladungsprofile zu verschiedenen Zeitpunkten des Ausgleichsprozesses in einem PVAc-MeCl-TPP-Film bei einer Lösemittelbeladung von $X_{MeCl} = 0{,}15\ g_{MeCl}/g_{PVAc}$ und $\vartheta_{Probe} = 20°C$. Der Diffusionskoeffizientenverlauf des Weichmachers wird dabei mit Gleichung (5.4) und den in Abb. 5.25 aufgelisteten Konstanten beschrieben, die <u>unabhängig</u> von diesem Versuch bestimmt wurden.

Somit scheidet die Numerik des Simulationsprogramms als mögliche Ursache für die unzureichende Übereinstimmung des berechneten mit dem gemessenen Weichmacherbeladungsausgleich in den TAC-TPP-MeCl-Proben aus. Als mögliche Ursache für die unterschiedliche Übereinstimmung der Simulationsrechnungen mit den experimentellen Daten der beiden untersuchten Polymersysteme könnte auch der in der Simulation verwendete Ansatz zur Beschreibung des Stofftransports sein. Wie in Kapitel 4.3 beschrieben, wird von einer reinen *Fick'schen* Diffusion im Polymerfilm ausgegangen. Dieser Ansatz, der zu guten Übereinstimmungen der Simulationsrechnungen mit den Messdaten der untersuchten PVAc-Systeme führt, scheint die Stofftransportvorgänge in den TAC-

Systmen nicht ausreichend zu beschreiben. Dies könnte daran liegen, dass die Versuchstemperatur weit unterhalb der Glasübergangstemperatur der untersuchten TAC-Systeme liegt ($T_g \sim 140°C$). In diesen Fällen stellt sich die Frage, ob die vorliegenden Stofftransportmechanismen durch reine *Fick'sche* Diffusion beschrieben werden können. In der Literatur findet man unterschiedliche Meinungen zu diesem Thema. Nach *Billovits* und *Durning* (1994) herrscht bei Stofftransportvorgängen unterhalb der Glasübergangstemperatur des Polymersystems *Nicht-Fick'sche* Diffusion vor, bei der viskoelastische Relaxationsprozesse des Polymers berücksichtigt werden müssen. Zur Beschreibung des Stofftransports in diesem Bereich werden viskoelastische Modelle vorgeschlagen, welche auf die Theorien von *Thomas* (1982) und *Lustig* (1992) basieren. *Vrentas* und *Vrentas* (1997) hingegen propagieren, dass die Darstellung von Stofftransportvorgängen mit Hilfe einer modifizierten Freien-Volumen-Theorie zur Berechnung des Diffusionskoeffizientenverlaufes auch weit unterhalb der Glasübergangstemperatur durch reine *Fick'sche* Diffusion erfolgen kann. Es ist daher möglich, dass der Ausgleichvorgang des Weichmachers TPP in den TAC-Systemen besser beschrieben werden kann, wenn als Modellansatz für den Stofftransport keine reine *Fick'sche* Diffusion vorausgesetzt wird. Entsprechende Berechnungen wurden im Rahmen dieser Arbeit nicht durchgeführt, werden aber Gegenstand zukünftiger Forschungsprojekte sein.

Zusammenfassend lässt sich sagen, dass die aufgestellte Hypothese bestätigt werden konnte. Der Diffusionskoeffizientenverlauf des schwer flüchtigen Additivs TPP wurde durch Anpassung von Simulationsrechnungen an experimentell bestimmte Ausgleichsprozesse der Additivbeladung in Polymerproben ermittelt. Durch dieses Vorgehen konnten die Diffusionskoeffizientenverläufe des verwendeten Weichmachers in den Stoffsystemen PVAc-MeCl-TPP und PVAc-MeOH-TPP bestimmt werden. Die gute Übereinstimmung der gerechneten mit den gemessenen Weichmacherbeladungsprofilen zeigt, dass die Beschreibung des ternären Stoffsystems durch ein quasibinäres System möglich ist. Mit den ermittelten Diffusionsdaten und einem speziellen Vorgehen konnten Parametersätze für eine empirische Gleichung bestimmt werden, die den Diffusionskoeffizienten des Weichmachers sowohl als Funktion der Lösemittel- als auch der Weichmacherbeladung des Polymersystems beschreibt. Diese Funktion kann in zukünftigen, ternären Simulationsmodellen zur korrekten Beschreibung des Diffusionskoeffizientenverlaufs dienen. Für das Stoffsystem TAC-MeCl-TPP wurden ebenfalls Diffusionskoeffizienten des Weichmachers ermittelt, allerdings lassen sich die gemessenen Ausgleichsprozesse der Weichmacherbeladung mit den im Simulationsprogramm verwendeten Stofftransportansätzen nicht mit zufriedenstellender Genauigkeit beschreiben.

5.4 Auswertung der Zweischichtversuche

In diesem Kapitel wird die Auswertung der experimentell ermittelten Daten der Zweischichtversuche besprochen. Hierbei wurde nach demselben Prinzip vorgegangen wie bei der Auswertung der Langzeitversuche bei erhöhter Temperatur und der Wiederbefeuchtungsversuche: der Diffusionskoeffizient des Weichmachers in den verschiedenen Polymersystemen soll durch Anpassung von gerechneten an gemessene Weichmacherbeladungsprofile zu verschiedenen Zeitpunkten des Ausgleichsprozesses des Weichmacherbeladungsgradienten bestimmt werden. Wie bei den Wiederbefeuchtungsversuchen wird auch bei der Beschreibung des Stofftransportes das ternäre auf ein quasibinäres Stoffsystem reduziert. Dabei werden Lösemittel und Polymer zu einer Komponente zusammengefasst. Allerdings wird beim Auswertungsprozess der Diffusionskoeffizient des Weichmachers nicht mit Gleichung (4.26) beschrieben, die den Diffusionskoeffizienten als Funktion der Weichmacherbeladung darstellt $D_{TPP,PVAc-Lsm} = f(X_{TPP})$. Die Ergebnisse der Wiederbefeuchtungsversuche zeigen (Abb. 5.19 und Abb. 5.20), dass mit steigender Lösemittelbeladung der Einfluss der Weichmacherbeladung auf den Diffusionskoeffizientenverlauf des Weichmachers stark abnimmt. Da die Zweischichtversuche bei höheren Lösemittelbeladungen als die Wiederbefeuchtungsversuche durchgeführt wurden, ist davon auszugehen, dass die Weichmacherbeladung nur noch einen sehr geringen Einfluss auf den Diffusionskoeffizienten des Weichmachers hat. Aus diesem Grund wurde bei der Anpassung der gerechneten an die gemessenen Weichmacherbeladungsprofile eines Zweischichtversuches der Stofftransport des Weichmachers mit einem für die jeweilige (über den Film konstante) Lösemittelbeladung konstanten Diffusionskoeffizienten beschrieben. In Abb. 5.28 ist der gerechnete mit dem gemessenen Ausgleichsprozess der Weichmacherbeladung bei einem Zweischichtversuch verglichen, der mit dem Stoffsystem PVAc-MeCl-TPP bei einer Temperatur von $\vartheta_{Probe} = 15°C$, einer Lösemittelbeladung von $X_{MeCl} = 0{,}54\ g_{MeCl}/g_{PVAc}$ und einer durchschnittlichen Weichmacherbeladung von $X_{TPP,\varnothing} = 0{,}08\ g_{TPP}/g_{PVAc}$ durchgeführt wurde. Der Vergleich zeigt, dass sich die gemessenen Weichmacherbeladungsprofile gut mit den Verläufen beschreiben lassen, die mit einem konstanten Diffusionskoeffizient von $D_{TPP,PVAc-MeCl} = 6{,}5 \cdot 10^{-12}\ m^2/s$ berechnet wurden. Dies bestätigt die getroffene Annahme, den Diffusionskoeffizienten des Weichmachers aufgrund der hohen Lösemittelbeladung als unabhängig von der Weichmacherbeladung zu betrachten. In Abb. A 51 im Anhang ist exemplarisch der Verlauf eines Zweischichtversuchs für das Stoffsystem PVAc-MeOH-TPP dargestellt.

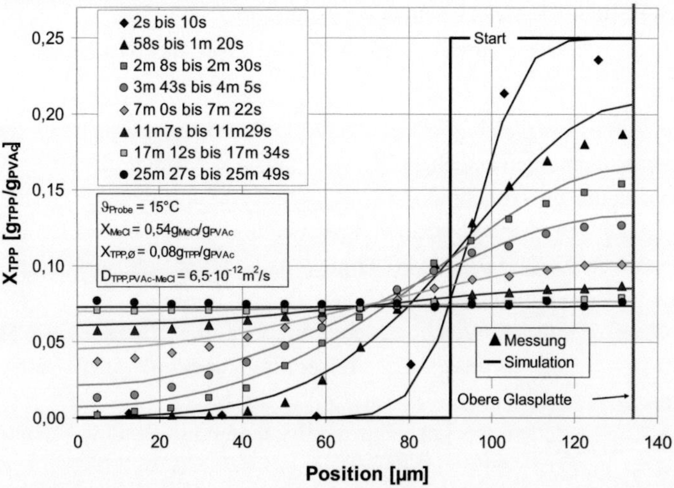

Abb. 5.28: Vergleich gemessener (Punkte) und gerechneter (Linien) Weichmacherbeladungsprofile zu verschiedenen Zeiten des Ausgleichsprozesses in einem PVAc-MeCl-TPP-Film bei einer Lösemittelbeladung von X_{MeCl} = 0,54 g_{MeCl}/g_{PVAc} und ϑ_{Probe} = 15°C

In Abb. 5.29 sind die bestimmten Diffusionskoeffizienten des Weichmachers für das Stoffsystem PVAc-MeCl-TPP bei einer Temperatur von ϑ_{Probe} = 15°C gegen die Methylenchloridbeladung aufgetragen.

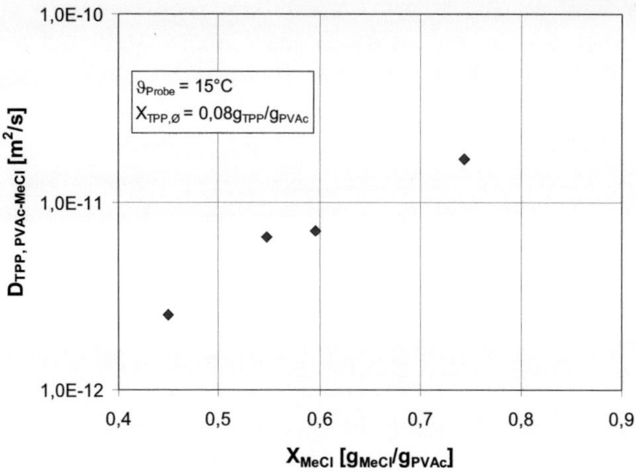

Abb. 5.29: Mit Hilfe der Zweischichtversuche ermittelten Diffusionskoeffizienten für das Stoffsystem PVAc-MeCl-TPP bei ϑ_{Probe} = 15°C und einer Weichmacherbeladung von X_{TPP} = 0,08 g_{TPP}/g_{PVAc}.

Im untersuchten Lösemittelbeladungsbereich von $X_{MeCl} = 0,45$ bis $0,74\ g_{MeCl}/g_{PVAc}$ ändert sich der Diffusionskoeffizient des Weichmachers von $D_{TPP,PVAc\text{-}MeCl} = 2,5 \cdot 10^{-12}$ auf $1,7 \cdot 10^{-11}\ m^2/s$.

Im direkten Vergleich zum ermittelten Diffusionskoeffizientenverlauf bei den Wiederbefeuchtungsversuchen fällt auf, dass der Anstieg des Diffusionskoeffizientenverlaufs mit zunehmender Lösemittelbeladung deutlich geringer geworden ist. Bei den Wiederbefeuchtungsversuchen wurde ein Lösemittelbeladungsbereich von $X_{MeCl} = 0,12$ bis $0,42\ g_{MeCl}/g_{PVAc}$ untersucht, also eine Veränderung der Lösemittelbeladung um $0,3\ g_{MeCl}/g_{PVAc}$. In diesem Bereich stieg der Diffusionskoeffizient des Weichmachers um etwa drei Dekaden an.Bei den Zweischichtversuchen wurde die Lösemittelbeladung auch um etwa $0,3\ g_{MeCl}/g_{PVAc}$ verändert, was aber – aufgrund der höheren Lösemittelbeladung – nur zu einem Ansteigen des Diffusionskoeffizienten um ca. eine Dekade führte. Eine Darstellung des Diffusionskoeffizientenverlaufes, in der die Ergebnisse der Wiederbefeuchtungsversuche und der Zweischichtversuche eingetragen sind, ist im anschließenden Kapitel zu finden. In Abb. A 52 im Anhang sind die mit Hilfe der Zweischichtversuche ermittelten Diffusionskoeffizienten tabellarisch aufgelistet.

Mit den Zweischichtversuchen und den Auswertemethoden wurde eine Versuchstechnik vorgestellt, die es ermöglicht, Diffusionskoeffizienten von schwer flüchtigen Additiven bei relativ hohen Lösemittelbeladungen zu bestimmen. Die Untersuchungen zeigen, dass der Diffusionskoeffizient des Weichmachers bei relativ hohen Lösemittelbeladungen des Gesamtsystems nur noch von der Lösemittelbeladung und nicht mehr vom Weichmachergehalt abhängig ist. Deswegen konnte bei der Auswertung, im Gegensatz zu den Wiederbefeuchtungsversuchen, der Diffusionskoeffizient des Weichmachers für den jeweils betrachteten Ausgleichsversuch als konstant angenommen werden. Wie bei den Wiederbefeuchtungsversuchen bestätigt die gute Übereinstimmung zwischen gerechneten und gemessenen Ausgleichvorgängen, dass die Reduzierung des ternären auf ein quasibinäres Stoffsystem möglich ist.

5.5 Diffusionskoeffizientenverläufe und Einflussgrößen

Im folgenden Kapitel werden die Ergebnisse der Untersuchungen zur Bestimmung des Diffusionskoeffizienten zusammengefasst. Dabei werden die ermittelten Diffusionskoeffizientenverläufe des Weichmachers in den unterschiedlichen Polymersystemen dargestellt und diverse Einflussgrößen auf die Verläufe diskutiert.

In Abb. 5.30 ist der mit Hilfe von Gleichung (5.4) beschrieben Diffusionskoeffizientenverlauf des Weichmachers für das Stoffsystem PVAc-MeCl-TPP bei einer Temperatur von $\vartheta_{Probe} = 20°C$ und einer Weichmacherbeladung $X_{TPP} = 0{,}075\ g_{TPP}/g_{PVAc}$ als Funktion der Lösemittelbeladung dargestellt.

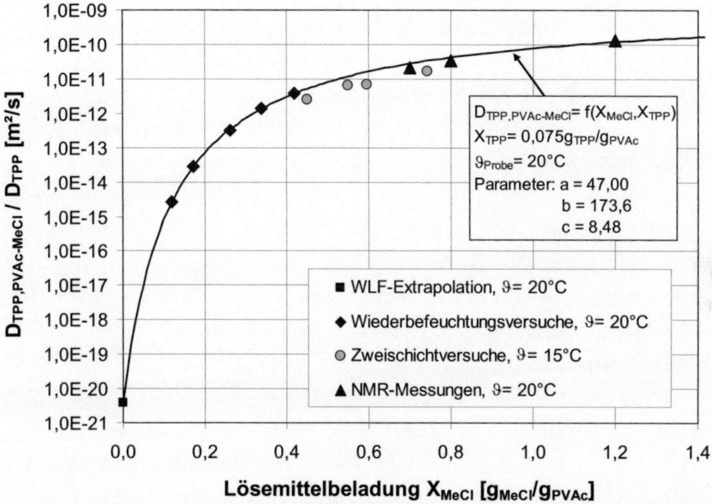

Abb. 5.30: Diffusionskoeffizientenverlauf von TPP im Stoffsystem PVAc-MeCl-TPP bei $\vartheta_{Probe} = 20°C$ und einer Weichmacherbeladung von $X_{TPP} = 0{,}075\ g_{TPP}/g_{PVAc}$. Dargestellt sind sowohl die bei den Langzeitversuchen bei erhöhter Temperatur, Wiederbefeuchtungsversuchen und Zweischichtversuchen bestimmten Fick'schen Diffusionskoeffizienten als auch durch NMR-Messungen ermittelten Selbstdiffusionskoeffizienten.

Neben dem berechneten Verlauf sind auch die experimentell bestimmten Diffusionskoeffizienten eingetragen. In dieser Darstellung sind die unterschiedlichen Lösemittelbeladungsbereiche gut zu erkennen, in denen die Diffusionskoeffizienten des Weichmachers durch Auswertung der jeweiligen Versuche bestimmt werden konnten. Der Y-Achsenabschnitt, d.h. der Diffusionskoeffizient für den Grenzfall $X_{MeCl} \rightarrow 0\ g_{MeCl}/g_{PVAc}$ wurde durch Langzeitversuche bei erhöhter Temperatur mit dem binären Stoffsystem PVAc-TPP bei höheren Temperaturen und anschließende Extrapolation mit Hilfe der modifizierten WLF-Gleichung (4.35) auf $\vartheta_{Probe} = 20°C$ ermittelt. Die Kenntnis des Diffusionskoeffizienten des Weichmachers im binären System PVAc-TPP ist für die Beschreibung des Diffusionskoeffizientenverlaufs als Funktion der Lösemittelbeladung nach Gleichung (5.4) bedeutend, da dadurch der Parameter *a* fixiert ist. Bei geringen Lösemittelbeladungen wurde der Diffusionskoeffizient des Weichmachers durch Auswertung von Wiederbefeuchtungsversuchen bestimmt. Diese Versuchstechnik konnte im betrachteten Stoffsystem in einem Methylenchloridbeladungsbereich von $X_{MeCl} = 0{,}12$ bis $0{,}42\ g_{MeCl}/g_{PVAc}$ eingesetzt werden. Dabei ist die untere Grenze der Lösemittelbeladung nur durch die langen Ausgleichszeiten der Weichmachergradienten aufgrund der geringen Mobilität des Weichmachers bedingt. Die maximale Obergrenze der Lösemittelbeladung, bei der die Versuche durchgeführt werden können, ist durch das Phasengleichgewicht zwischen Polymerprobe und Gasphase festgelegt. Für das betrachtete Stoffsystem beträgt die Gleichgewichtslösemittelbeladung in der Polymerprobe etwa $X_{MeCl} = 1{,}7\ g_{MeCl}/g_{PVAc}$ bei einer Methylenchloridaktivität in der Gasphase von $a = 0{,}9$. Wie in Kapitel 3.3.4 bereits erläutert wurde, stellt dieser Wert allerdings nur die theoretische Grenze für die maximal erreichbare Lösemittelbeladung in der Polymerprobe dar. Aufgrund der hohen Mobilität des Weichmachers, bedingt durch die hohe Lösemittelkonzentration, ist der Ausgleichsprozess des Weichmachergradienten in der Polymerschicht schon stark fortgeschritten oder bereits abgeschlossen, bevor sich das sorbierte Lösemittel homogen in der Probe verteilt hat. Dadurch ist die Betrachtung und Auswertung der Versuche als quasibinäres Stoffsystem nicht möglich. Mit Hilfe eines Simulationsprogramms, welches den Stofftransport in einem ternären System beschreiben kann, wäre man in der Lage, den Diffusionskoeffizienten des Weichmachers auch während des Eindringvorgangs des Lösemittels zu beschreiben. Die Diffusionskoeffizienten im Lösemittelbeladungsbereich oberhalb der Gleichgewichtslösemittelbeladung wurden mit Hilfe der Zweischichtversuche bestimmt. Die in Abb. 5.30 eingetragenen Diffusionskoeffizienten wurden durch Zweischichtversuche ermittelt, die bei einer Temperatur von $\vartheta_{Probe} = 15°C$ durchgeführt worden sind. Deswegen liegen sie etwas unterhalb des, durch Gleichung (5.4) beschriebenen Diffusionskoeffizientenverlaufs, dessen Parameter nur durch Anpassung an die WLF-Extrapolation und die Wiederbefeuchtungsversuche bei $\vartheta_{Probe} = 20°C$ bestimmt wurden.

Durch die beschriebenen Versuche konnte der *Fick'sche* Diffusionskoeffizient des Weichmachers im ternären Stoffsystem PVAc-MeCl-TPP in einem Lösemittelbeladungsbereich von $X_{MeCl} = 0{,}12$ bis $0{,}74\ g_{MeCl}/g_{PVAc}$ bestimmt werden. In diesem Bereich ändert sich der Diffusionskoeffizient um vier Dekaden (von $D_{TPP,PVAc\text{-}MeCl} = 2{,}5 \cdot 10^{-15}$ bis $1{,}7 \cdot 10^{-11}\ m^2/s$), wobei der Einfluss der Lösemittelbeladung mit sinkender Lösemittelbeladung steigt. Die Ergebnisse der Langzeitversuche bei erhöhter Temperatur und die modifizierte WLF-Gleichung ermöglichen die Extrapolation des Diffusionskoeffizientenverlaufs zu Lösemittelbeladungen $X_{MeCl} \rightarrow 0\ g_{MeCl}/g_{PVAc}$. In diesem Bereich setzt sich die starke

Abnahme der Mobilität des Weichmachers fort, der Diffusionskoeffizient sinkt um weitere fünf Dekaden.

Zusätzlich zu den *Fick'schen* Diffusionskoeffizienten des Weichmachers ($D_{TPP,PVAc\text{-}MeCl}$) sind in Abb. 5.30 auch Selbstdiffusionskoeffizienten (D_{TPP}) eingetragen, die durch Feldgradienten Kernspinresonazspektroskopie (nuclear magnetic reconanz - NMR) ermittelt wurden. Die NMR-Messungen sind am Institut für Mechanische Verfahrenstechnik und Mechanik des KIT durchgeführt worden. Auf die Versuchsdurchführung und Messtechnik soll an dieser Stelle nicht genauer eingegangen werden, einen kurzen Überblick ist in Kapitel A 24 im Anhang gegeben. Genauere Informationen über die NMR-Messtechnik und Selbstdiffusionskoeffizientenbestimmung können bei *Hore* (1995) oder *Stejskal* und *Tanner* (1965) gefunden werden. Selbstdiffusion ist die ungerichtete Bewegung einer Spezies in einem System (Lösung) in dem keine makroskopischen Gradienten vorhanden sind. Selbstdiffusion kann als Modell zur Beschreibung der *Brownschen* Molekularbewegung gesehen werden. Der Selbstdiffusionskoeffizient ist ein Maß für die Mobilität einer Spezies und kann über die mittlere quadratische Verschiebung eines Moleküls pro Zeiteinheit berechnet werden (*Einstein* (1905)). Wie in Kapitel 4.3.1 bereits erläutert wurde, konnte bisher kein Eindeutiger Zusammenhang zwischen Selbstdiffusion und *Fick'scher* Diffusion gefunden werden. Aus diesem Grund wurde auf die Berechnung der *Fick'schen* Diffusionskoeffizienten aus den experimentell ermittelten Selbstdiffusionskoeffizienten verzichtet.

In Abb. 5.31 sind die Diffusionskoeffizientenverläufe des Weichmachers bei $\vartheta_{Probe} = 20°C$ und 30°C für das Stoffsystem PVAc-MeCl-TPP bei einer Weichmacherbeladung von $X_{TPP} = 0{,}075\ g_{TPP}/g_{PVAc}$ miteinander verglichen. Neben den WLF-Extrapolationen der Langzeitversuche bei erhöhter Temperatur und den Wiederbefeuchtungsversuchen, die bei $\vartheta_{Probe} = 20$ bzw. 30°C durchgeführt wurden, sind auch die mit Gleichung (5.4) beschriebenen Diffusionskoeffizientenverläufe dargestellt. Wie erwartet, führt die Erhöhung der Temperatur um 10°C zu einer Beschleunigung der Mobilität des Weichmachers. Allerdings zeigen die Verläufe, dass der Einfluss der Temperatur auf den Diffusionskoeffizienten des Weichmachers mit steigender Lösemittelbeladung abnimmt. So unterscheidet sich der Diffusionskoeffizient des Weichmachers im lösemittelfreien Polymerfilm ($X_{MeCl} = 0\ g_{MeCl}/g_{PVAc}$ d. h. im binären System PVAc-TPP) um zwei Dekaden ($D_{TPP,PVAc}(\vartheta = 20°C) = 3{,}9\cdot10^{-21}\ m^2/s$; $D_{TPP,PVAc}(\vartheta = 30°C) = 4{,}0\cdot10^{-19}\ m^2/s$). Bei einer Lösemittelbeladung von $X_{MeCl} = 0{,}45\ g_{MeCl}/g_{PVAc}$ nimmt der Einfluss der Temperatur bereits stark ab. Bei dieser Methylenchloridbeladung reduziert sich der Unterschied der Diffusionskoeffizienten auf weniger als eine halbe Dekade ($D_{TPP,PVAc-MeCl}(\vartheta = 20°C) = 5{,}3 \cdot 10^{-12}$ m²/s; $D_{TPP,PVAc-MeCl}(\vartheta = 30°C) = 1{,}0 \cdot 10^{-11}$ m²/s).

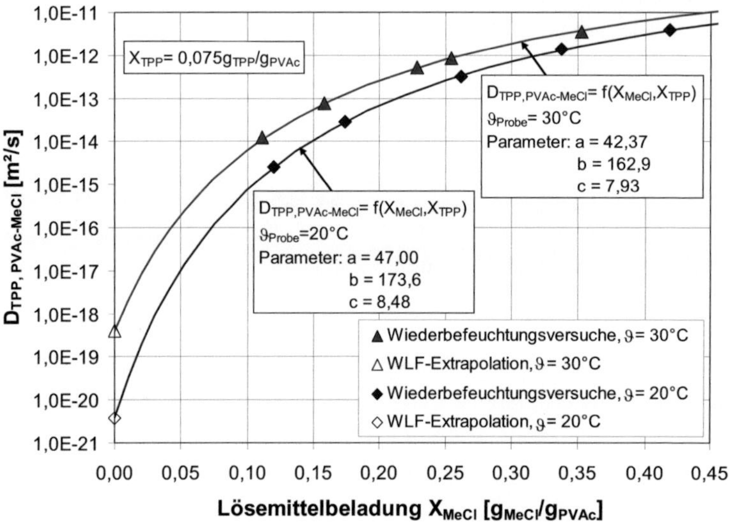

Abb. 5.31: Einfluss der Temperatur auf den Diffusionskoeffizientenverlauf des Weichmachers im System PVAc-MeCl bei einer Weichmacherbeladung von $X_{TPP} = 0{,}075\ g_{TPP}/g_{PVAc}$. In dem Diagramm sind die gemessenen (Punkte) und gerechneten (Linien) Diffusionskoeffizientenverläufe bei $\vartheta_{Probe} = 20°C$ und 30°C verglichen.

Ähnlich verhält es sich mit dem Einfluss der Weichmacherbeladung auf den Diffusionskoeffizienten des Weichmachers für das Polymersystem PVAc-MeCl-TPP. In Abb. 5.32 sind die Diffusionskoeffizientenverläufe bei einer Temperatur von $\vartheta_{Probe} = 20°C$ und Weichmacherbeladungen von $X_{TPP} = 0{,}075$ und 0,15 g_{TPP}/g_{PVAc} dargestellt. Der Vergleich der beiden Verläufe zeigt, dass der Einfluss der Weichmacherbeladung auf den Diffusionskoeffizienten des Weichmachers mit zunehmender Lösemittelbeladung geringer wird. Im trockenen, lösemittelfreien Polymersystem beträgt der Diffusionskoeffizient des Weichmachers bei einer Weichmacherbeladung von $X_{TPP} = 0{,}075\ g_{TPP}/g_{PVAc}$ $D_{TPP,PVAc} = 3{,}9 \cdot 10^{-21}$ m²/s. Verdoppelt sich die Weichmacherbeladung auf $X_{TPP} = 0{,}15\ g_{TPP}/g_{PVAc}$, steigt der Diffusionskoeffizient des Weichmachers auf $D_{TPP,PVAc-MeCl} = 1{,}6 \cdot 10^{-19}$ m²/s an. Das entspricht einer Erhöhung der Mobilität um mehr als zwei Dekaden. Mit zunehmender Lösemittelbeladung reduziert sich die Differenz der beiden Diffusionskoeffizientenverläufe kontinuierlich. Bei einer Lösemittelbeladung von $X_{MeCl} = 0{,}45\ g_{MeCl}/g_{PVAc}$ und einer Weichmacherbeladung des Polymers von $X_{TPP} = 0{,}075\ g_{TPP}/g_{PVAc}$ hat sich der Diffusionskoeffizient des Weichmachers auf $D_{TPP,PVAc\text{-}MeCl} = 5{,}3 \cdot 10^{-12}\ m^2/s$ erhöht. Damit unterscheidet er sich nur noch geringfügig von dem Diffusionskoeffizienten bei einer Weichmacherbeladung von $X_{TPP} = 0{,}15\ g_{TPP}/g_{PVAc}$, der bei dieser Lösemittelbeladung einen Wert von $D_{TPP,PVAc\text{-}MeCl} = 8{,}4 \cdot 10^{-12}\ m^2/s$ annimmt.

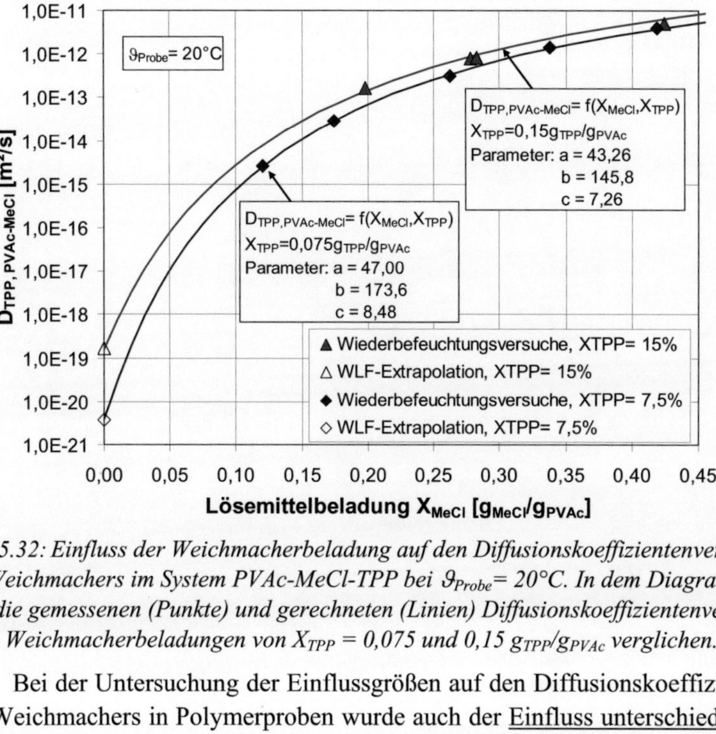

Abb. 5.32: Einfluss der Weichmacherbeladung auf den Diffusionskoeffizientenverlauf des Weichmachers im System PVAc-MeCl-TPP bei $\vartheta_{Probe} = 20°C$. In dem Diagramm sind die gemessenen (Punkte) und gerechneten (Linien) Diffusionskoeffizientenverläufe für Weichmacherbeladungen von $X_{TPP} = 0{,}075$ und $0{,}15\ g_{TPP}/g_{PVAc}$ verglichen.

Bei der Untersuchung der Einflussgrößen auf den Diffusionskoeffizienten des Weichmachers in Polymerproben wurde auch der Einfluss unterschiedlicher Lösemittel analysiert. In Abb. 5.33 sind die Diffusionskoeffizientenverläufe des Weichmachers bei einer Temperatur von $\vartheta_{Probe} = 20°C$ und einer Weichmacherbeladung von $X_{TPP} = 0{,}075\ g_{TPP}/g_{PVAc}$ in den Stoffsystemen PVAc-MeCl-TPP und PVAc-MeOH-TPP dargestellt. Da sich bei diesem Vergleich nur die Lösemittel der Polymersysteme unterscheiden, müssen die beiden Diffusionskoeffizientenverläufe bei einer Lösemittelbeladung von $X_{Lsm} = 0\ g_{Lsm}/g_{PVAc}$ (trockene Polymerprobe) den gleichen Wert annehmen. Erst mit zunehmender Lösemittelbeladung des Polymerfilms kann sich der unterschiedliche Einfluss des jeweiligen Lösemittels auf die Mobilität des Weichmachers zeigen. Aus dem Vergleich der beiden Verläufe kann allerdings kein eindeutiger Trend abgeleitet werden. So erhöht sich bei Methanol als Lösemittel der Diffusionskoeffizient des Weichmachers mit zunehmender Lösemittelbeladung zunächst schneller als bei Methylenchlorid. Im Lösemittelbeladungsbereich von $X_{Lsm} = 5$ bis $15\ g_{Lsm}/g_{PVAc}$

unterscheiden sich die beiden Verläufe um etwa eineinhalb Dekaden. Mit zunehmender Lösemittelbeladung nähern sich die Diffusionskoeffizienten wieder einander an. Bei einer Lösemittelbeladung von $X_{Lsm} = 0{,}45\ g_{Lsm}/g_{PVAc}$ beträgt der Unterschied des Diffusionskoeffizienten in den Systemen mit Methanol bzw. Methylenchlorid als Lösemittel weniger als eine halbe Dekade.

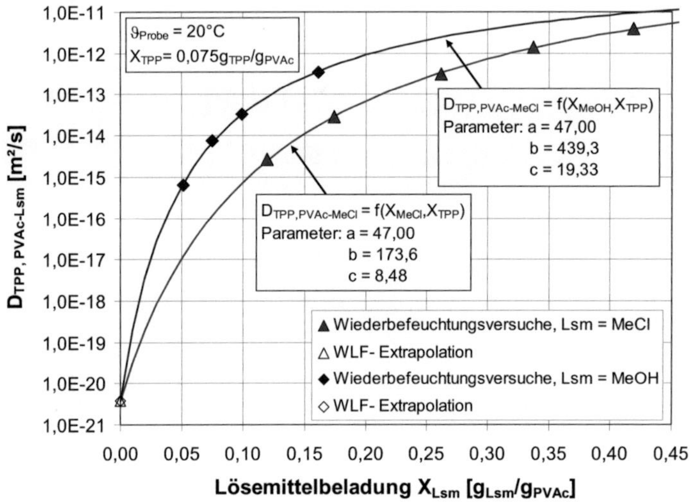

Abb. 5.33: Einfluss des Lösemittels auf den Diffusionskoeffizientenverlauf des Weichmachers bei einer Weichmacherbeladung von $X_{TPP} = 0{,}075\ g_{TPP}/g_{PVAc}$ und einer Temperatur $\vartheta_{Probe} = 20°C$. In dem Diagramm sind die gemessenen (Punkte) und gerechneten (Linien) Diffusionskoeffizientenverläufe der Stoffsysteme PVAc-MeCl-TPP und PVAc-MeOH-TPP verglichen.

Da sich aber die Molmassen der beiden Lösemittel stark unterscheiden ($M_{MeOH} = 32{,}0$ g/mol bzw. $M_{MeCl} = 84{,}9$ g/mol) ist fraglich, ob der in Abb. 5.33 dargestellte Vergleich der beiden Diffusionskoeffizientenverläufe als Funktion der Lösemittelbeladung zweckmäßig ist. Im *Fick'schen* Ansatz ist für den Stofftransport die molare Konzentration als Triebkraft für die Diffusion verantwortlich. Daher wurden in Abb. 5.34 die Diffusionskoeffizientenverläufe als Funktion der molaren Lösemittelkonzentration aufgetragen. Diese Darstellung führt zu einer neuen Interpretation der Diffusionskoeffizientenverläufe und deren Abhängigkeit von den unterschiedlichen Lösemitteln. Bei einer Lösemittelkonzentration von $C_{Lsm} = 0\ kmol_{Lsm}/m^3_{ges}$ sind die Diffusionskoeffizienten der beiden Verläufe identisch. Mit zunehmender Lösemittelkonzentration steigt der Diffusionskoeffizientenverlauf des Weichmachers im Stoffsystem PVAc-MeCl-TPP schneller an als im System PVAc-MeOH-TPP. Dies kann darauf zurückgeführt werden, dass Methylenchlorid im Vergleich zu Methanol das größere Molekül ist. Dadurch verursacht es bei gleicher molarer Konzentration mehr freies Volumen, das für Diffusionsschritte maßgeblich ist. Der Unterschied der Diffusionskoeffizientenverläufe nimmt mit steigender Lösemittelkonzentration im untersuchten Konzentrationsbereich stetig zu. Bei einer Konzentration von $C_{Lsm} = 5{,}0\ kmol_{Lsm}/m^3_{ges}$ bewirken die unterschiedlichen Lösemittel bereits eine Differenz der Diffusionskoeffizienten von mehr als einer Dekade.

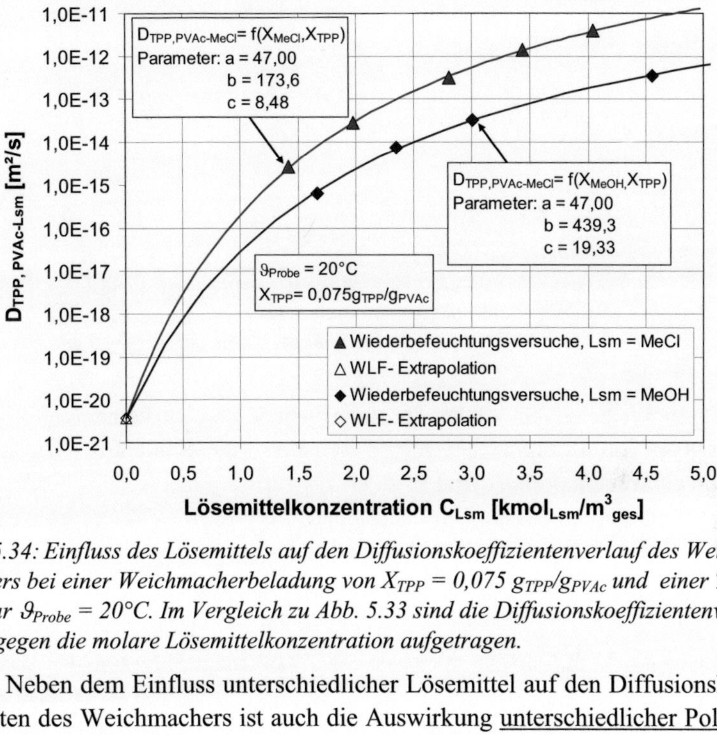

Abb. 5.34: Einfluss des Lösemittels auf den Diffusionskoeffizientenverlauf des Weichmachers bei einer Weichmacherbeladung von $X_{TPP} = 0{,}075\ g_{TPP}/g_{PVAc}$ und einer Temperatur $\vartheta_{Probe} = 20°C$. Im Vergleich zu Abb. 5.33 sind die Diffusionskoeffizientenverläufe gegen die molare Lösemittelkonzentration aufgetragen.

Neben dem Einfluss unterschiedlicher Lösemittel auf den Diffusionskoeffizienten des Weichmachers ist auch die Auswirkung unterschiedlicher Polymere auf die Mobilität von Interesse. In Abb. 5.35 sind daher die aus Wiederbefeuchtungsversuchen ermittelten Diffusionskoeffizienten in den Stoffsystemen PVAc-MeCl-TPP und TAC-MeCl-TPP dargestellt. Die Versuche wurden bei einer Temperatur von $\vartheta_{Probe} = 20°C$ und einer Weichmacherbeladung des Polymers von $X_{TPP} = 0{,}15\ g_{TPP}/g_{Polymer}$ durchgeführt. Der Vergleich zeigt, dass im untersuchten Lösemittelbeladungsbereich bei gleicher Lösemittelbeladung die Diffusionskoeffizienten in der Cellulosetriacetatlösung etwa eineinhalb Dekaden geringer sind als in den Polyvinylacetatlösungen.

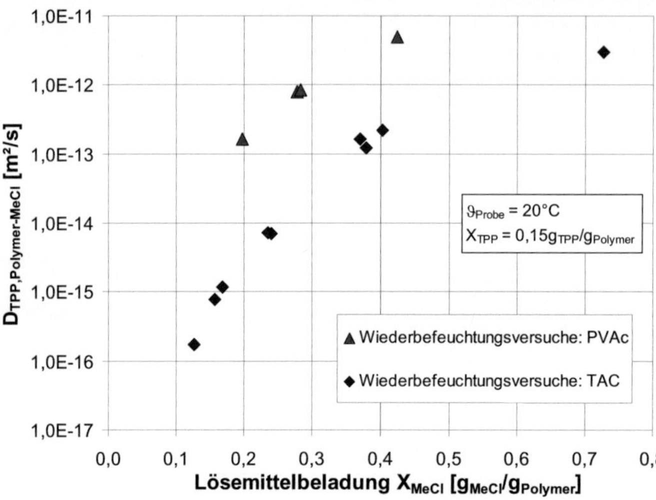

Abb. 5.35: Einfluss des Polymers auf den Diffusionskoeffizientenverlauf des Weichmachers bei einer Weichmacherbeladung von $X_{TPP} = 0{,}15\ g_{TPP}/g_{Polymer}$ und $\vartheta_{Probe} = 20°C$. In dem Diagramm sind die Diffusionskoeffizientenverläufe der Stoffsysteme PVAc-MeCl-TPP und TAC-MeCl-TPP verglichen.

Die Lösemittelbeladung scheint im untersuchten Bereich keinen signifikanten Einfluss auf den Mobilitätsunterschied zu haben – die ermittelten Diffusionskoeffizienten verlaufen annähernd parallel. Da für die untersuchten Stoffsysteme mit TAC als Polymer keine zufriedenstellende Auswertung der experimentellen Daten möglich war (Kapitel 5.1.2 und 5.2.1), sind in dem Diagramm keine WLF-Extrapolation oder Beschreibung des Diffusionskoeffizientenverlaufes als Funktion der Lösemittelbeladung nach Gleichung (5.4) dargestellt.

Um die Mobilität des Weichmachers TPP im Stoffsystem PVAc-MeCl-TPP im Vergleich zur Lösemitteldiffusion richtig einschätzen zu können, sind in Abb. 5.36 beide Diffusionskoeffizientenverläufe dargestellt. In dem Diagramm sind die berechneten Diffusionskoeffizientenverläufe von TPP und MeCl bei einer Temperatur von $\vartheta_{Probe} = 20°C$ und einer Weichmacherbeladung von $X_{TPP} = 0{,}075\ g_{TPP}/g_{PVAc}$ gegen die Lösemittelbeladung aufgetragen. Für den Grenzfall $X_{MeCl} \rightarrow 0\ g_{MeCl}/g_{PVAc}$ ist der Unterschied der beiden Diffusionskoeffizienten am größten. Der Diffusionskoeffizient des Weichmachers nimmt bei diesen Bedingungen einen Wert von $D_{TPP,PVAc\text{-}MeCl} = 3{,}9 \cdot 10^{-21}\ m^2/s$ an. Der Diffusionskoeffizient von Methylenchlorid ist etwa vier Dekaden größer und beträgt $D_{MeCl,PVAc\text{-}TPP} = 4{,}0 \cdot 10^{-17}\ m^2/s$. Mit zunehmender Lösemittelbeladung wird der Unterschied der Diffusionskoeffizientenverläufe geringer.

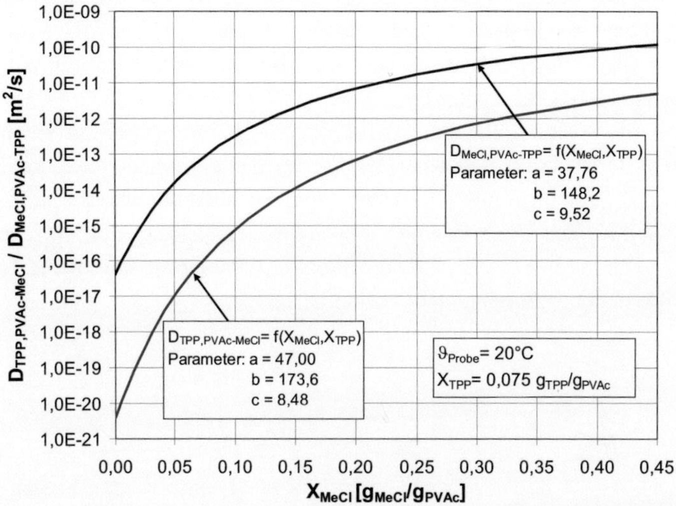

Abb. 5.36: Vergleich der berechneten Diffusionskoeffizientenverläufe von MeCl und TPP für das Stoffsystem PVAc-MeCl-TPP bei einer Weichmacherbeladung von $X_{TPP} = 0,075\ g_{TPP}/g_{PVAc}$ und $\vartheta_{Probe} = 20°C$.

Bei einer Lösemittelbeladung von $X_{MeCl} = 0,45\ g_{MeCl}/g_{PVAc}$ beträgt der Diffusionskoeffizient des Weichmachers $D_{TPP,PVAc\text{-}MeCl} = 5,3 \cdot 10^{-12}\ m^2/s$. Bei dieser Lösemittelbeladung nimmt der Diffusionskoeffizient von Methylenchlorid den Wert $D_{MeCl,PVAc\text{-}TPP} = 1,2 \cdot 10^{-10}\ m^2/s$ an und ist somit etwa eineinhalb Dekaden größer als der des Weichmachers.

Dieser Vergleich der Diffusionskoeffizientenverläufe liefert auch eine Erklärung für das in Kapitel 5.3.1 beobachtete Verhalten der Polymerproben bei den Wiederbefeuchtungsversuchen. Bei geringen Lösemittelbeladungen ist der Diffusionskoeffizient des Lösemittels um zwei bis drei Dekaden größer als der des Weichmachers. Dies ermöglicht das Eindringen und die homogene Verteilung des Lösemittels in der Polymerprobe, während sich der anfängliche Weichmacherbeladungsgradient aufgrund seiner vergleichsweise geringen Mobilität nur geringfügig verändert. Dadurch ist eine problemlose Versuchsdurchführung gewährleistet. Mit zunehmender Lösemittelbeladung bei den Versuchen nimmt die Mobilität des Weichmachers schneller zu als die des Lösemittels - die Differenz zwischen den beiden Diffusionskoeffizientenverläufen verringert sich. In dem Wiederbefeuchtungsversuch für das Stoffsystem PVAc-MeCl-TPP bei der höchsten Lösemittelbeladung von $X_{MeCl} = 0,42\ g_{MeCl}/g_{PVAc}$ ist der Diffusionskoeffizient des Lösemittels nur noch um Faktor 25 größer als der des Weichmachers. Dies hat zur Folge, dass der Ausgleichsprozess des Weichmacherbeladungsgradienten schon deutlich fortgeschritten ist, bevor sich eine homogene Lösemittelbeladung in der Polymerschicht eingestellt hat. Die im Verhältnis zum Lösemittel schneller zunehmende Mobilität des Weichmachers verursacht somit die in Kapitel 5.3.1 angesprochene obere Lösemittelbeladungsgrenze, unterhalb der die Wiederbefeuchtungsversuche sinnvoll durchgeführt werden können. Wenn die Differenz zwischen dem Diffusionskoeffizienten des Lösemittels und dem des Weichmachers zu gering wird, ist aufgrund der verhältnismäßig hohen Mobilität des Weichmachers der Ausgleichsprozess des Weichmachergradienten schon zum Großteil abgeschlossen, bevor eine homogene Lösemittelbeladung in der Polymerschicht vorliegt.

6 Schluss

6.1 Zusammenfassung der Ergebnisse

Polymere sind Hauptbestandteil vieler moderner und hochwertiger Produkte. Um diesen Produkten erwünschte Eigenschaften zu ermöglichen, werden den Polymeren in den meisten Fällen schwer flüchtige Additive wie z. B. Weichmacher, UV-Stabilisatoren oder Flammschutzmittel zugesetzt. Die Mobilität dieser Additive in Polymeren und Polymerlösungen ist sowohl für den Produktionsprozess als auch aus Gründen der Beständigkeit der Produkte und des Schutzes von Mensch und Umwelt von großer Bedeutung. Weiterhin beeinflussen schwer flüchtige Additive die Lösemitteldiffusion in Polymersystemen und somit deren Trocknungsgeschwindigkeit. In den meisten Fällen ist die Trocknungsgeschwindigkeit der limitierende Schritt bei der Produktion von Polymerfolien und Beschichtungen. Somit ist die genaue Kenntnis der Lösemitteldiffusion von entscheidender Bedeutung bei der Planung und Auslegung von Produktionsanlagen.

Schwerpunkt dieser Arbeit war es, den Einfluss von schwer flüchtigen Additiven auf die Mobilität von Lösemitteln zu quantifizieren sowie die Mobilität der Additive in Polymersystemen zu bestimmen. Ausgangspunkt hierfür war die Hypothese, dass sich *Fick'sche* Diffusionskoeffizienten einzelner Spezies in Polymersystemen durch Anpassung von Simulationsrechnungen an gemessene Beladunsprofile zu verschiedenen Zeitpunkten eines Konzentrationsausgleichsprozesses bestimmen lassen. Durch die erzielte Übereinstimmung von gemessenen und berechneten Beladungsprofilen konnte diese Hypothese im Verlauf der vorliegenden Arbeit verifiziert werden. Um dieses Ziel zu erreichen, mussten geeignete Experimente realisiert werden, die es ermöglichen, den Ausgleichsprozess von Beladungsgradienten einzelner Spezies in dünnen Polymerbeschichtungen zu beobachten. Weiterhin wurde ein Simulationsprogramm benötigt, welches in der Lage ist, Stofftransportvorgänge in Polymersystemen zu beschreiben.

Grundlage der experimentellen Untersuchungen war die IMRS-Messtechnik, die es ermöglicht in dünnen Polymerschichten die quantitative Zusammensetzung mit hoher örtlicher und zeitlicher Auflösung zu bestimmen. Um den Einfluss des schwer flüchtigen Weichmachers TPP auf den Diffusionskoeffizientenverlauf von Lösemitteln zu untersuchen, konnte auf einen bestehenden Versuchsaufbau (Trocknungskanal) zurückgegriffen werden. Durch die Anpassung von gerechneten an gemessene Lösemittelbeladungsprofile während des

Trocknungsprozesses konnten die konzentrationsabhängigen Diffusionskoeffizienten der Lösemittel Methanol und Methylenchlorid in Polyvinylacetat bei unterschiedlichen Weichmacherbeladungen ($X_{TPP} = 0 - 0{,}15\ g_{TPP}/g_{PVAc}$) bestimmt werden. Die für die Simulationsrechnungen benötigten Informationen über das Phasengleichgewicht wurden mit Hilfe von Sorptionsversuchen ermittelt. Dabei zeigte sich, dass bei den untersuchten Stoffsystemen der Weichmacher keinen Einfluss auf das Sorptionsgleichgewicht der Lösemittel hat. Der Vergleich der ermittelten Diffusionskoeffizientenverläufe zeigt einen erheblichen Einfluss des Weichmachers auf die Mobilität der Lösemittel. Das schwer flüchtige Additiv führt, speziell bei niedrigen Lösemittelbeladungen, zu einer starken Erhöhung der Lösemitteldiffusionskoeffizienten im Vergleich zu weichmacherfreien Polymerlösungen. Für den Grenzfall $X_{Lsm} \rightarrow 0\ g_{Lsm}/g_{PVAc}$ führt eine Weichmacherbeladung von $X_{TPP} = 0{,}15\ g_{TPP}/g_{PVAc}$ zu einer Erhöhung des Diffusionskoeffizienten von Methanol um eineinhalb Dekaden, von Methylenchlorid sogar um drei Dekaden. Im Rahmen dieser Arbeit konnte erstmals eine empirische Gleichung aufgestellt werden, die den Diffusionskoeffizientenverlauf des Lösemittels als Funktion der Lösemittel- und Weichmacherbeladung beschreibt.

Um den *Fick'schen* Diffusionskoeffizienten des Weichmachers in Polymersystemen bestimmen zu können, mussten neue Versuchsaufbauten realisiert werden. Weiterhin wurden für die Versuche spezielle Polymerproben mit starken Weichmacherbeladungsgradienten entlang der Schichtdicke hergestellt. Die Weichmacherbeladungsgradienten in den Proben ermöglichen es, die Ausgleichströmungen des Weichmachers innerhalb des Polymerfilms zu beobachten. Im Laufe der Arbeit zeigte sich, dass für die Untersuchung der Weichmachermobilität im interessanten Lösemittelbeladungsbereich unterschiedliche Versuchsaufbauten benötigt werden.

Um den Diffusionskoeffizienten des Weichmachers zunächst im binären System Weichmacher-Polymer zu bestimmen, müssen geeigente Rahmenbedingungen geschaffen werden, welche die Beobachtung des Ausgleichvorganges des Weichmachergradienten in einer experimentell zugänglichen Zeitspanne ermöglichen. Die Mobilität des Weichmachers, der bei Raumtemperatur in der Polymermatrix praktisch immobil ist, wird dabei durch Temperaturerhöhung drastisch beschleunigt. Die zu untersuchenden Polymerproben wurden in speziellen Halterungen bei hohen Temperaturen gelagert. Dadurch konnte bei den Langzeitversuchen bei erhöhter Temperatur der Ausgleichsprozess der Weichmacherbeladungsprofile in Polymerproben beobachtet und somit der Diffusionskoeffizientenverlauf durch Simulationsrechnungen bestimmt werden. Die so ermittelten Diffusionskoeffizientenverläufe zeigen eine starke Abhängigkeit von der Additivbeladung und lassen sich gut mit einem allgemeinen exponentiellen Ansatz beschreiben. In einem zweiten Schritt konnte durch Anwendung des WLF-Formalismus der Diffusionskoeffizientenverlauf des Weichmachers zu Temperaturen extrapoliert werden, die aufgrund der geringen Mobilität des Weichmachers experimentell schwer zugänglich sind. Mit Hilfe der entwickelten Langzeitversuche bei erhöhter Temperatur und des beschriebenen Vorgehens bei der Auswertung der experimentellen Daten können Diffusionskoeffizientenveräufe schwer flüchtiger Additive bei Raumtemperatur bestimmt werden.

Für die Ermittlung des Einflusses der Lösemittelbeladung auf die Mobilität schwer flüchtiger Additive in Polymersystemen wurden zwei weitere neue Versuchsaufbauten realisiert. Um den Diffusionskoeffizienten des Weichmachers in Polymerbeschichtungen bei niedrigen Lösemittelkonzentrationen zu bestimmen, wurden Wiederbefeuchtungsversuche durchgeführt. Bei diesen Versuchen werden trockene Polymerproben mit einem anfänglichen Weichmacherbeladungsgradienten in einem temperierten Kanal mit einem lösemittelbeladenen Gasstrom überströmt. Aus der Gasphase dringt das Lösemittel in den Polymerfilm ein, bis das Sorptionsgleichgewicht zwischen Gasströmung und Polymerprobe erreicht ist. Das eingedrungene Lösemittel erhöht die Weichmachermobilität in der Polymerbeschichtung und die Weichmacherbeladung gleicht sich aus. Dieser Vorgang wird mit Hilfe der IMRS-Messtechnik beobachtet. Durch Anpassung von gerechneten an gemessene Weichmacherbeladungsprofile zu verschiedenen Zeitpunkten des Ausgleichvorgangs kann der Diffusionskoeffizientenverlauf des Weichmachers bestimmt werden. Bei hohen Lösemittelkonzentrationen hat sich die Weichmacherbeladung in den Polymerproben bereits ausgeglichen, bevor der Eindringvorgang des Lösemittels abgeschlossen ist. Die Bestimmung des Weichmacherdiffusionskoeffizienten ist in diesen Fällen nicht möglich. Aus diesem Grund wurden für die Bestimmung der Weichmacherdiffusionskoeffizienten bei hohen Lösemittelbeladungen Zweischichtversuche durchgeführt. Bei diesen Versuchen werden zwei Polymerlösungen mit unterschiedlichen Weichmacherbeladungen in Kontakt gebracht und es wird wieder der Ausgleich der Weichmacherbeladung beobachtet. Die Bestimmung des Diffusionskoeffizienten erfolgt auch bei diesen Versuchen über Anpassung von gerechneten an gemessene Weichmacherbeladungsprofile.

Für die Bestimmung des Diffusionskoeffizienten des Weichmachers müssen die Stofftransportvorgänge in der Polymerbeschichtung modellhaft beschrieben werden. Um die Ausgleichvorgänge der Weichmacherbeladungsgradienten in den Polymerschichten berechnen zu können, wurde ein Simulationsprogramm entwickelt, das auf dem expliziten Differenzenverfahren beruht. Für den Stofftransport in Polymersystemen wird die Gültigkeit des Fick'schen Gesetzes vorausgesetzt.

Bei der Auswertung der Trocknungsversuche, der Wiederbefeuchtungsversuche und der Zweischichtversuche wurde die Annahme getroffen, dass die ternären Systeme (Lösemittel, Weichmacher und Polymer) auf quasibinäre Systeme reduziert werden können. Dabei werden jeweils zwei Komponenten zu einer Komponente zusammengefasst. Im Fall der Troknungsversuche wurde angenommen, dass das Lösemittel durch eine feste Komponente – bestehend aus Weichmacher und Polymer – diffundiert. Bei den Wiederbefeuchtungs- und Zweichichtversuchen werden Lösemittel und Polymer zu einer Komponente zusammengefasst, in der sich der Weichmacherbeladungsgradient ausgleicht. Die Gültigkeit dieser Annahme wird durch die gute Übereinstimmung von gerechneten und gemessenen Beladungsprofilen bestätigt.

Mit den experimentellen Daten und den Simulationsrechnungen konnten die Diffusionskoeffizientenverläufe des Weichmachers Triphenylphosphat in den Stoffsystemen PVAc-MeCl-TPP, PVAc-MeOH-TPP sowie TAC-MeCl-TPP bestimmt werden. Die Verläufe zeigen eine sehr starke Abhängigkeit des Weichmacherdiffusionskoeffizienten von der Lösemittelbeladung. Für das Stoffsystem PVAc-MeCl-TPP verringert sich der Diffusionskoeffizient des Weichmachers um etwa neun Dekaden im untersuchten Lösemittelbeladungsbereich von $X_{MeCl} = 0$ - $0{,}8\ g_{MeCl}/g_{PVAc}$. Durch systematisches Auswerten der Diffusionsdaten konnten empirische Funktionen ermittelt werden, welche die Diffusionskoeffizientenverläufe des Weichmachers in den untersuchten Polymersystemen als Funktionen der Weichmacher- und der Lösemittelbeladung beschreiben. Diese Daten sollen als Grundlage für die Beschreibung der Diffusionskoeffizientenverläufe in einer ternären Simulation der Stofftransportvorgänge in Polymersystemen (s. Ausblick) dienen. Mit den durchgeführten quasibinären Simulationsrechnungen konnte gezeigt werden, dass diese Diffusionskoeffizientenverläufe in der Lage sind, Ausgleichsprozesse von Konzentrationsgradienten schwer flüchtiger Additive in Polymerbeschichtungen zu beschreiben. Die Kenntnis der Mobilität schwer flüchtiger Additive in Polymersystemen ist sowohl bei der Herstellung als auch bei der Anwendung und dem Produktdesign von essentieller Bedeutung.

6.2 Ausblick

Die Ergebnisse der in dieser Arbeit vorgestellten Untersuchungen zeigen, wie stark der Einfluss der Gemischzusammensetzung auf die Mobilität der einzelnen

Spezies in Polymerlösungen ist. So bewirkt die Zugabe von kleinen Mengen Weichmacher in einer Polymerlösung einen signifikanten Anstieg der Lösemittelmobilität. Dies ist von entscheidender Bedeutung bei der Auslegung von Trocknungsprozessen, da der Diffusionskoeffizient des Lösemittels maßgeblich für die benötigte Trocknungszeit und somit für die Trocknerlänge ist. Obwohl die Kenntnis von verlässlichen Diffusionsdaten und deren Beeinflussung durch schwer flüchtige Additive immense Auswirkungen auf das Prozessdesign hat, sind diese Daten für technisch relevante Stoffsysteme weitgehend unbekannt. Eine zuverlässige Charakterisierung der Abhängigkeit der Lösemitteldiffusionskoeffizienten von der Beladung mit schwer flüchtigen Additiven wurde in dieser Arbeit entwickelt. Dieses empirische Modell und die zusätzlichen Versuchsdaten ermöglichen es, den Einfluss schwer flüchtiger Additive auf die Lösemitteldiffusion zu beschreiben. Durch dieses Vorgehen sollen industriell eingesetzte und wirtschaftlich relevante Polymerlösungen hinsichtlich ihres Trocknungsverhaltens charakterisiert werden.

Weiterhin sollen die in dieser Arbeit vorgestellten Experimente und Vorgehensweisen dazu verwendet werden, die Mobilität schwer flüchtiger Additive in Polymersystemen zu bestimmen. Diese Informationen ermöglichen in Verbindung mit Modellrechnungen Voraussagen über den Einfluss der Trocknungsparameter auf die Ausbildung von Beladungsprofilen schwer flüchtiger Additive in den gefertigten Polymerbeschichtungen. Die Verteilung der schwer flüchtigen Spezies ist bei einigen hochwertigen Produkten wie z. B. pharmazeutischen Wirkstoffpflastern oder optischen Folien für Flachbildschirme von entscheidentder Bedeutung in Bezug auf die Produktqualität. In der Regel ist es das Ziel, die Trocknungsparameter so einzustellen, dass eine inhomogene Verteilung der schwer flüchtigen Additive in den Produkten vermieden wird. Denkbar ist aber auch, die Kenntnis über den Einfluss der Trocknungsparameter auf die Ausbildung von Additivgradienten in Polymerbeschichtungen bewusst als Werkzeug beim Produktdesign einzusetzen. So könnten Additivverteilungen, die sich positiv auf die Produkteigenschaften auswirken, gezielt durch die Wahl geeigneter Trocknungsparameter eingestellt werden.

Eine weitere Anwendungsmöglichkeit der Experimentiertechniken und Modellrechnungen ist die Beschreibung der Diffusion von schwer flüchtigen Additiven in oder aus Polymerprodukten. Dabei können die gewonnenen Erkenntnisse bei der Entwicklung oder Kontrolle von innovativen Darreichungsformen von Medikamenten (pharmazeutische Wirkstoffpflaster) eingesetzt werden. Auch bietet das vorgestellte Vorgehen neue Ansatzpunkte, um die unerwünschte Freisetzung von schwer flüchtigen Additiven aus Polymerprodukten, wie z. B. Weichmachern aus Kinderspielzeug, Kleidungsstücken oder Lebensmittelverpackungen einerseits experimentell zu überprüfen oder andererseits die Quantität der Kontamination durch Berechnungen vorauszusagen.

Ein wichtiger Aspekt bei den angesprochenen Untersuchungen wird die modellhafte Beschreibung der Stofftransportvorgänge in den Polymerbeschichtungen sein. In der vorliegenden Arbeit wurden die experimentellen Randbedingungen so eingestellt, dass die untersuchten ternären Stoffsysteme als quasibinäre Stoffsysteme behandelt werden konnten. Um diese Limitierungen zu umgehen und die Stofftransportvorgänge in der ternären Polymerlösung vollständig beschreiben zu können, ist eine ternäre Simulation nötig. Die Erstellung eines solchen Simulationsprogrammes ist Gegenstand aktuell laufender Forschungsarbeiten am Institut. Weiterhin sollen in dieses Modell auch andere Stofftransportansätze (z. B. *Nicht-Fick'sche* Diffusion) implementiert werden. Dies soll ermöglichen, den Stofftransport in den Cellulosetriacetatfilmen genauer zu beschreiben.

Literaturverzeichnis

Alsoy S. (**1998**). *Modeling of Polymer Drying and Devolatilization Processes,* Ph.D Theses, Pennsylvania State University, University Park

Alsoy S., Duda J.L. (**1999**). *Modeling of Multicomponent Drying of Polymer Films,* AIChE Journal, Vol. 45 (4), 896-905

Antrim D., Bunton P., Lewis L.L., Zoltowski B.D., Pojaman J.A. (**2005**). *Measuring the Mutaul Diffusion Coefficient for Dodecyl Acrylate in Low Molecular Weight Poly(dodecyl acrylate) with Laser Line Deflection (Wiener's Method) and the Fluorescence of Pyrene*, J. Phys. Chem. B. Vol. 109, 11842-11849

Atkins P.W. (**1996**). *Physikalische Chemie, Zweite Auflage*, VCH, Weinheim

Bearman R.M., (**1961**). *On the Molekular Basis of some Current Theories of Diffusion*, Journal of Phys. Chem., 65, 1961 - 1968

Bird R.B., Stuart W.E., Lightfoot E.N. (**1960**). *Transport Phenomena*, John Wiley and Sons Inc., New York

Bissinger A. (**2002**). *Modellierung der Mehrkomponentendiffuson bei der Trocknung von lösungsmittelhaltigen Polymerbeschichtungen*, Diplomarbeit, Institut für Thermische Verfahrenstechnik, Universität Karlsruhe (TH)

Bloch F. (**1946**). *Nuclear Induction*, Physical Review, Vol. 70, 7-8, 460-474

Brame E. (**1977**). *Infrared and Raman spectroscopy,* Band C, New York

Brauer H. (**1971**). *Stoffaustausch* Verlag Sauerländer, Anrau und Frankfurt am Main

Bronstein, Semendjajew, Musiol, Mühlig (**1999**). *Taschenbuch der Mathematik*, Verlag Harri Deutsch, Frankfurt am Main

Cal K., Janicki S., Sznitowska M. (**2001**). *In vitro studies on penetration of terpenes from matrix-type transdermal systems through human skin*, Int. J. of Pharmaceutics Vol. 224, 81–88

Cairncross R.A. (**1994**). *Solidification phenomena during drying of sol to gel coatings*, Ph.D. Thesis, University of Minnesota, Minneapolis

Camacho-Zuniga C., Ruiz-Trevino F.A. (**2003**). *A New Group Contribution Scheme To Estimate the Glass Transition Temperature for Polymers and Diluents*, Ind. Eng. Chem. Res., Vol. 42, Number 7, 1530-1534

CEA – Consumer Electronics Association, Detailed Sales and Forecast, Januar 2010, http://www.ce.org

Chow T.S. (**1980**). *Molecular Interpretation of the Glass Transition Temperature of Polymer-Diluent Systems*, Macromolecules, Vol. 13, 362-364

Crank J. (**1950**). *The Influence of Concentration-Dependent Diffusion on Rate of Evaporation,* Transactions of the Faraday Society, 46,450 – 461

Crank J. (**1967**). *The Mathematics of Diffusion,* Clarendon Press, Oxford

Cohen M.H., Turnbull D. (**1959**). *Molecular Transport in Liquids and Glasses,* Journal of Chemical Physics, 31, 5, 1164 - 1169

Davis P.E., Duda, J. L., Danner, R.P. (**2005**). *Modeling of an IGC Experiment to Analyze Ternary Polymer-Solvent Systems*, AIChE J., 51, 88 2930-2941

Dabral M. (**1999**). *Solidification of Coatings: Theory and Modeling of Drying, During and Microstructure Growth*, Ph. D. Thesis, University of Minnesota

Doolittle A.K. (**1951**). *Studies in Newtonian Flows. II. The Dependence of Viscosity of Liquids on Free Space*, Journal of Applied Physics, Volume 22 (12), 1471-1475

Duda J.L., Ni Y.C. (**1978**). *Diffusion of Ethylenbenzene in Molten Polystyrene*, Journal of Applied Polymer Science, Volume 22, 689-699

Durning C.J., Tabor M. (**1986**). *Mutual Diffusion in Concentrated Polymer Solution under a Small Driving force*, Macromolecules, Volume 19 (8), 2220-2232

Einstein A. (**1905**). *Über die von der molekularkinetischen Theorie der Wärme geforderte Bewegung von in ruhenden Flüssigkeiten suspendierten Teilchen*, Annalen der Physik, Volume 17, S. 549–560

El Kouali M., Salouhi M., Labidi F., El Brouzi M., Vergnaud J. M. (**2003**). *Study of realease and consumption of agents from active polymer packing into food using dimensionless numbers,* Plastics, Rubber and Composites. Vol. 32, No. 3, 127-134

Everall N.J. (**2000**). *Modeling and Measuring the Effect of Refraction on the Depth Resolution of Confocal Raman Microscopy*, Applied Spectroscopy, Volume 54, Number 6, 773-782

Fadini A., Schnepel F.M. (**1985**). *Schwingungsspektroskopie: Methoden, Anwendungen,* Thieme Verlag, Stuttgart.

Favre E., Nguyen Q.T., Schaetzel P., Clément R., Néel J. (**2007**). *Sorption of Organic Solvents into Dense Silicone Membraneso part 1.- Validity and Limitations of Flory-Huggins and Related Theories,* J. chem. Soc. Faraday Trans.s. Vol. 89, No. 24, 4339-4346

Ferraro J. R. (**1994**). *Introductory Raman Spectroscopy,* Boston Acad. Press.

Ferry J.D. (**1980**). *Viscoelastic Properties of Polymers*, John Wiley & Sons, 3rd Edition

Fick A. (**1855**). *Ueber Diffusion*, Annalen der Physik 170 (1), 59-86

Fredenslund A., Jones R.L., Prausnitz J.M. (**1975**). *Group-Contribution Estimation of Activity Coefficients in Nonideal Liquid Mixtures*, AIChE Journal, Volume 21, 1086-1099

Frenning G., Fichtner F., Alderborn G. (**2005**). A new method for characterizing the release of drugs from single agglomerates, Chem. Eng. Science, Vol. 60, 3909-3918

Frisch H.L., Rogers C.E. (**1966**). *Transport in Polymers*, Journal of Polymer Science Part C, Volume 12, 297-315

Fujita H., Kishimoto A. (**1958**). *Diffusion-Controlled Stress Relaxation in Polymers. II. Stress Relaxation in Swollen Polymers*, Journal of Polymer Science, Volume 28, 547-567

Fujita H. (**1961**). Fortschr. Hochpolym. Forsch. 3

Fujita H., Kishimoto A. (**1968**). *Diffusion in Polymers*, ED by Crank J and Park GS, Academic Press, New York

Flory P. J. (**1953**). *Principles of Polymer Chemistry*, Cornell University Press, Ithaca, New York

Flory P. J. (**1941**). *Thermodynamics of High Polymer Solutions*, J. Chem. Phys., Volume 9, 660-661,

Fuller E. N., Schettler PD, Giddings JC (**1966**). *A new Method of Prediction of binary Gas-Phase Diffusion Coefficients*, Ind. Eng. Chem, 58 (5)

Galdámez J.R., Danner R.P. (**2009**). *Multicomponent Inverse Gas Chromatography: Determination of Solubility and Diffusivity in Ternary Polymer-Solvent Systems*, Industrial & Engineering Chemistry Research, Vol.48, No.10, 4966-4974

Gao P., Fagerness P.E. (**1995**). *Diffusion in HPMC Gels. I. Determination of Drug and Water Diffusivity by Pulsed-Field-Gradient Spin-Echo NMR*, Pharmaceutical Research, Vol. 12, No. 7, 955-964

Gmehling J., Onken U., Arlt W. (**1982**). *Vapor-Liquid Equilibrium Data Collection, Aqueous-organic Systems (Supplement 1)*, Chemistry Data Series, Vol. I, Part 1a

Guerrier B., Bouchard C., Allain C. Bénard C. **(1998)**. *Drying Kinetics of Polymer Films*, AIChE Journal, Band 44, Heft 41, 791-798

Gutoff E.B. (**1994**). *Modeling the Drying of Solvent Coatings on Continuous Webs*, J. Imaging Sci. Technol., 38, 184-192

Guyot M., Fawaz F. (**2000**). *Design and in vitro evaluation of adhesive matrix for transdermal delivery of propranolol*, Int. J. of Pharmaceutics Vol. 204, 171–182

Hahn E. L (**1950**). *Spin Echoes*, Physical Review, Vol. 80, 4, 580-594

Hore P. J (**1995**). *Nuclear Magnetic Resonance: Oxford Chemistry Primers*, Oxford University Press, New York

Huggins M.L. (**1942**): *Thermodynamic Properties of Solutions of Long-Chain Compounds*, Ann. New York Acad. Sci., Volume 43, 1-43,

Hayes M.J., Park G.S. (**1955**). *The Diffusion of Benzene in Rubber*, Trans. Faraday Soc., Vol. 51, 1134-1142

Jeck S. Scharfer P., Kind M. (**2009**). *Water sorption in physically crosslinked poly(vinyl alcohol) membranes: An experimental investigation of Schroeder's paradox*, Journal of Membrane Science, Vol. 337, (1-2), 291-296

Johnson M., Hauserman R.G. (**1977**). *Diffusion of Stabilizers in Polymers. IV. 2,4-Dihydroxybenzophenone in Plasticized Polyvinyl Chloride)*, J. of Appl. Polym. Sci., Vol. 21, 3457–3463

Joubert C., Cassagnau P., Choplin L., Michel A. (**2002**). *Diffusion of platicizer in elastomer probed by rheological analysis*, Journal of Rheology, Volume 43 (3), 629-650

Ju R.T.C., Nixon P.R., Patel M.V. (**1995**). *Drug Release From Hydrophilic Matrices. 1. New Scaling Laws for Predicting Polymer and Drug Release Based on the Polymer Disentanglement Concentration and the Diffusion Layer*, J. of Pharmaceutical Science, Vol. 84, No. 12 1455-1463

Ju R.T.C., Nixon P.R., Patel M.V., Tong D.M. (**1995**). *Drug Release From Hydrophilic Matrices. 2. A Mathematical Model Based on Polymer Disentenglement Concentration and Diffusion Layer*, J. of Pharmaceutical Science, Vol. 84, No. 12 1464-1477

Ju S. T., Liu H.T., Duda J.L., Vrentas J.S. (**1981**). *Solvent Diffusion in Amorphous Polymers*, Journal of Applied Polymer Science, 26, 3735-3744

Kishimoto A., Enda Y. (**1963**). *Diffusion of Benzene in Polyacrylates,* Journal of Polymer Science: Part A, Volume 1, 1799-1811

Korsmeyer R.W., von Meerwall E., Peppas N.A. (**1986**). *Solute and Penetrant Diffusion in Swellable Polymers. II. Verification of Theoretical Models*, J. of Polymer Science: Polymer Physics Edition, Vol. 24, 409-434

Krishna R., Standart G.L. (**1976**). *A multicomponent Film Model incorporating a general Matrix Method of Solution of the Maxwell-Stefan Equation*, AIChE Journal, Volume 22

Kwak S., Lafleur M. (**2003**). *Raman Spectroscopie as a Tool for Measuring Mutual-Diffusion Coefficients in Hydrogels,* App. Spectroscopy, Vol. 57, 7

Lindemann M.K. (**1999**). *Physical Constants of Poly(vinyl acetate), Polymer Handbook*, 4.Auflage, V77-V85, Wiley & Sons, New York

Loulou T., Adhikari B., Lecomte D. (**2006**). *Estimation of concentration-dependent diffusion coefficient in drying process from the space-averaged concentration versus time with experimental data*, Chem. Eng. Science Vol. 61 7185-7198

Ludwig I. (2008). *Drying, film Formation and Open Time of Aqueous Polymer Dispersions – An Investigation of Different Aspects by Rheometry and Inverse-Micro-Raman-Spectroscopie (IMRS),* Dissertation, Universität Karlsruhe (TH), Institut für Thermische Verfahrenstechnik

Lustig S.R., Caruthers J.M., Peppas N.A. (**1992**). *Continuum thermodynamics and transport theory for Polymer-fluid mixtures*, Chemical Engineering Science 47 (12), 3037-3057

Mamaliga I., Schabel W., Kind M. (**2004**). *Measurement of sorption isotherms and diffusion coefficients by means of magnetic suspension balance*, Chemical Engineering and Processing, Volume 47 (6), 753-763

Maxwell J.C. (**1867**). *On the Dynamical Theory of Gases*, Philosophical Transactions of the Royal Society of London 157, 49-88

Mayinger F. (**1994**). *Optical measurements, techniques and applications*, Springer

Merk (**2010**). *SAFETY DATA SHEET: Triphenyl phosphate, Darmstadt.*

Messadi D., Vergnaud J. M., Hivert M. (**1981**). *A New Approach to the Study of Plasticizer Migration from PVC into Methanol*, J. Appl. Polym. Sci., Vol. 26, 667–677

Messadi D., Vergnaud J. M. (**1982**). *Plasticizer Transfer from Plasticized PVC into Ethanol-Water Mixtures*, J. Appl. Polym. Sci., Vol. 27, 3945–3955

Moritz H. (**1999**) *Messungen des Konzentrationsfeldes verdunstender binärer Mikropartikel mittels linearer Raman-Spektroskopie,* Fortschritt-Berichte VDI, Düsseldorf

Müller M., Schabel W., Kind M. (**2002**). *Anwendungsmöglichkeiten der konfokalen Ramanspektroskopie im Bereich der Verfahrenstechnik,* Studienarbeit, Institut für Thermische Verfahrenstechnik, Universität Karlsruhe (TH)

Müller M., Scharfer P., Schabel W., Kind M. (**2010**). *A comparison between diffusion coefficients in polymer-solvent systems determined by gravimetric sorption experiments and spectroscopic monitored drying profiles,* Chemical Engineering Processing, eingereicht

Nauman E.B., Savoca J. (**2001**). *An Engineering Approach to an Unsolved Problem in Multicomponent Diffusion*, AIChE Journal, Vol. 49, No. 2, 1016

Oishi T., Prausnitz J.M. (**1978**). *Estimation of Solvent Activities in Polymer Solutions using a Group-Contribution Method*, Ind. Eng. Chem. Process Des. Dev., Volume 17 (3), 333-339,

Onsager L. (**1945**). *Theories and Problems of liquid Diffusion*, Annals of the New York Academy of Sciences 46 (5), 241-265

Oswald T.A., Menges G. (**1995**). *Material Science for Polymers for engineers*, 2. Auflage, Hanser Verlag

Papakonstantinou V., Papaspyrides C.D. (**1994**). *Plasticizer Migration From Plasiciezed Into Unplasticized Poly(vinyl Chloride)*, J. of Vinyl Technology Vol. 16, No. 4, 192-196

Park J.R.A., Kim D. (**2000**). *Determination of Diffusion and Mass Transfer Coefficients during drying of solvent-absorbed polymer films*, Polymer Journal, Vol. 32, No. 5, 415-421

Perez E.B., Carvalho M.S. (**2007**). *Drying of Thin Films of Polymer Solutions Coated over Impermeable Substrates*, Heat Transfer Engineering, Vol. 28 No. 6, 559-566

Powers G.W., Collier J.R. (**1990**). Experimental modeling of solvent-casting thin polymer films, Polymer Eng. Science, Vol. 30, No. 3, 118-123

Presser K.H. (**1972**). *Stoffübertragung an längsangeströmten ebenen Platten im Kanal bei Schmidt-Zahlen von 2000, 2 und 0,7,* Wärme und Stoffübertragung Bd. 5, 153-167

Presser K.H. (**1968**). *Experimentelle Prüfung der Analogie zwischen konvektiver Wärme- und Stoffübertragung bei nichtabgelöster Strömung*, Wärme und Stoffübertragung Bd. 1, 225-236

Price P.E., Wang S., Romdhane I.H. (**1997**). *Extracting Diffusion Parameters from Drying Experiments,* AIChE Journal, Volume 43 No. 8. 1925-1934

Price P.E., Romdhane I.H. (**2003**). *Multicomponent Diffusion Theory and Its Application to Polymer-Solvnt Systems,* AIChE Journal, Volume 49 No. 2. 309-322

Raman C.V., Krishnan K.S. (**1928**). *A new type of secondary radiation,* Nature, Volume 121, 501-502

Reid R.C., Prausnitz T.K., Sheerwood T.K. (**1977**). *The Properties of Gases and Liquids,* third edition, McFraw-Hill, New York, NY

Roos, Y.H. (**1995**). *Phase Transitions in Foods Academic Press, San Diego*

Rosca I., Vergnaud J.M. (**2007**). *Problems of food protection by polymer packages, J. of chemical Helath & Safety*, March/April 2007, 14 – 20

Saure R., Gnielinski V. (**1994**). *Moisture Measurement by FT-IR-Spectroscopy*, Drying Technology, 12, H. 6, 1427-1444

Saure R. (**1995**). *Zur Trocknung von Lösemittelfeuchten Polymerfilmen*, Dissertation, Institut für Thermische Verfahrenstechnik, Universität Karlsruhe

Saure R., Wagner G. R., Schlünder E.-U. (**1998**). *Drying of solvent-borne polymeric coatings:I. Modeling the drying process II. Experimental results using FTTR spectroscopy*, Surf. Coat. Technol. 99, 253-265

Schabel W. (**2004**). *Trocknung von Polymerfilmen – Messung von Konzentrationsprofilen mit der Inversen-Mikro-Raman-Spektroskopie*, Dissertation, Universität Karlsruhe (TH), Institut für Thermische Verfahrenstechnik

Schabel W., Scharfer P., Müller M., Ludwig I., Kind M. (**2005**). *Concentration Profile Measurements in Polymeric coatings during drying by means of Inverse-Micro-Raman-Spectroscopy (IMRS)*, Raman Update Horiba Jobin Yvon, No. 3, 1-3

Schabel W., Scharfer P., Kind M., Mamaliga I. (**2007**). *Sorption and diffusion measurements in ternary polymer-solvent-solvent-systems by means of a magnetic suspension balance – Experimental methods and correlations with a modified Flory-Huggins and free-volume theory*, Cemical Engineering Science, 62, 2254-2266

Scharfer P., Schabel W., Kind M. (**2003**). *Messung und Simulation von Konzentrationsprofilen bei der Trocknung von Polymerbeschichtungen mit Hilfe*

der Konfokalen-Mikro-Raman-Spektroskopie, Diplomarbeit, Institut für Thermische Verfahrenstechnik, Universität Karlsruhe (TH)

Scharfer P., Schabel W., Kind M. (**2007**). *Mass transport measurements in membranes by means of in situ Raman spectroscopy - First results of methanol and water profiles in fuel cell membranes*, J. Membr. Sci. 303 (1-2), 37-42

Scharfer P., Schabel W., Kind M. (**2008**). *Modelling of alcohol and water diffusion in fuel cell membranes-Experimental validation by means of in situ Raman spectroscopy*, Chemical Engineering Science 63 (19), 4676-4684

Scharfer P.(**2009**). *Zum Stofftransport in Brennstoffzellenmembranen – Untersuchungen mit Hilfe der Inversen-Mikro-Raman-Spektroskopie*, Dissertation, Universität Karlsruhe (TH), Institut für Thermische Verfahrenstechnik

Schlünder E. U. (**1984**). *Einführung in die Stoffübertragung*, Georg Thieme Verlag, Stuttgart

Schrader B. (**1995**). *Infrared and Raman spectroscopy: methods and application*, Weinheim

Schwarzl F.R. (**1990**). *Polymermechanik: Struktur und mechanisches Verhalten von Polymeren*, 1. Auflage, Springer, Berlin

Siepmann J., Ainaoui A., Vergnaud J.M., Bodmeier R. (**1998**). *Calculation of the Dimensions of drug-Polymer Devices Based on Diffusion Parameters*, J. of Pharmaceutical Science, Vol. 87 No. 7, 827–832.

Smekal A. (**1923**). *Zur Quantentheorie der Dispersion,* Naturwissenschaften, 43, 873

Stark T.D., Choi H., Diebel P.W. (**2005**) *The influence of molecular weight on plasticizer retention – A key change to specification PGI-1104 improves understanding of long-term PVC PVC geomembrane performance*, GFR Magazine Vol. 23, No. 2, 1-6

Stejskal R.K., Tanner J.E. (**1965**). *Spin diffusion measurements: spin echoes in the presence of a time-dependent field gradient,* Journal of Chemical Physics, Vol. 42 (1), 288-292

Surana R.K., Danner R.P., Duda J.L. (**1998**). *Diffusion and equilibrium measurements in ternary polymer-solvent-solvent systems using inverse gas chromatography,* Ind., Eng. Chem. Res., Volume 37 (8), 3203-3207

Thomas N.L., Windle A.H. (**1982**). *A theory of case II diffusion*, Polymer Vol. 23, (4) 529-542

Tieke B. (**2005**). *Makromolekulare Chemie: Eine Einführung*, 2. Auflage, Wiley-VCH, Weinheim

Tipler A.B. (**2000**). *Physik*, Heidelberg

Tihminlioglu F., Danner R.P., Lützow N., Duda J.L. (**2000**). *Solvent Diffusion in Amorphous Polymers: Polyvinyl Acetate-Toluene System,* Journal of Polymer Science B, Volume 38, 2429-2435

Tukey, J.W. (**1977**). *Exploratory Data Analysis*, Addison-Wesley.

VDI Wärmeatlas, (**2002**). 9. Auflage, Springer Verlag

Verros G.D., Malamataris N.A. (**2005**). *Multi-component diffusion in polymer solutions*, Polymer Vol. 46, 12626-12636

Vinjamur M., Cairncross R.A. (**2000**). *A high airflow drying experimental setup to study drying behavior of polymer solvent systems*, Proceed. Of 12th IDS, Noordwijkerhout, The Netherlands

Vrentas J.S., Duda J.L. (**1977**). *Diffusion in Polymer-Solvent Systems I*, Journal of Polymer Science: Polymer Physics Edition, Vol. 15, 403 – 416

Vrentas J.S., Duda J.L., Ling H.C. (**1984**). *Self Diffusion in Polymer-Solvent Systems*, Journal of Polymer Science: Polymer Physics Edition, Vol. 22, 459 - 469

Vrentas J.S., Vrentas C.M. (**1992**). *Fickian Diffusion in Glassy Polymer-Solvent Systems*, Journal of Polymer Science: Part B: Polymer Physics, Vol. 30, 1005-1011

Vrentas J.S., Vrentas C.M. (**1993**). *A New Equation Relating Self Diffusion and Mutual Diffusion Coefficients in Polymer-Solvent Systems*, Macromolecules, Volume 26, 6129-6131

Vrentas J.S., Vrentas C.M. (**1999**). *Differential Sorption in Glassy Polymers*, Journal of Applied Polymer Science, 71, 1431-1440

Vrentas J.S., Vrentas C.M. (**2000**). *Prediction of Mutual Diffusion Coefficients in Polymer-Solvent Systems*, Journal of Applied Polymer Science, Vol. 77, 3195-3199

Vrentas J.S., Vrentas C.M. (**2002**). *Effect of Glass Transition on the Concentration Dependence of Self-Diffuision Coefficients*, Journal of Applied Polymer Science, Vol. 89, 1682-1684

Vrentas J.S., Vrentas C.M. (**2004**). *Diffusion-Controlled Polymer Dissolution and drug release*, J. of Applied Polymer Science, Vol. 93, 92-99

Vrentas J.S., Vrentas C.M. (**2005**). *Theoretical Aspects of Ternary Diffusion*, Ind. Eng. Chem. Res., Vol. 44, 1112-1119

Wagner G.R., Schlünder E.U. (**1998**). *Drying of polymeric solvent coatings,* Drying '98, Proceedings of the 11th International Drying Symposium, Halkidiki, Greece, Vol. C, 1772-1779

Wagner G.R. (**2000**). *Trocknung lösungsmittelhaltiger Polymerbeschichtungen*, Dissertation, Institut für Thermische Verfahrenstechnik, Universität Karlsruhe (TH)

Westlake J.F., Johnson M. (**1975**). *Diffusion of Stabilizers in Polymers. I. 2,4-Dihydroxybenzophenone in Polyolefines*, J. of Appl. Polym. Sci., Vol. 19, 319–334.

Wibawa G., Hatano R., Sato Y., Takishima S., Masuoka H. (**2002**). *Solubilities of 11 Polar Organic Solvents in Four Polymers Using the Piezoelectric-Quarz Sorption Method*, Journal of Chem. Eng. Data, 47, 1022-1029

Wibawa G., Takahashi M., Sato Y., Takishima S., Masuoka H. (**2002**). *Solubilities of seven Nonpolar Organic Solvents in Four Polymers Using the Piezoelectric -Quarz Sorption Method*, Journal of Chem. Eng. Data, 47, 518-524

Wilke C.R., Chang P.C. (**1955**). *Solubilities of seven Nonpolar Organic Solvents in Four Polymers Using the Piezoelectric -Quarz Sorption Method*, AIChE Journal, 1,264

Wijmans J.G., Baker R.W. (**1995**). *The solution-diffusion model: a review*, Journal of Membrane Science, 107, Polymer Science 21, 875-898

Wilhelm M. (**2007**). *Introduction to Polymer Science*, Skript zur Vorlesung 'Einführung in die Polymerwissenschaften II' Institut für Technische Chemie und Polymerchemie, Universität Karlsruhe, 84-85

Williams M.L., Landel R.F., Ferry J.D. (**1955**). *The Temperature Dependence of Relaxation Mechanisms in Amorphous Polymers and Other Glass-forming Liquids*, J. Am. Chem. Soc., 77, 14, 3701-3707

Zielinski J.M., Duda J.L. (**1992**). *Predicting Polymer/Solvent Diffusion Coefficients Using Free-Volume Theory,* AIChe Journal, Volume 38 No.3, 405-415

Zielinski J.M., Hanley B.F. (**1999**). *Practical Friction-Based Approach to Modeling Multicomponent Diffusion,* AIChe Journal, Volume 45 No. 1, 1-12

Zielinski J.M., Alsoy S. (**2001**). *Onsager Consistency Check for Multicomponent Diffusion Models,* Journal of Poly. Sci.: Part B: Poly. Phys., 39, 1496

Zielinski J.M., Carvill B.T., Gardner S.A. Kimak M.F. Horvath R. Rovira J.E. (**2001**). *Polymer/Solvent Equilibrium Measurements via Vapor-Phase Infrared Spectroscopy,* Ind. Eng. Res., Volume 40, 2990-2994

Zhou Y. (**2008**). *Vergleichende Charakterisierung der Trocknung verschiedener polymerer Modellstoffsysteme*, Diplomarbeit, Institut für Thermische Verfahrenstechnik, Universität Karlsruhe (TH)

Im Rahmen der vorliegenden Arbeit am Institut für Thermische Verfahrenstechnik durchgeführte Diplom- und Studienarbeiten

Kurz B. (**2007**). *Untersuchungen komplexer Stofftransportphänomene von Additiven in Polymerfilmen mit Hilfe der Inversen-Mikro-Raman-Spektroskopie (IMRS),* Diplomarbeit, Institut für Thermische Verfahrenstechnik, Universität Karlsruhe (TH)

Baudy D. (**2008**). *Diffusion nichtflüchtiger Additive in*, Diplomarbeit, Institut für Thermische Verfahrenstechnik, Universität Karlsruhe (TH)

Pang B. (**2009**). *Untersuchungen zum Einfluss der Weichmacherverteilung in optischen Folien auf die*, Studienarbeit, Institut für Thermische Verfahrenstechnik, Universität Karlsruhe (TH)

Eigene Veröffentlichungen, Tagungsbeiträge und Vortragseinladungen zum Stofftransport in Polymersystemen im Rahmen der vorliegenden Arbeit

Veröffentlichungen:

Müller M., Scharfer P., Kind M., Schabel W. (**2010**). *Influence of Non-Volatile Additives on the Diffusion of Solvents in Polymeric Coatings*, Chemical Engineering Processing: Process Intensification, DOI:10.1016/j.cep.2010.10.001

Müller M., Scharfer P., Kind M., Schabel W. (**2010**). *Bestimmung von Diffusionskoeffizienten nicht flüchtiger Additive in Polymerbeschichtungen mit Hilfe der Inversen-Mikro-Raman-Spektroskopie*, Chemie Ingenieur Technik, 82 (12), 2097-2102

Müller M., Scharfer P., Kind M., Schabel W. (**2009**). *A comparison between diffusion coefficients in polymer-solvent systems determined by gravimetric sorption experiments and spectroscopic monitored drying profiles*, Chemical Engineering Processing, eingereicht

Müller M., Schabel W., Kind M. (**2009**). *Diffusion in Multi-Component Polymeric Systems: Diffusion of Non-Volatile Species in thin Films*, The European Physical Journal Special Topics, 166 (1) 103-106

Müller M., Schabel W., Kind M. (**2008**). *Untersuchung der Stofftransportvorgänge nicht flüchtiger Additive bei der Herstellung von Polymerfilmen*, Chemie Ingenieur Technik, 80 (9), 1415-1416

Schabel W., **Müller** M., Scharfer P., Kind M., Kübler S., Hartbrich A. (**2007**). *Mass transfer phenomena in the preparation of optical foils and thin films*, Chemie Ingenieur Technik 79 (9), 1489

Müller M., Schabel W., Kind M. (**2007**). Mass transfer phenomena of non-volatile components in polymer films and foils, Chemie Ingenieur Technik, 79 (9), 1483-1484

Schabel W., Scharfer P., **Müller** M., Ludwig I., Kind M. (**2005**). *Concentration Profile Measurements in Polymeric coatings during drying by means of Inverse-Micro-Raman-Spectroscopy (IMRS)*, Raman Update Horiba Jobin Yvon, No. 3, 1-3

Müller M., Scharfer P., Kind M., Schabel W. (**2005**). *Untersuchung des Trocknungsprozesses zur Herstellung pharmazeutischer Wirkstoffpflaster und Entwicklung eines Online-Feuchtesensors*, Chemie Ingenieur Technik 77 (8), 1118

Schabel W., Scharfer P., **Müller M.**, Ludwig I., Kind M. (**2003**). *Messung und Simulation von Konzentrationsprofilen bei der Trocknung binärer Polymerlösungen*, Chemie Ingenieur Technik 75 (9), 1336-1344

Tagungsbeiträge:

Müller M., Scharfer P., Schabel W. (**2010**). *Influence of Non-Volatile Additives on the Diffusion of Solvents in Polymeric Coatings*, 15th International Coating Science and Technology Symposium der ISCST, 12.-15. September, St. Paul MN, USA (Vortrag)

Müller M., Scharfer P., Kind M., Schabel W. (**2009**). *Influence of Non-Volatile Additives on the Diffusion of Solvents in Polymeric Coatings*, 8th European Coating Symposium ECS, 7.-9. September, Karlsruhe (Vortrag)

Müller M., Kind M. Schabel W. (**2008**). *Untersuchung der Stofftransportvorgänge nicht flüchtiger Additive bei der Herstellung von Polymerfilmen,* ProcessNet Jahrestagung, 7.-9. Oktober, Karlsruhe (Vortrag)

Müller M., Baudy D., Kind M. Schabel W. (**2008**). *Diffusion of Non-Volatile Species in thin Polymeric Coatings,* 14th International Coating Science and Technology Symposium der ISCST, 7.-10. September, Marina del Rey CA, USA (Vortrag)

Schabel W., Scharfer P., **Müller** M., Krenn J., Schmidt-Hansberg B. (**2008**). *Drying Issues and Process Scale up of Solvent Casted Films for Flat Panel Displays and Organic Electronics*, 14th International Coating Science and Technology Symposium der ISCST, 7.-10. September, Marina del Rey CA, USA (Vortrag)

Müller M., Schabel W., Kind M. (**2008**). *Stofftransportvorgänge nicht flüchtiger Additive in Polymerfilmen und Folien,* GVC Fachausschuss Wärme und Stofftransport/Trocknungstechnik, 7.-10. September, Magdeburg (Poster)

Müller M., Schabel W., Kind M. (**2007**). *Stofftransportphänomene nicht flüchtiger Komponenten in Polymerfilmen und Folien,* ProcessNet Jahrestagung, Aachen, 16.-18. Oktober (Poster)

Müller M., Schabel W., Kind M. (**2007**). *Diffusion in Multi-Component Polymeric Systems: Diffusion of Non-Volatile Species in thin Films,* 7th European Coating Symposium ECS, 12.-14. September, Paris (Vortrag)

Müller M., Schabel W., Kind M. (**2007**). *Untersuchungen von Stofftransportphänomene nicht flüchtiger Komponenten in Polymerfilmen und Folien*, Fachausschuss Wärme- und Stofftransport, Stuttgart, 7.-9. März (Vortrag)

Müller M., Scharfer P., Schabel W., Kind M. (**2005**). *Untersuchung des Trocknungsprozesses zur Herstellung pharmazeutischer Wirkstoffpflaster und Entwicklung eines Online-Feuchtesensors*, GVC-Jahrestagung, Wiesbaden, 6.-8. September (Poster)

Müller M., Scharfer P., Schabel W., Kind M. (**2005**). *Über die Untersuchung des Trocknungsprozesses zur Herstellung pharmazeutischer Wirkstoffpflaster*, Fachausschuss Trocknungstechnik, 9.-11. März, Dresden (Poster)

Müller M., Scharfer P., Schabel W., Kind M. (**2004**). *Investigation of Transdermal Patches using Confocal-Micro-Raman-Spectroscopy*, Proc. International Meeting on Pharmaceutics, Biopharmaceutics and Pharmaceutical Technology, Nürnberg, 15.-18. März (Vortrag)

Anhang

A 1 Berechnung der sphärischen Aberration

In diesem Kapitel soll die Herleitung der Gleichungen zur Berechnung der axialen Fokusaufweitung (*d.o.f.*) und der Verschiebung des Schwerpunktes des Ramansignals aufgrund von Lichtbrechungseffekten gezeigt werden. Eine genaue Erläuterung und Verweise auf die physikalischen Bedeutungen sind bei *Everall* (2000) zu finden.

Everall geht davon aus, dass im Vergleich zu den Brechungseffekten die Abbildungsfehler, verursacht durch Beugungseffekte, vernachlässigbar klein sind. So wird die Annahme getroffen, dass der Fokuspunkt keinerlei axiale Ausdehnung besitzt - die Aufweitung des Fokuspunktes durch Beugungseffekte wird ignoriert.Wie man in Abb. 2.5 sieht, wird ein randgängiger Lichtstrahl mit dem Abstand r zum Linsenmittelpunkt an der Phasengrenze Glas/Polymer gebrochen und schneidet dadurch die optische Achse nicht am nominellen Fokuspunkt (Position entspricht der Brennweite des Objektivs) P_1, sondern an P_2. Diese Ablenkung wird für randgängige Lichtstrahlen mit maximalem Abstand zum Linsenmittelpunkt $r = r_{max}$ am größten. Strahlen für die gilt: $r \to 0$ werden hingegen nicht abgelenkt. Somit ergibt sich für die axiale Aufweitung des Fokuspunktes durch die Lichtbrechung (*d.o.f.*) die Differenz zwischen z_1 und z_2 (r_{max}). Diese Abweichung kann mit Snell's Brechungsgesetz – Gleichung (2.9) – und trigeometrischen Beziehungen berechnet werden:

$$\sin\Theta_1 = \frac{r}{\sqrt{r^2+f^2}} \quad , \quad \cos\Theta_1 = \sqrt{1-\sin^2\Theta_1} \tag{A 1}$$

r = *Abstand des Lichtstrahls zum Linsenmittelpunkt*

f = *Brennweite des Objektivs*

Θ_i = *Einfallswinkel zur optischen Achse*

$$\sin\Theta_2 = \frac{r}{n\cdot\sqrt{r^2+f^2}} \quad , \quad \cos\Theta_1 = \sqrt{1-\frac{\sin^2\Theta_1}{n}} \tag{A 2}$$

$$z_2(r) = \frac{y}{\tan\Theta_2} = \frac{z_1 \cdot \tan\Theta_1}{\tan\Theta_2} \tag{A 3}$$

Mit den Gleichungen (A 1) - (A 24) erhält man damit den Ausdruck:

$$z_2(r) = \frac{z_1}{f} \cdot \sqrt{n^2 \cdot \left(r^2 + f^2\right) - r^2} \quad \textit{für } r \le r_{\max} \tag{A 4}$$

Der Zusammenhang zwischen Numerischer Apertur *NA* und der Brennweite *f* ist gegeben durch:

$$NA = \sin\Theta_{\max} = \frac{r_{\max}}{\sqrt{r_{\max}^2 + f^2}} \tag{A 5}$$

Dabei ist zu beachten, dass für Immersionsobjektive die für das Objektiv angegebene Numerische Apertur NA_{Im} für geometrische Betrachtungen durch den Brechungsindex der Immersionsflüssigkeit geteilt werden muss:

$$NA = \frac{NA_{\mathrm{Im}}}{n} \tag{A 6}$$

Damit ergibt sich für die Brennweite *f*:

$$f = r_{\max} \cdot \frac{\sqrt{1 - NA^2}}{NA} \tag{A 7}$$

Weiterhin wird der Abstand *r* des Lichtstrahls zum Linsenmittelpunkt durch die Definition des dimensionslosen Radius *m* ersetzt:

$$m = \frac{r}{r_{\max}} \tag{A 8}$$

Mit den Gleichungen (A 7) und (A 8) können die Brennweite *f* und der Radius *r* in Gleichung (A 4) substituiert werden.

$$z(m) = z_1 \cdot \left(m^2 \cdot \frac{NA^2 \cdot \left(n^2 - 1\right)}{1 - NA^2} + n^2 \right)^{1/2} \tag{A 9}$$

Somit ergibt sich die maximal mögliche Aufweitung des Fokuspunktes (d.o.f.) als Differenz der axialen Positionen der randgängigen ($m = 1$) und achsnahen ($m = 0$) Strahlen.

$$d.o.f. = |z_2(m=1) - z_2(m=0)| = z_1 \cdot \left| \left(\frac{NA^2 \cdot (n^2 - 1)}{1 - NA^2} + n^2 \right)^{1/2} - n \right| \quad \text{(A 10)}$$

Neben der Berechnung der axialen Aufweitung des Fokuspunktes bietet Everall auch eine Möglichkeit an, die Intensitätsverteilung der gestreuten Ramansignale innerhalb des Fokusvolumens (d.o.f.) zu bestimmen. Dabei muss zunächst überlegt werden, wie sich die Intensität der anregenden Laserstrahlung in dem Fokusbereich verteilt. Gleichung (A 4) besagt, dass die Strahlen, welche die optische Achse in der Tiefe z_2 schneiden, alle den gleichen Abstand r zur optischen Achse bzw. zum Linsenmittelpunkt haben. Folglich haben die in der Tiefe z_2 fokussierten Strahlen alle die Linse des Objektivs auf einem Kreisring mit dem Radius r passiert. Da der Umfang des Kreisrings proportional zu r ansteigt, ist auch die Laserintensität in der Tiefe z proportional zu r. Wird der Radius r wieder durch den dimensionslosen Radius m ersetzt und für die Intensitätsverteilung des Laserstrahls auf der Linse einen kreissymmetrischen Verlauf $I(m)$ angenommen, folgt für die Intensitätsverteilung des Lasers entlang der optischen Achse:

$$L(z_m) = m \cdot I(m) \quad \text{(A 11)}$$

$L(z_m)$ = *Intensitätsverteilung des Lasers entlang der optischen Achse*

$I(m)$ = *radiale Intensitätsverteilung des Lasers*

Die radiale Intensitätsverteilung des verwendeten Laserstrahls entspricht einer Gaußverteilung:

$$I(r) = I_0 \cdot \exp\left(\frac{-2 \cdot r^2}{r_{\max}^2} \right) \quad \text{(A 12)}$$

I_0 = *Intensität des Lasers in der Mitte des Strahls*

Unter Verwendung des normierten Radius m erhält man folgenden Ausdruck:

$$I(m) = I_0 \cdot \exp\left(\frac{-2 \cdot r^2}{\Phi^2} \right) \quad \text{(A 13)}$$

Φ = *Füllfaktor*

Der sogenannte Füllfaktor Φ beschreibt die Ausleuchtung der Objektivlinse durch den Laserstrahl. Er ist per Definition 1, wenn 86% der gesamten Laserleistung die Linse passieren. Gleichung (A 13) beschreibt also eine Art Gewichtungsfaktor der Laserintensität auf der Linse. Damit lässt sich unter Berücksichtigung der Intensitätsverteilung des Lasers entlang der optischen Achse im Fokusbereich (d.o.f.) eine Art Schwerpunkt oder mittlerer Fokuspunkt, den *c.o.g.* (center of gravity), bestimmen.

$$c.o.g._{Laser} = \frac{\int_0^1 m \cdot z_m \cdot I(m) \cdot dm}{\int_0^1 m \cdot I(m) \cdot dm} = \frac{\int_0^1 m \cdot z_m \cdot \exp\left(\frac{-2 \cdot r^2}{\Phi^2}\right) dm}{\int_0^1 m \cdot \exp\left(\frac{-2 \cdot r^2}{\Phi^2}\right) dm} \qquad \text{(A 14)}$$

Diese Gleichung beschreibt den Schwerpunkt der Laserintensität im Fokusbereich (*d.o.f.*). Innerhalb dieses ausgeleuchteten Bereiches ist die Intensität des Ramanstreulichts proportional zur Intensität der anregenden Laserstrahlung. Damit ein in der Tiefe z_m durch inelastische Ramanstreuung entstandenes Photon wieder durch die Objektivlinse gesammelt und durch das konfokale Pinhole den Detektor erreichen kann, muss es im gleichen Winkel zu der optischen Achse wie der anregende Strahl emittiert werden. Durch die in Gleichung (A 4) gegebene feststehende geometrische Beziehung zwischen dem Entstehungsort z_m des Photons und dem dimensionslosen Radius m auf der Linse wird diesem Emissionswinkel ein bestimmter Kreisring zugeordnet. Auf diesem Kreisring müssen die inelastisch gestreuten Lichtstrahlen die Linse des Objektivs passieren, um mittig auf das konfokale Pinhole zu treffen. Die Wahrscheinlichkeit dafür steigt mit steigendem Umfang des Kreisrings und ist somit proportional zu m. Der Gewichtungsfaktor der detektierten Ramansignale aus dem Fokusvolumen ist somit der dimensionslose Radius m. Analog zu Gleichung (A 14) kann nun der Schwerpunkt der aufgenommenen Intensitätsverteilung der Ramanstrahlung entlang des ausgeleuchteten Fokusvolumens berechnet werden. Dazu wird der Term der gewichteten Laserintensitätsverteilung $m \cdot I(m)$ durch die konfokal gewichtete Ramanintensitätsverteilung $R(z_m)$ ersetzt.

$$R(z_m) = m^2 \cdot I(m) \qquad \text{(A 15)}$$

$$c.o.g._{Raman} = \frac{\int_0^1 m^2 \cdot z_m \cdot I(m) \cdot dm}{\int_0^1 m^2 \cdot I(m) \cdot dm} = \frac{\int_0^1 m^2 \cdot z_m \cdot \exp\left(\frac{-2 \cdot r^2}{\Phi^2}\right) dm}{\int_0^1 m^2 \cdot \exp\left(\frac{-2 \cdot r^2}{\Phi^2}\right) dm} \qquad \text{(A 16)}$$

Dadurch erhält man den Schwerpunkt (*c.o.g.*) der Intensitätsverteilung der aufgenommenen Ramanstrahlung entlang der optischen Achse im Fokusbereich (*d.o.f.*). Ersetzt man darin z_m durch die Definition aus Gleichung (A 9) folgt:

$$c.o.g._{Raman} = \frac{z_1 \cdot \int_0^1 \left[m^2 \cdot \frac{NA^2 \cdot (n^2 - 1)}{1 - NA^2} + n^2 \right]^{\frac{1}{2}} m^2 \cdot \exp\left(\frac{-2 \cdot r^2}{\Phi^2} \right) dm}{\int_0^1 m^2 \cdot \exp\left(\frac{-2 \cdot r^2}{\Phi^2} \right) dm} \qquad \text{(A 17)}$$

A 2 Brechungsindices und spezifische Dichten

Die in der Arbeit verwendeten Brechungsindices und Dichten wurden experimentell bei verschiedenen Temperaturen bestimmt. Die Messdaten werden mit Hilfe von Regressionskurven als Funktion der Temperatur beschrieben.

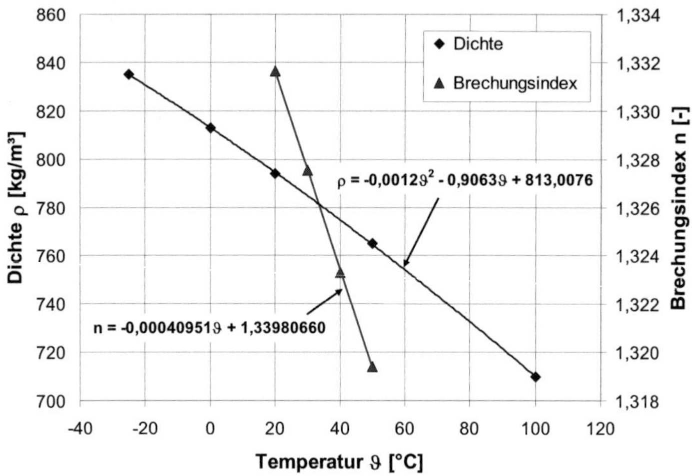

Abb. A 1: Experimentell bestimmte Brechungsindices und spezifische Dichten von Methanol bei verschiedenen Temperaturen.

	Brechungsindices [-]:	spezifische Dichte [kg/m³]
MeOH:	$n = -0{,}000410\vartheta + 1{,}33981$	$\rho = -0{,}0012\vartheta^2 - 0{,}9063\vartheta + 813{,}008$
MeCl:	$n = -0{,}000634\vartheta + 1{,}43676$	$\rho = -1{,}9200\vartheta + 1360{,}800$
TPP:	$n = -0{,}000403\vartheta + 1{,}57489$	$\rho = -0{,}8437\vartheta + 1251{,}526$
PVAc:	$n = -0{,}000365\vartheta + 1{,}33981$	$\rho = -0{,}6470\vartheta + 1200{,}100$

TAC: $n = -0{,}000295\vartheta + 1{,}47522$ $\rho = -0{,}71659 + 963{,}104$

A 3 Raman-Spektren und Kalibrierung: Stoffsystem MeOH-TPP-PVAc

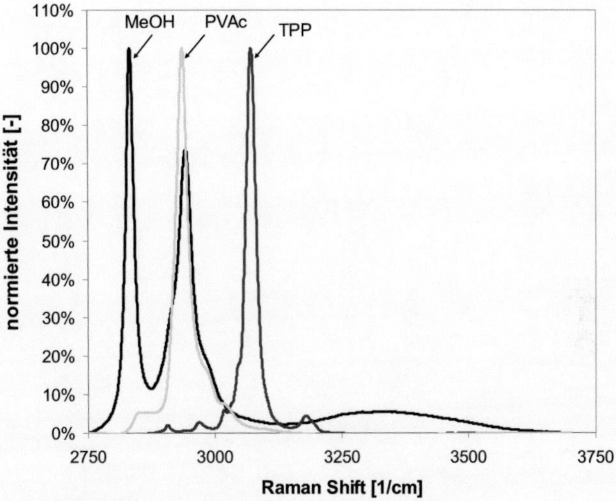

Abb. A 2: Ramanspektren der Reinstoffe Methanol, Triphenylphosphat und Polyvinylacetat aufgenommen mit dem 1800er Gitter. Das Diagramm zeigt den spektralen Bereich, der bei der Auswertung des Stoffsystems verwendet wird.

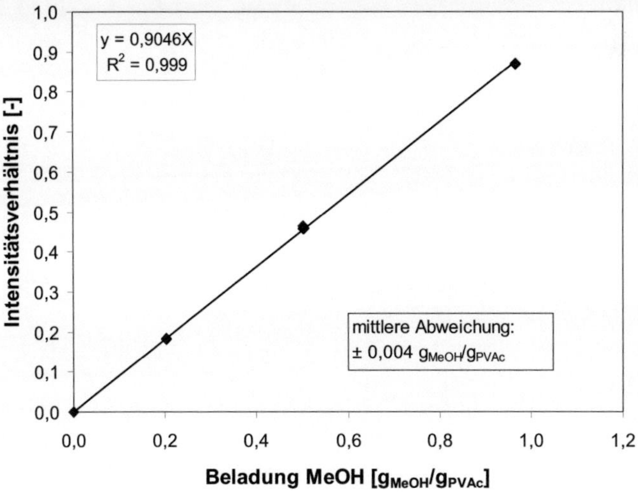

Abb. A 3: Kalibriergerade des Stoffsystems MeOH-PVAc.

A 4 Raman-Spektren und Kalibrierung: Stoffsystem MeCl-TPP-TAC

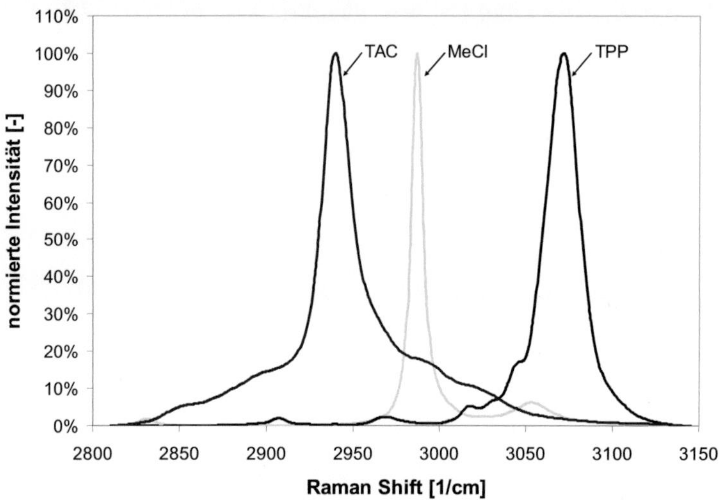

Abb. A 4: Ramanspektren der Reinstoffe Methylenchlorid, Triphenylphosphat und Cellulosetriacetat aufgenommen mit dem 1800er Gitter. Das Diagramm zeigt den spektralen Bereich der bei der Auswertung des Stoffsystems verwendet wird.

Bei der Kalibrierung des Stoffsystems Methylenchlorid – Cellulosetriacetat musste etwas anders vorgegangen werden als in Kapitel 3.1 beschrieben. Grund hierfür ist die hohe Viskosität der Polymerlösung. So ist es kaum möglich, in einer vertretbaren Zeit (2 - 3 Wochen) homogene Lösungen mit Lösemittelbeladung kleiner als $X_{MeCl} = 5\ g_{MeCl}/g_{TAC}$ anzusetzen. Das System ist zwar vollständig mischbar, kann aber aufgrund seiner hohen Viskosität bei diesen Lösemittelbeladungen kaum gerührt werden. Aus diesem Grund limitiert die Diffusion des Methylenchlorids die Auflösegeschwindigkeit des Polymers. Somit konnten auf dem herkömmlichen Weg keine Kalibrierungsmessungen bei geringen Lösemittelbeladungen durchgeführt werden. Dieser Bereich ist jedoch für die Auswertung der in der Arbeit durchgeführten Versuche extrem wichtig. Daher wurde ein neues Vorgehen erarbeitet, das es ermöglicht, die Kalibrierung des Stoffsystems auch bei geringen Lösemittelbeladungen zu überprüfen. Für diese Kalibriermessungen wurde der Versuchsaufbau für die Durchführung der Wiederbefeuchtungsversuche eingesetzt. Dieser Aufbau ermöglicht es durch Wiederbefeuchtung trockener TAC-Filme unter kontrollierten Bedingungen sehr geringe Methylenchlorid-Beladungen einzustellen. Die Lösemittelbeladung im

Polymerfilm wird dabei über das bekannte Phasengleichgewicht (5.1.1) und den Lösemittelpartialdruck der Gasphase eingestellt.

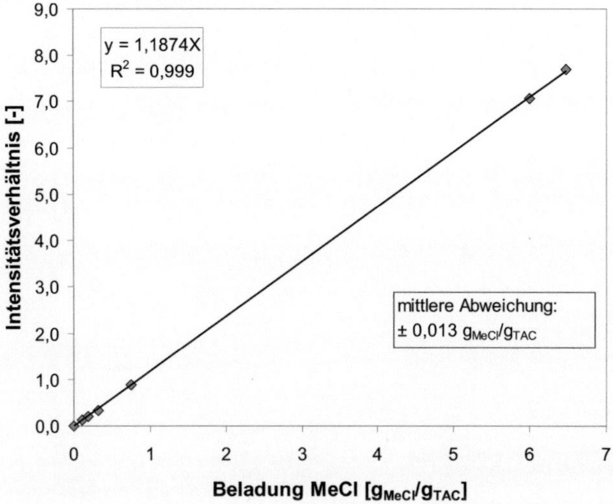

Abb. A 5: Kalibrierungsgerade für MeCl in dem Stoffsystem MeCl-TAC.

Für die Kalibriermessung wurden so in einem reinen TAC-Film nacheinander verschiedene Lösemittelbeladungen eingestellt. Dabei wurde mit der niedrigsten Beladung - limitierender Faktor hierbei war die Temperatur im Sättiger - begonnen. Wenn die Gleichgewichtsbeladung im Film erreicht ist d.h. ein ausgeglichenes Lösemittelprofil im Film herrscht, wurde ein Spektrum für die Kalibrierung aufgenommen. Durch dieses Vorgehen konnten vier Kalibrierungsmessungen bei Lösemittelbeladungen von $X_{MeCl} = 0{,}11\ g_{MeCl}/g_{TAC}$ bis $X_{MeCl} = 0{,}75\ g_{MeCl}/g_{TAC}$ durchgeführt werden. Mit Hilfe der Auswertesoftware wurden die Intensitätsverhältnisse der Spektren bestimmt und in Abb. A 5 gegen die jeweilige Lösemittelbeladung des Polymerfilms aufgetragen. Zusätzlich zu den so bestimmten Daten sind in dem Diagramm auch die Ergebnisse der Kalibriermessungen bei hohen Lösemittelbeladungen eingetragen, die auf herkömmlichem Weg bestimmt wurden. Wie man anhand des Diagramms erkennen kann, lassen sich die Kalibrierdaten, die auf unterschiedliche Weise ermittelt wurden, durch eine Regressionsgerade mit hoher Genauigkeit beschreiben. Die Kalibrierungsgerade für TPP (Abb. A 6) in dem Stoffsystem wurde auf übliche Weise (Kapitel 3.1) durchgeführt.

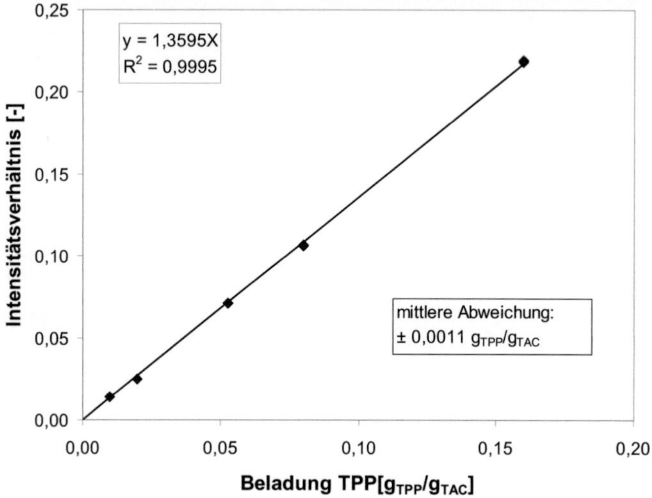

Abb. A 6: Kalibriergerade für das Stoffsystem TPP-TAC.

Stoffsystem	Kalibrierungsfaktor	Gitter	Temperatur [°C]
MeCl - PVAc	0,7283	1800	20
MeOH - PVAc	0,9046	1800	20
MeCl - TAC	1,1874	1800	20
TPP - PVAc	0,9046	1800	20
TPP - TAC	1,3046	1800	20

Abb. A 7: Übersicht über die in der Arbeit verwendeten Kalibrierungsfaktoren der untersuchten Stoffsysteme. Die Ramanspektren wurden mit dem 1800er Gitter aufgenommen und vor der Auswertung geglättet.

A 5 Bestimmung von Sorptionsisothermen

Wie in Kapitel 3.2 beschrieben, soll der Diffusionskoeffizient des Lösemittels mit Hilfe von Simulationsrechnungen ermittelt werden. Um einen Trocknungsprozess modellhaft beschreiben zu können, ist die genaue Kenntnis des Phasengleichgewichtes (Sorptionsisotherme) zwischen der Polymerlösung und der Gasphase notwendig. Somit ist die Ermittlung von Sorptionsisothermen der untersuchten Stoffsysteme notwendig, um die Diffusionskoeffizienten der Lösemittel bestimmen zu können. Die in diesem Kapitel beschriebene Bestimmung von Sorptionsisothermen stellt keinen thematischen Schwerpunkt dieser Arbeit dar. Die Daten werden jedoch für die Ermittlung der Diffusionskoeffizienten der Lösemittel in den Polymerlösungen benötigt. Ziel dieser Untersuchungen ist es, eine einfache Beschreibung des Phasengleichgewichtes, basierend auf den ermittelten Sorptionsdaten, für die modellhafte Beschreibung der Trocknungsversuche zur Verfügung zu stellen.

Für die Bestimmung von Sorptionsgleichgewichten von Polymerlösungen wird in der Literatur von einer Vielzahl von unterschiedlichen Messtechniken und Methoden berichtet. So wurden Sorptionsdaten gravimetrisch mit Hilfe einer Federwaage von *Ju et al.* (1981) und *Saure* und *Schlünder* (1995) oder einer Quarz-Kristall Waage von *Wibawa et al.* (2002) bestimmt. Weiterhin wurden von *Surana et al.* (1998) und *Tihminlioglu et al.* (2000) die Inverse Gaschromatographie, von Zielinski *et al.* (2001) die Infrarotspektroskopie als Messtechnik eingesetzt. In dieser Arbeit wurden die benötigten Sorptionsisothermen experimentell mit einer Sorptionsschwebewaage mit Magnetkupplung von der Firma *Rubotherm* ermittelt. Die Anlage wurde von *Schabel* (2004) aufgebaut und schon bei anderen Arbeiten (*Mamaliga et al.* (2004) *Schabel et al.* (2007)) erfolgreich eingesetzt. Abb. A 8 zeigt den schematischen Aufbau der Sorptionsschwebewaage. Der Versuchsaufbau besteht im Wesentlichen aus einer temperierten Sorptionszelle, einem temperierten Verdampfer sowie einer Waage mit Magnetkupplung, welche die Gewichtskräfte der Probe an die Waage überträgt. Innerhalb der temperierten Sorptionszelle befinden sich die zu untersuchenden Polymerproben. Um eine möglichst große Oberfläche für den Sorptionsvorgang zur Verfügung zu stellen, sind 27 runde Teller mit Borde mit einem ca. 30 μm dicken Polymerfilm beschichtet worden. Diese Probentellerchen sind konzentrisch übereinander auf einer Achse befestigt. Das reine Lösemittel wird im Verdampfer vorgelegt, der unabhängig von der Sorptionszelle temperiert werden kann.

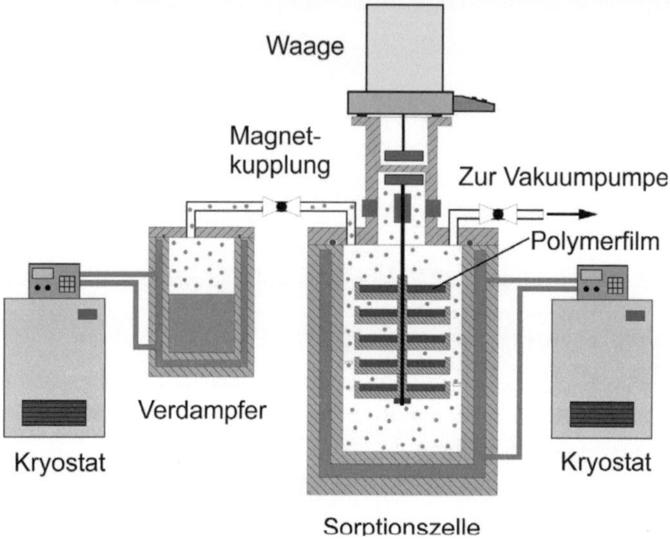

Abb. A 8: Schematischer Aufbau der Sorptionsschwebewaage mit Magnetkupplung.

Um den gasseitigen Stofftransportwiderstand zu eliminieren, wird vor jeder Versuchsreihe die Sorptionszelle mit einer Vakuumpumpe evakuiert. Dadurch besteht die Gasphase in der Sorptionszelle während der Messung nur aus dem reinen Lösungsmitteldampf. Um eine Störung des Systems zu vermeiden, besteht keine direkte Verbindung zwischen der Probe und der Waage. Die Gewichtskraft der Probe wird über eine Kraftkopplung von einem Elcktromagneten und einem Permanentmagneten berührungsfrei an die Waage übertragen. Der Messlastbereich der Waage (*Sartorius*) liegt zwischen 0 und 400 g bei einer Auflösung von 0,1 mg. In der Sorptionszelle kann in einem Temperaturbereich von -196 bis 350°C und einem Druckbereich von 10^{-7} bis 100 bar betrieben werden. Während eines Sorptionsversuches werden die Messwerte (Temperatur und Druck im Verdampfer und in der Sorptionszelle sowie die Masse der Polymerproben) von einer Labview-Software aufgezeichnet.

Wenn die zu untersuchenden Polymerproben in der Sorptionszelle befestigt, und die Zelle mehrfach evakuiert wurde, wird die gewünschte Aktivität des Lösungsmittels in der Sorptionszelle über die Sorptionstemperatur ϑ_{SZ} und die Verdampfertemperatur ϑ_{VD} eingestellt:

$$a_1 = \frac{p_1^*(\vartheta_{VD})}{p_1^*(\vartheta_{SZ})} \tag{A 18}$$

$p_1^*(\vartheta_{VD})$	= *Dampfdruck des Lösungsmittels bei Verdampfertemperatur* ϑ_{VD}
$p_1^*(\vartheta_{SZ})$	= *Dampfdruck des Lösungsmittels bei Sorptionszellentemperatur* ϑ_{ZD}

Dabei werden die Dampfdrücke in Gleichung (A 18) mit Hilfe einer Antoine-Gleichung (A 15) berechnet. Haben die eingestellten Temperaturen in Verdampfer und Sorptionszelle einen stationären Zustand erreicht, wird das Ventil zwischen Verdampfer und Sorptionszelle geöffnet. In der Sorptionszelle stellt sich daraufhin sofort der im Verdampfer herrschende Lösemitteldampfdruck ein. Das Lösungsmittelgas kommt in Kontakt mit den Polymerproben, und es stellt sich das Phasengleichgewicht ein. Die durch die Absorption des Lösemittels resultierende Massenzunahme wird von der Waage aufgezeichnet. Liegt keine Massenänderung mehr vor, ist der Absorptionsvorgang beendet, und der komplette Polymerfilm befindet sich im thermodynamischen Gleichgewicht mit der Gasphase. Um eine möglichst hohe Genauigkeit trotz der geringen Massenänderung durch das sorbierte Lösemittel zu erhalten, muss die Veränderung der Auftriebskräfte berücksichtigt werden. Die Auftriebskräfte, die auf alle Einbauten in der Sorptionszelle wirken, ändern sich beim Öffnen des Ventils zwischen Verdampfer und Sorptionszelle, da sich der Druck und somit die Gasdichte in der Zelle ändert. Für die Berechnung der tatsächlichen Massenänderung M bei einem Sorptionsversuch wird daher folgende Auftriebskorrektur verwendet:

$$M = M_1(p,T) - M_0(p=0,T) + \rho(p,T)\left[V_p + V_S\right] \tag{A 19}$$

M_1	= *angezeigtes Gewicht bei dem Druck p*
M_0	= *angezeigtes Gewicht bei Vakuum*
ρ	= *Dichte der Gasphase bei dem Druck p*
V_p	= *Volumen der Polymerlösung*
V_S	= *Volumen fester Einbauten (Haken, Gestänge, Teller, ect.)*

Mit der beschriebenen Versuchsapparatur wurden Sorptionsdaten für das Stoffsystem MeCl-PVAc bei 30°C bestimmt. Um zu prüfen, ob der Weichmacher TPP das Phasengleichgewicht zwischen Polymerlösung und Gasphase beeinflusst, wurden zusätzlich Sorptionsversuche mit dem Stoffsystem MeCl-TPP-PVAc durchgeführt. Dabei wurden die Probentellerchen mit Polymerfilmen beschichtet, die eine Weichmacherbeladung von $X_{TPP} = 0{,}11\ g_{TPP}/g_{PVAc}$ hatten. Die ermittelten Sorptionsisothermen der reinen PVAc bzw. TPP-PVAc Proben sind in Abb. A 9 miteinander verglichen. In dem Diagramm ist die in der Sorptionszelle eingestellte Lösemittelaktivität gegen den ermittelten Lösemittelmassenbruch in den Polymerproben aufgetragen. Wie man an dem Vergleich der beiden Sorptionsisothermen erkennen kann, hat der Weichmacher bei diesem Stoffsystem keinen Einfluss auf das ermittelte Sorptionsgleichgewicht.

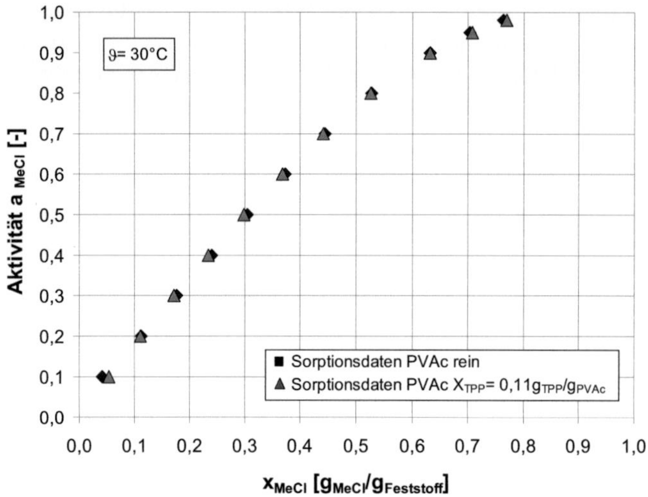

Abb. A 9: Ermittelte Sorptionsgleichgewichte von MeCl in reinem PVAc und einer TPP-PVAc-Mischung mit einer Weichmacherbeladung von $X_{TPP} = 0{,}11\ g_{TPP/PVAc}$.

Ein ähnliches Verhalten zeigt sich, wenn das Lösemittel Methylenchlorid durch Methanol ersetzt wird. So wurden Sorptionsisothermen vom Methanol und einer TPP-PVAc-Mischung ($X_{TPP} = 0{,}11\ g_{TPP}/g_{PVAc}$) ermittelt und mit Sorptionsdaten von MeOH in reinem PVAc (*Mamaliga* und *Schabel* (2004)) verglichen (Abb. A 21). Auch hier zeigt sich praktisch keine Beeinflussung des Sorptionsgleichgewichtes durch den Weichmacher. Diese Aussage ist allerdings nur für die untersuchten Stoffsysteme gültig. Wenn starke Wechselwirkungen zwischen dem schwer flüchtigen Additiv und dem Lösemittel auftreten, ist von einer Veränderung des Sorptionsgleichgewichtes im Vergleich zu dem reinen Polymer auszugehen. Aus diesem Grund dürfen die hier ermittelten Ergebnisse auf keinen Fall auf andere Stoffsysteme übertragen werden ohne den Einfluss des Additivs auf das Sorptionsgleichgewicht experimentell zu überprüfen.

Die ermittelten Sorptionsdaten sollen dazu verwendet werden, das Phasengleichgewicht zwischen Polymerlösung und Gasphase während der Trocknung zu beschreiben. Mit Hilfe dieser Sorptionsdaten und der in Kapitel 4.2 vorgestellten *Flory-Huggins*-Theorie, kann die Lösemittelaktivität in der Gasphase als Funktion der Lösemittelkonzentration im Polymerfilm dargestellt werden. Die Ergebnisse werden in Kapitel 5.1 präsentiert und zur Auswertung der Trocknungsversuche verwendet.

A 6 PVAc-Filme mit besonderen Weichmacherverteilungen

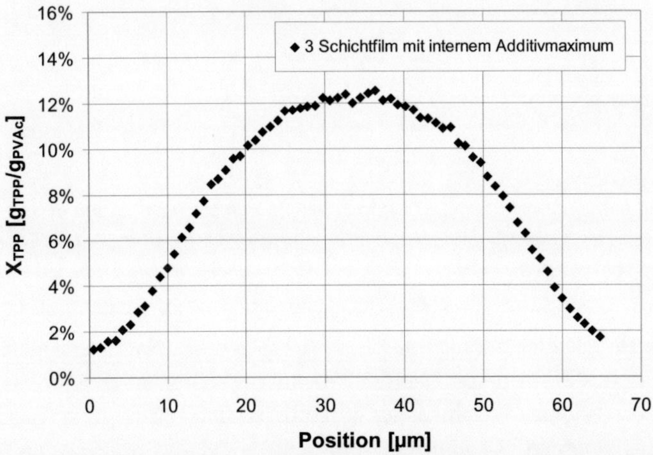

Abb. A 10: Weichmacherverteilung mit internem Maximum in einem 65 µm dicken TPP-PVAc Film. Der Film wurde durch aufeinanderfolgendes Auftragen und Trocknen von 3 Polymerlösungen unterschiedlicher Weichmacherbeladungen hergestellt.

In Abb. A 10 und Abb. A 11 sind die Weichmacherbeladungsprofile zweier PVAc-TPP-Filme dargestellt, die nach der in Kapitel 3.3.1 beschriebenen Methode hergestellt wurden. Für die Herstellung der Beschichtung mit dem internen Weichmacherbeladungsmaximum wurde zuerst eine PVAc-Lösung ohne Weichmacher auf das Deckglas aufgetragen und vollständig getrocknet.

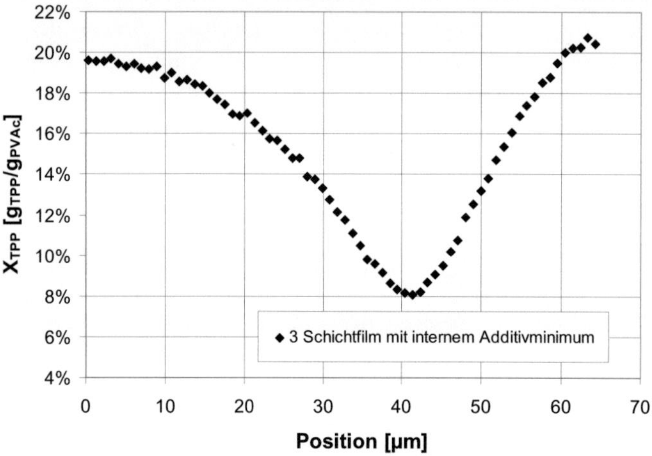

Abb. A 11: Weichmacherverteilung mit internem Minimum in einem 65 µm dicken TPP-PVAc Film. Der Film wurde durch aufeinanderfolgendes Auftragen und Trocknen von 3 Polymerlösungen unterschiedlicher Weichmacherbeladungen hergestellt.

Die zweite Polymerlösung, die auf der ersten Schicht ausgestrichen wurde, enthielt eine Weichmacherbeladung von $X_{TPP} = 0{,}2\ g_{TPP}/g_{PVAc}$. Nach der vollständigen Trocknung des Films unter scharfen Trocknungsbedingungen wurde erneut eine PVAc-Lösung ohne Weichmacher aufgetragen und scharf getrocknet. Filme mit einem internen Weichmacherminimum – relativ zu ihrer mittleren Weichmacherbeladung- besitzen eine hohe Kratzfestigkeit an ihren Oberflächen.

Die Herstellung des Films mit dem internen Additivminimum erfolgt analog dem beschriebenen Vorgehen. Einziger Unterschied dabei ist die Reihenfolge der verwendeten Polymerlösungen. In diesem Fall wird zuerst die Polymerlösung mit einer Weichmacherbeladung von $X_{TPP} = 0{,}2\ g_{TPP}/g_{PVAc}$ aufgetragen, gefolgt von einer additivfreien PVAc-Lösung. Die dritte Schicht enthält beim Auftragen wieder eine Weichmacherbeladung von $X_{TPP} = 0{,}2\ g_{TPP}/g_{PVAc}$. Additive, für die eine Verteilung mit einem internen Beladungsminimum sinnvoll erscheinen, könnten z. B. UV-Stabilisatoren oder oberflächenaktive Substanzen sein.

A 7 Bestimmung von Glasübergangstemperaturen

Der Glasübergang tritt beim Abkühlen von nicht oder nur wenig kristallisationsfähigen Polymeren auf, wenn amorphe Bereiche vom gummi- in den glasartigen Zustand übergehen. An diesem Punkt wird die Rotationsbewegung der Monomersegmente in der Polymerhauptkette eingefroren. Der Wert der Glasübergangstemperatur hängt entscheidend von der Flexibilität der Hauptkette ab. Weitere Einflussfaktoren sind die Molmasse des Polymers, die Anzahl und Art der Seitenketten sowie dessen Vernetzungsgrad (*Tieke* (2005)). Fügt man der Polymermatrix niedermolekulare Verbindungen wie Lösemittel oder Weichmacher zu, führt dies zu einer Absenkung der Glasübergangstemperatur. Es existieren mehrere Theorien, die den Mechanismus des Plastifizierens anschaulich beschreiben (*Oswald* (1995)). Die „Schmierfähigkeits-Theorie" (lubricity theory) beruht auf der Vorstellung, dass die Festigkeit eines Polymers bzw. der Widerstand gegen jegliche Deformationsbewegungen auf interne Reibung zurückzuführen ist. Der Zusatz von kleinen Molekülen wirkt wie eine Art Schmiermittel, welches die Reibung zwischen den Makromolekülen verringert und somit Bewegungen der Polymerketten erleichtert. Die Gel-Theorie geht davon aus, dass die Festigkeit eines Polymers auf einer dreidimensionalen Wabenstruktur basiert. Diese Struktur entsteht durch physikalische Bindungen (attraktive Wechselwirkungen) zwischen besonderen Segmenten der Polymerketten. In einem besonders steifen oder spröden Polymer liegen diese Verknüpfungspunkte dicht beieinander und führen zu einer engen Wabenstruktur. Kleine Moleküle können diese physikalischen Bindungen zwischen den Polymerketten brechen und die attraktiven Wechselwirkungen zwischen den Segmenten abschirmen. Dadurch reduziert sich die Anzahl der Verknüpfungen der Polymerketten und somit die Festigkeit des Polymers. Die wohl bekannteste Theorie, mit der man die plastifizierende Wirkung von kleinen Molekülen in einer Polymerstruktur erklären kann, ist die Freie Volumen Theorie. Sie besagt, dass sich zwischen den Molekülen nur freier Raum befindet. Dieses freie Volumen steht den Molekülen für Bewegungen zur Verfügung. Der Anteil des freien Volumens in einer Polymerstruktur wird z. B. durch die Enden einer Polymerkette erhöht. Der Anteil von Polymerkettenenden kann durch die Verringerung der Molmasse des Polymers oder durch Anbringen von kurzen Seitenketten erhöht werden. In diesen Fällen spricht man von einer internen Plastifizierung (*Schwarzl* (1990)). Bei einer externen Plastifizierung verursacht die Zugabe von niedermolekularen Verbindungen zusätzliches freies Volumen, welches die Beweglichkeit und somit die Glasübergangstemperatur der Polymerstruktur erhöht. Daher ist bei Polymer-Weichmacher-Gemischen die Glasübergangstemperatur stark von der vorhandenen Weichmacherbeladung abhängig. Es existieren mehrere Ansätze, die Glasübergangstemperatur reiner Polymere durch Gruppenbeitragsmethoden zu berechnen (z. B. *Camacho-Zuniga et al.* (2003)). Allerdings ist die theoretische Vorhersage der Glasübergangstemperatur von Polymeren, die niedermolekulare Zusatzstoffe enthalten, schwierig. *Chow* (1980) präsentiert eine Methode, die Absenkung der Glasübergangstemperatur von Polystyrol durch die Zugabe verschiedener Lösemittel zu berechnen. Allerdings ist dieses Vorgehen nicht ohne weiteres auf andere Stoffsysteme übertragbar. Daher wurden in dieser Arbeit die Glasübergangstemperaturen der untersuchten Stoffsysteme experimentell bestimmt. Der Glasübergang eines Polymers kann ermittelt werden, weil sich an diesem Punkt gewisse Eigenschaften des Polymers ändern. Der Glasübergang stellt physikalisch einen Phasenübergang zweiter Ordnung dar. Bei Umwandlungen erster Ordnung ändern sich fundamentale, thermodynamische Eigenschaften wie die Enthalpie *H* oder das Volumen *V* sprunghaft, bei Umwandlungen zweiter Ordnung dagegen nur die ersten Ableitungen dieser Eigenschaften wie in Gleichung (A 20) dargestellt ist.

$$c_p = \left(\frac{\partial H}{\partial T}\right)_p, \qquad \alpha = \frac{1}{V}\left(\frac{\partial V}{\partial T}\right)_p \tag{A 20}$$

c_p = *spezifische Wärmekapazität bei konstantem Druck*

H = *Enthalpie*

α = *thermischer Ausdehnungskoeffizient*

V = *Volumen*

Der Glasübergang kann daher z. B. durch eine abrupte Änderung der Wärmekapazität c_p oder des thermischen Expansionskoeffizienten α charakterisiert werden. In dieser Arbeit wurden die Glasübergangstemperaturen der Stoffsysteme durch DSC-Messungen (Differential Scanning Calorimetry) bestimmt. Bei diesem Verfahren werden die Wärmeströme gemessen, welche die zu untersuchende Probe im Vergleich zu einer kalibrierten Referenzprobe beim Aufheizen (Abkühlen) aufnimmt (abgibt). Am Glaspunkt ändert sich die Wärmekapazität des Polymers, was als deutlich sichtbarer Sprung im Thermogramm (Verlauf der Heizleistung über der Zeit bzw. der Probentemperatur) zu erkennen ist. Mit Hilfe einer Auswertesoftware, die auf einer Tangentenkonstruktion (*Roos* et al. (1995) s. Abb. A 12) beruht, ist es möglich, die Glasübergangstemperaturen aus dem Thermogramm direkt zu bestimmen. Die DSC-Messungen der Proben wurden mit einem *DSC 204 Phoenix* der Firma *Netzsch* durchgeführt. Die Bestimmung der Glasübergangstemperatur erfolgte bei einer Aufheiz – bzw. Abkühlrate von 10 K/min. In Voruntersuchungen wurden Proben mit unterschiedlichen Heizraten von 20 K/min bzw. 5 K/min vermessen und die Ergebnisse mit den Glasübergangstemperaturen verglichen, die bei einer Aufheizrate von 10 K/min aufgenommen wurden (Abb. A 12). Die erhöhte Rate führte hierbei zu leicht unterschiedlichen Ergebnissen. Beim Erhitzen verschob sich die Glastemperatur zu höheren Temperaturen hin, beim Abkühlen zu niedrigeren.

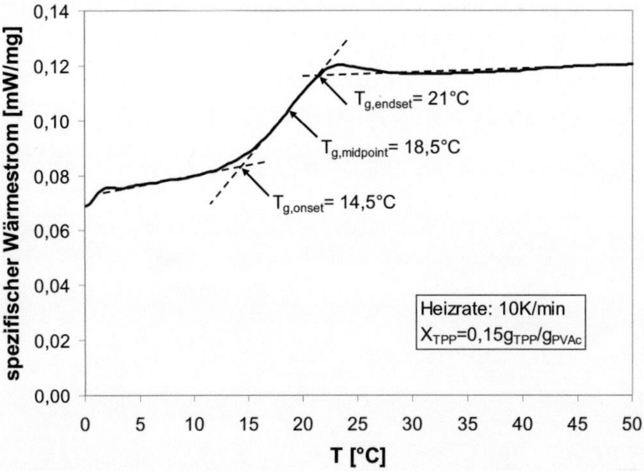

Abb. A 12: Bestimmung der Glasübergangstemperatur einer PVAc-TPP-Probe mit einer Weichmacherbeladung von X_{TPP} = 0,15 g_{TPP}/g_{PVAc} aus einem Thermogramm durch das Tangentenverfahren.

Diese Verzögerung kann auf die Wärmeleitung und die Trägheit der Detektion in Verbindung mit der schnellen Temperaturänderung zurückgeführt werden. Die niedrigere Rate führte zu identischen Ergebnissen wie den, unter Verwendung von 10 K/min, erzielten. Die Vorbereitung der Proben für die DSC-Messungen gestaltete sich insbesondere für Cellulosetriacetat recht schwierig, da es aufgrund der hohen Lösemittelbeladung (5 g_{MeCl}/g_{TAC}) sehr schlecht möglich ist, den Boden der DSC-Probetiegel mit einer Polymerschicht zu bedecken. Dies ist jedoch unbedingt notwendig, da nur bei vollständig benetztem Boden der Wärmestrom optimal zu bzw. von der Probe geleitet werden kann. Lufteinschlüsse führen zu fehlerhaften Versuchsergebnissen. Die hier vorgestellten Ergebnisse basieren daher auf der Vermessung von mindestens vier Proben für jede Konzentration und anschließende Mittelung der erhaltenen Ergebnisse. Um den Einfluss der Weichmacherbeladung auf die Glasübergangstemperatur zu quantifizieren, wurden die Glasübergangstemperaturen sowohl von dem reinen Polymers als auch von Polymer-Weichmacher-Mischungen mit TPP-Beladung von X_{TPP} = 0,05, 0,1, 0,15 und 0,2 $g_{TPP}/g_{Polymer}$ bestimmt. Die ermittelten Glasübergangstemperaturen für das Stoffsystem PVAc-TPP sind in Abb. A 13 dargestellt. Für die Glasübergangstemperatur des reinen Polymers wurden Werte um ϑ = 34°C gemessen. Dies ist in guter Übereinstimmung mit Literaturangaben (*Lindemann* (1999), T_g = 34-39°C). Bei einer Weichmacherbeladung von 20% hat sich die Glasübergangstemperatur auf ca. ϑ = 13°C gesenkt. Um die Glasübergangstemperatur des Stoffsystem TPP-PVAc als Funktion der Weichmacherbeladung zu beschreiben, ist in dem Diagramm zusätzlich eine Regressionsgerade der Messdaten eingetragen.

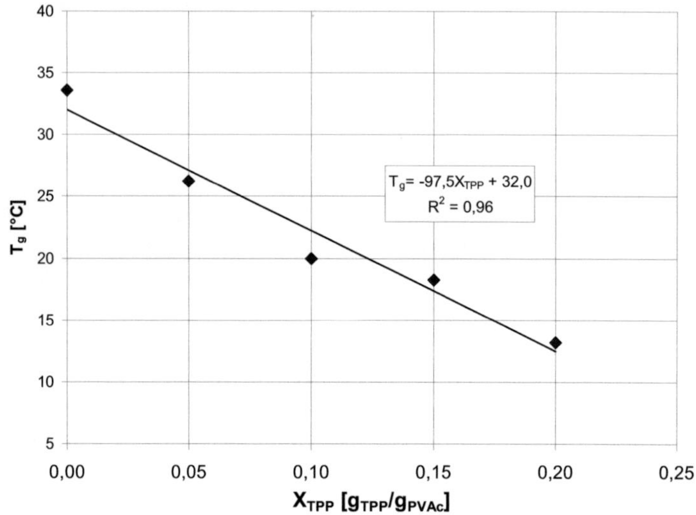

Abb. A 13: Durch DSC-Messungen ermittelte Glasübergangstemperaturen des Stoffsystems PVAc-TPP.

Im betrachteten Weichmacherbeladungsbereich lässt sich die Glasübergangstemperatur des Systems gut durch einen linearen Zusammenhang wie er in Gleichung (A 21) geben ist, ausdrücken.

$$T_g\left[°C\right] = -97{,}5 \cdot X_{TPP} + 32 \tag{A 21}$$

Thieke (2005) zeigt für andere Stoffsysteme (Polystyrol mit verschiedenen Weichmachern), dass für den vollständigen Konzentrationsbereich keine lineare Abhängigkeit zwischen Glasübergang und Weichmacherbeladung existiert. Im Bereich geringer Weichmacherbeladung lassen sich allerdings die Daten auch mit linearen Funktionen gut beschreiben. Für geringe Lösemittelmassenbrüche wird von *Ferry* (1970) ein linearer Zusammenhang zwischen Glasübergangstemperatur und Lösemittelmassenbruch vorgeschlagen. Ähnliche Ausdrücke wie Gleichung (A 21) werden auch in der Literatur häufig verwendet (*Vrentas et al.* (2002)).

Mit Gleichung (A 21) ist somit ein Ausdruck gefunden, der die Glasübergangstemperatur des Stoffsystems TPP-PVAc als Funktion der Weichmacherbeladung beschreibt. Die Absenkung der Glasübergangstemperatur für Stoffsystem TPP-TAC ist in Abb. A 14 dargestellt. Man kann gut eine starke, lineare Absenkung der Glasübergangstemperatur um ca. 35°C bei einer Weichmacherbeladung von 10% erkennen.

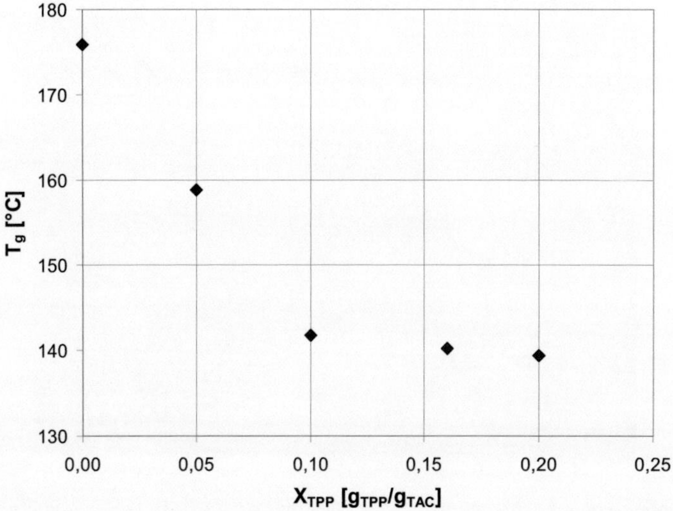

Abb. A 14: Absenkung der Glasübergangstemperatur von Cellulosetriacetat durch den Weichmacher Triphenylphosphat.

Weiterhin sind in der Tabelle in Abb. A 15 die gemessenen Glasübergangstemperaturen der untersuchten Stoffsysteme aufgelistet.

Stofsystem	X_{TPP} $[g_{TPP}/g_{Pol}]$	T_g [°C]	Stoff-sys-tem	X_{TPP} $[g_{TPP}/g_{Poly}]$	T_g [°C]
	0,00	33,6		0,00	175,8
	0,05	26,2		0,05	158,8
PVAc-TPP	0,10	20,0	TAC-TPP	0,10	141,8
	0,15	18,3		0,15	140,2
	0,20	13,2		0,20	139,4

Abb. A 15: Absenkung der Glasübergangstemperaturen von Polyvinylacetat und Cellulosetriacetat durch den Weichmacher Triphenylphosphat.

A 8 Wiederbefeuchtungsversuche

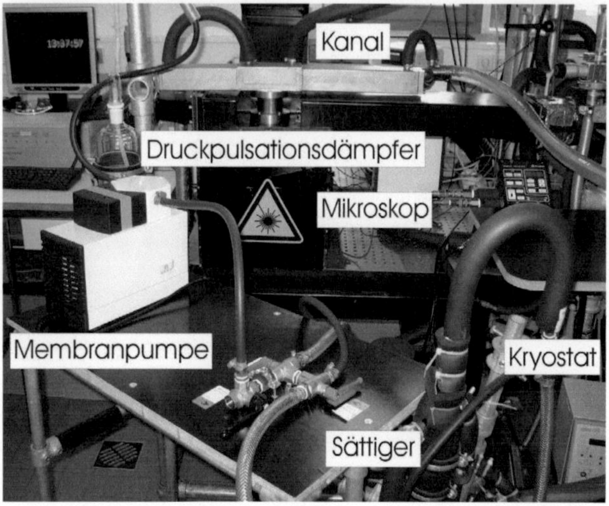

Abb. A 16: Foto des Versuchsaufbaus zur Durchführung von Wiederbefeuchtungsversuchen.

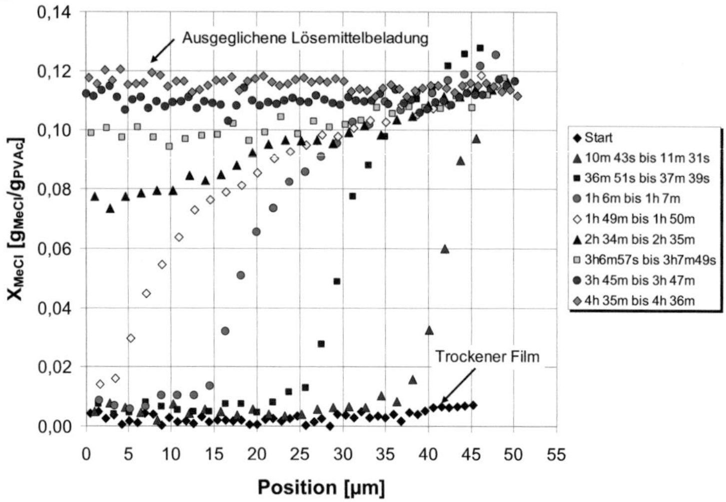

Abb. A 17: Gemessene Lösemittelbeladungsprofile bei Wiederbefeuchtungsprozess eines 45 µm dicken PVAc-TPP-Films mit $X_{TPP,\varnothing}$ = 8% bei ϑ_{Probe} = 20°C bei einer Lösemittelaktivität a_{MeCl} = 0,19. Bei diesen Bedingungen wird eine ausgeglichene MeCl-Beladung von X_{MeCl} = 0,12 g_{MeCl}/g_{PVAc} nach ca. 4 Stunden und 30 Minuten erreicht.

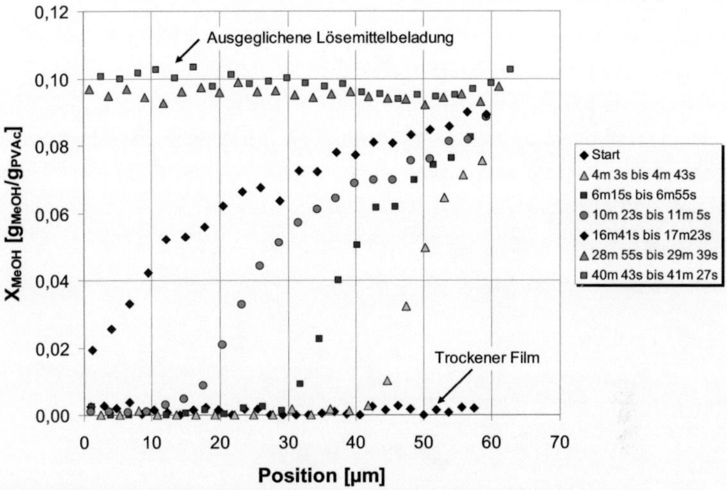

Abb. A 18: Gemessene Lösemittelbeladungsprofile bei dem Wiederbefeuchtungsprozess eines 53 µm dicken PVAc-TPP-Films mit $X_{TPP,Ø}$ = 8% bei ϑ_{Probe} = 20°C bei einer Lösemittelaktivität von a_{MeOH} = 0,76. Bei diesen Bedingungen wird nach ca. 40 Minuten eine ausgeglichene MeOH-Beladung von X_{MeOH} = 0,1 g_{MeOH}/g_{PVAc} erreicht.

Stoffsystem	$X_{TPP,Ø}$ [g_{TPP}/g_{Pol}]	ϑ_{Probe} [°C]	$\vartheta_{Sättiger}$ [°C]	a_{MeCl}	X_{MeCl} [g_{Lsg}/g_{Pol}]
TAC-MeCl-TPP	15%	20	-14,5	0,19	0,076
	15%	20	-5,9	0,30	0,127
	15%	20	-2	0,37	0,157
	15%	20	-2	0,37	0,168
	15%	20	5,1	0,52	0,236
	15%	20	5,1	0,52	0,240
	15%	20	11	0,68	0,370
	15%	20	11	0,68	0,378
	15%	30	15,1	0,81	0,402
	15%	30	16,1	0,85	0,726

Abb. A 19: Übersicht über die durchgeführten Wiederbefeuchtungsversuche mit dem Stoffsystem TAC-MeCl-TPP.

A 9 Theoretische Herleitung der WLF-Gleichung Volumen

Die WLF-Gleichung (4.27) wurde ursprünglich von *Williams*, *Landel* und *Ferry* (1955) auf empirischem Wege gefunden. Sie beschreibt die Dynamik in Polymerlösungen als Funktion der Temperatur und stellt somit eine Zeit-Temperatur-Superposition dar. Sie lässt sich jedoch auch theoretisch über das freie Volumen ableiten. Dies wurde von vielen Autoren beschrieben (*Wilhelm* et. al. (2007)) und soll hier nur kurz vorgestellt werden.

Der Anteil des spezifischen freien Lückenvolumens am Gesamtvolumen eines Polymers ist gegeben durch:

$$f = f_g + (T - T_g) \cdot \alpha_f \qquad \text{(A 22)}$$

f = *Anteil des spezifischen freien Lückenvolumens*

f_g = *Anteil des spezifischen freien Lückenvolumens bei* T_g

T_g = *Glasübergangstemperatur des Polymers*

α_f = *Thermischer Ausdehnungskoeffizient des freien Volumens*

Gilt weiterhin die Annahme, dass sich das viskoelastische Verhalten des Polymers durch das Maxwell-Modell beschreiben lässt, kann folgender Zusammenhang zwischen der Relaxationszeit des Polymers und der dynamischen Viskosität aufgestellt werden.

$$\tau_0 = \frac{\eta}{E} \qquad \text{(A 23)}$$

τ_0 = *Relaxationszeit des Polymers*

η = *dynamische Viskosität des Polymers*

E = *Modul*

Hierbei ist E temperaturunabhängig und nur η eine Funktion der Temperatur. Verwendet man als Referenztemperatur die Glastemperatur T_g des Polymers, kann der Shift-Faktor a_T folgendermaßen dargestellt werden:

$$a_T = \frac{\tau_{0,T}}{\tau_{0,T_g}} = \frac{\eta_T}{\eta_{T_g}} \qquad \text{(A 24)}$$

α_T = *Shift-Faktor*

Die Korrelation der Viskosität mit dem freien Volumen erfolgt mit Hilfe der Doolittle-Gleichung (4.29).

$$\ln\eta_T = \ln A + B\cdot\frac{V-V_f}{V_f} = \ln A + B\cdot(\frac{1}{f}-1) \qquad \text{(A 25)}$$

A, B = von der Polymerstruktur abhängige Konstanten

V = Gesamtvolumen des Polymers

V_f = freies Volumen

Am Glasübergangspunkt ergibt sich

$$\ln\eta_{T_g} = \ln A + B\cdot\frac{V-V_f}{V_f} = \ln A + B\cdot(\frac{1}{f_g}-1) \qquad \text{(A 26)}$$

Subtraktion der Gleichungen.(A 26) von (A 25) sowie Einsetzen von (A 22) ergibt:

$$\ln\frac{\eta_T}{\eta_{T_g}} = B\cdot\left(\frac{1}{f_g+(T-T_g)\cdot\alpha_f}-\frac{1}{f_g}\right) \qquad \text{(A 27)}$$

bzw.

$$\log\frac{\eta_T}{\eta_{T_g}} = \log a_T = \frac{-(B/2{,}303\cdot f_g)\cdot(T-T_g)}{f_g/\alpha_f+(T-T_g)} \qquad \text{(A 28)}$$

Ein Vergleich dieser theoretisch hergeleiteten WLF-Gleichung mit der empirisch ermittelten zeigt, dass f_g und α_f universell, also für alle Polymere etwa gleich sind. Für amorphe Polymere kann für $f_g \sim 0{,}025$ und $\alpha_f \sim 4{,}8\text{x}10^{-4}\ \text{K}^{-1}$ angenommen werden. Wenn diese Konstanten zusammengefasst werden, erhält man die in Kapitel 4.3.2 angegebenen, universellen WLF-Konstanten.

$$-B/2{,}303\cdot f_g = c_1^g, \quad f_g/\alpha_f = c_2^g \qquad \text{(A 29)}$$

A 10 Zusammenhang der Diffusionskoeffizienten im volumenbezogenen und mitbewegten Koordinatensystem

Der flächenbezogene Diffusionsstrom j_i^V einer Komponente *i* in einem ortsfesten, volumenbezogenen Koordinatensystem lässt sich allgemein wie folgt beschreiben:

$$j_i^V = \rho_i^V\cdot(u_i-u_V) \qquad \text{(A 30)}$$

ρ_i^V = von der Polymerstruktur abhängige Konstanten

u_i = *Geschwindigkeit der Komponente i*

u_V = *mittlere Geschwindigkeit des Kontrollvolumens*

Die Kinetik des darin enthaltenen Stoffstrom j_i^V lässt sich mit dem ersten Fick'schen Gesetz beschreiben:

$$j_i^V = -D_{i,p}^V \frac{\partial \rho_i^V}{\partial z} \tag{A 31}$$

$D_{i,p}^V$ = *Diffusionskoeffizient im volumenbezogenen Koordinatensystem*

Die Beziehung zwischen volumen- und polymerbezogenen Koordinaten lautet:

$$\frac{\partial \zeta}{\partial z} = \rho_P^V \cdot \hat{V}_P = \varphi_P \tag{A 32}$$

φ_p = *Volumenanteil des Polymers*

Der Vergeich der beiden Diffusionsströme j_i^V und j_i^P (4.44) in dem volumenbezogenen bzw. mitbewegten Koordinatensystem

$$j_i^P = j_i^V - X_i \cdot j_i^P \tag{A 33}$$

und einer anschließenden Koordinatentransformation zeigt den Zusammenhang zwischen $D_{i,p}^V$ und $D_{i,p}^P$. Für eine binäre Polymerlösung ergibt sich der von *Crank* (1950) hergeleitete Ausdruck:

$$D_{i,p}^P = D_{i,p}^V \cdot \varphi_p^2 \tag{A 34}$$

A 11 Vergleich von Sorptionsisothermen von MeOH in reinem PVAc und einer PVac-TPP-Mischung

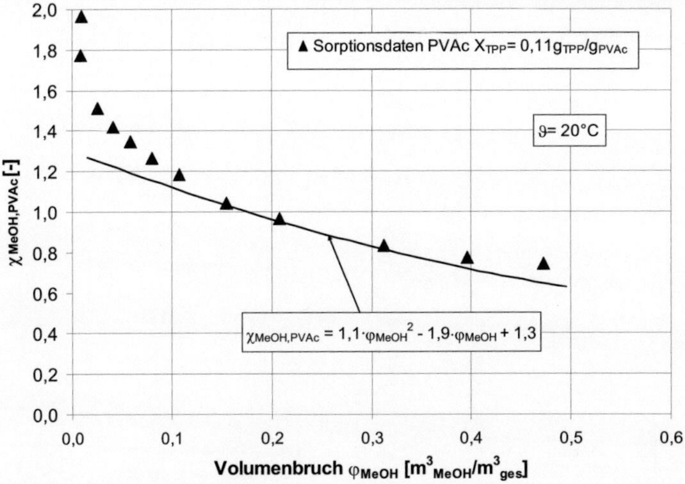

Abb. A 20: Flory-Huggins Wechselwirkungsparameter von MeOH in einer PVAc-TPP-Mischung mit einer Weichmacherbeladung von X_{TPP} = 0,11 $g_{TPP}/_{PVAc}$. Der eingetragne Verlauf des Wechselwirkungsparameters als Funktion des Lösemittelvolumenbruchs wurde von Schabel (2004) an Sorptionsdaten des Stoffsystems PVAc-MeOH ermittelt.

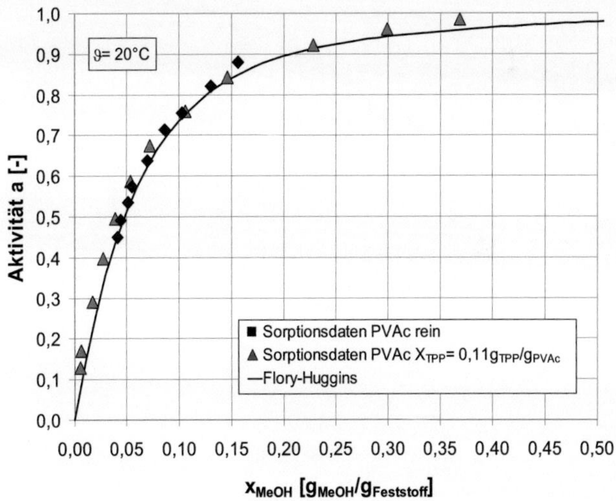

Abb. A 21: Vergleich gemessener (Punkte)und mit dem Flory-Huggins-Modell berechneter (Linie) Sorptionsisotherme für Methanol in reinem PVAc und einer TPP-PVAc-Mischung. Der bei der Rechnung verwendete Wechselwirkungsparameter wurde an Sorptionsdaten von MeOH in reinem PVAc angepasst.

A 12 Sorptionsisothermen von MeCl in reinem TAC

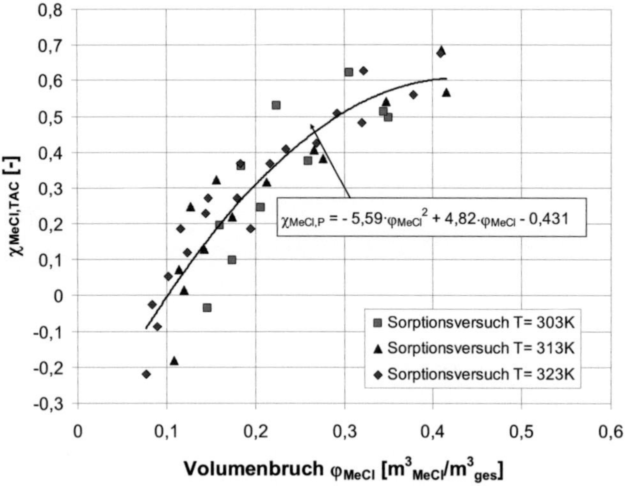

Abb. A 22: Flory-Huggins Wechselwirkungsparameter von Methylenchlorid in TAC als Funktion des Lösemittelvolumenbruchs.

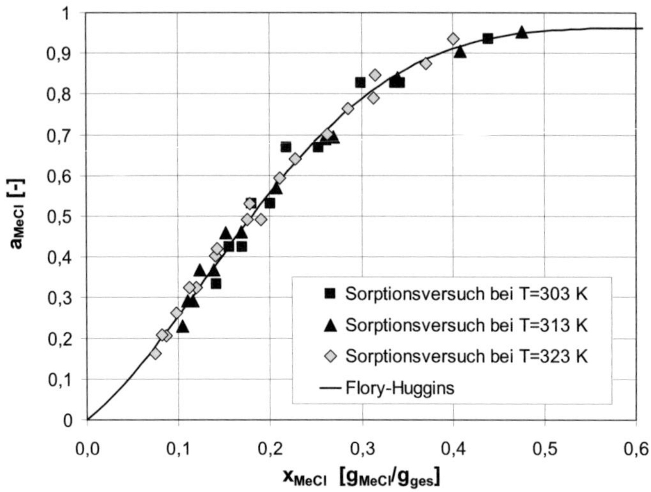

Abb. A 23: Vergleich gemessener (Punkte) und mit dem Flory-Huggins-Modell berechneter (Linie) Sorptionsisotherme für Methylenchlorid in reinem TAC. Wie man erkennen kann, ist das Sorptionsgleichgewicht nicht von der Temperatur abhängig.

A 13 Diffusionskoeffizienten in Gasgemischen nach Fuller

$$D_{ig} = \frac{1{,}013 \cdot 10^{-7} \cdot T^{1{,}75} \cdot \left(1/\widetilde{M}_i + 1/\widetilde{M}_g\right)^{0{,}5}}{p \cdot \left[\left(\sum v_i\right)^{1/3} + \left(\sum v_g\right)^{1/3}\right]^2} \qquad \text{(A 35)}$$

D_{ig} = *Fickscher Diffusionskoeffizient in der Gasphase [m²/s]*

T = *Temperatur [K]*

p = *Druck [bar]*

$\widetilde{M}_i$ = *Molmasse [g/mol]*

$\sum v$ = *Diffusionsvolumen der Komponenten*

Parameter zur Berechnung der binären Diffusionskoeffizienten in der Gasphase:

	Methanol	**Methylenchlorid**	**Naphthalin**	**Luft**
Molmasse [g/mol]	32,04	84,93	128	29
Diffusionsvolumen	29,9	59,5	140,4	20,1

A 14 Bestimmung des gasseitigen Stoffübergangskoeffizienten

Bei der Bestimmung des gasseitigen Stofftransportes ist aufgrund der geringen Kanalquerschnittsfläche nicht sicher, ob die Messsonde zur Ermittlung der Strömungsgeschwindigkeit sowie die überströmte Platte selbst die Strömungsbedingungen im Kanal signifikant stören. In diesem Fall wäre eine Beschreibung des Stoffübergangskoeffizienten mit *Sherwood*-Korrelation einer frei überströmten Platte (Gleichung (4.3)) nicht zulässig. Daher soll der gasseitige Stofftransport experimentell über Messungen, des in den Luftstrom sublimierenden Naphthalinmassenstroms, bestimmt werden. Identische Umströmungsverhältnisse, wie sie bei den Wiederbefeuchtungsversuchen im Kanal herrschen, wurden realisiert, indem spezielle Messingplatten eingesetzt wurden, die in ihren Abmaßen dem Filmtisch entsprechen, der bei den Wiederbefeuchtungsversuche verwendet wurde. Der Anfang des Polymerfilms wird hierbei durch eine zusätzliche Materialkante von 0,1 mm Höhe simuliert. Abb. A 24 zeigt den Versuchsaufbau aus Strömungskanal mit geöffnetem Kanaldeckel und Platte mit einer mit Naphthalin gefüllten Nut.

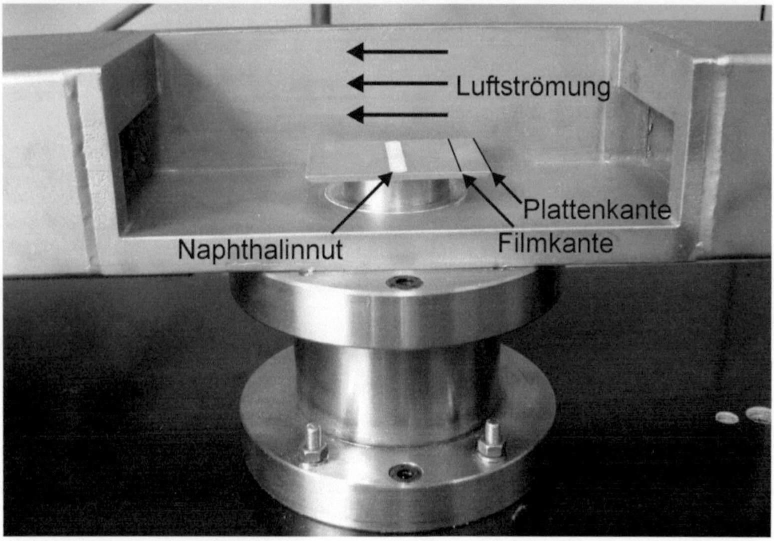

Abb. A 24: Versuchsaufbau zur Bestimmung integraler Stoffübergangskoeffizienten im kleinen Kanal durch Naphthalinsublimation in den Luftstrom.

Der Strömungskanal wird mit Hilfe der Membranpumpe durchströmt. Mit diesem Aufbau wurde der gasseitige Stoffübergangskoeffizient der Platte in dem kleinen Kanal bestimmt und die Ergebnisse mit theoretischen Vorhersagen der Einzelkörper-Korrelation verglichen. Bei Übereinstimmung von Messung und Theorie kann der Filmtisch als überströmter Einzelkörper betrachtet und die Standardbeziehungen nach dem Wärmeatlas angewendet werden. Die Ergebnisse zeigen, dass die experimentell bestimmten Stoffübergangskoeffizienten nicht mit den bekannten Korrelationen zu beschreiben sind. Daher wurde eine empirische Gleichung aufgestellt, die den Stoffübergang in dem kleinen Kanal beschreibt. Die Bestimmung der Stoffübergangskoeffizienten erfolgte gravimetrisch. In den für diese Versuche speziell hergestellten Platten befindet sich eine gefräste Nut, die mit Naphthalin gefüllt wurde. Während der Versuchsdauer wurde die Massenabnahme des Naphthalins auf einer Messingplatte beobachtet. In Abb. A 25 ist exemplarisch für einen Versuch die lineare Abnahme der Naphthalinmasse über der Zeit gezeigt. Aufgrund des konstanten Massenstroms während der Versuchsdauer kann angenommen werden, dass hydrodynamische Effekte, verursacht durch die Absenkung der Naphthalinoberfläche, auf den Stoffübergang vernachlässigbar sind.

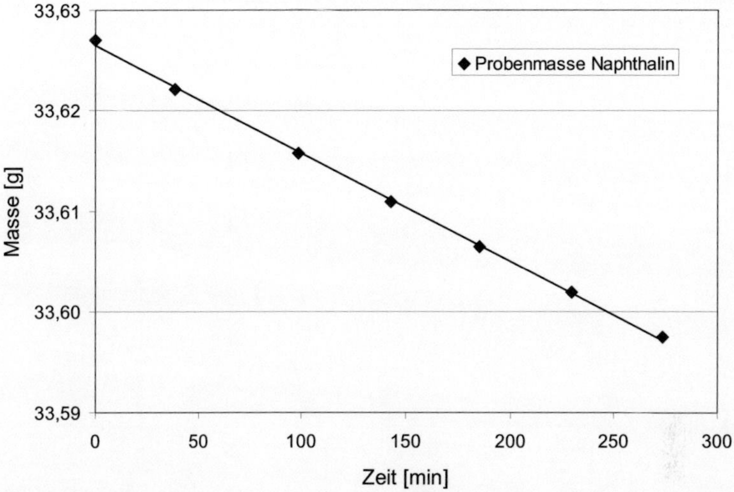

Abb. A 25: Gemessene Massenabnahme durch Naphthalinsublimation in dem Luftstrom des Kanals.

Aus dem gemessenen Massenstrom lässt sich unter Verwendung des linearen Ansatzes für die Stoffübergangskinetik (*Schlünder* (1984)) der integrale Stoffübergangskoeffizient über die Nutbreite bestimmen:

$$\overline{\beta} = \frac{\dot{m}}{A \cdot \widetilde{\rho}_G \cdot \widetilde{M}_N \cdot \widetilde{y}^*(T)} \tag{A 36}$$

$\overline{\beta}$ = *integraler Stoffübergangskoeffizient*

$\dot{m}$ = *Massenstrom des sublimierenden Naphthalins*

A = *Fläche der mit Naphthalin gefüllten Nut*

$\widetilde{M}_N$ = *Molmasse Naphthalin*

$\widetilde{y}^*$ = *Naphthalinmolenbruch an der Phasengrenze*

Der in der Gleichung enthaltene Naphthalinmolenbruch an der Phasengrenze wird über den Dampfdruck des Naphthalins mit Hilfe der Antoine-Gleichung berechnet. Die notwendigen Parameter sind in Anhang A 15 tabelliert. Die gemessenen Naphthalinmassenströme sowie die daraus mit Gleichung (A 36) berechneten integralen Stoffübergangskoeffizienten während eines Versuchs sind in Abb. A 26 dargestellt.

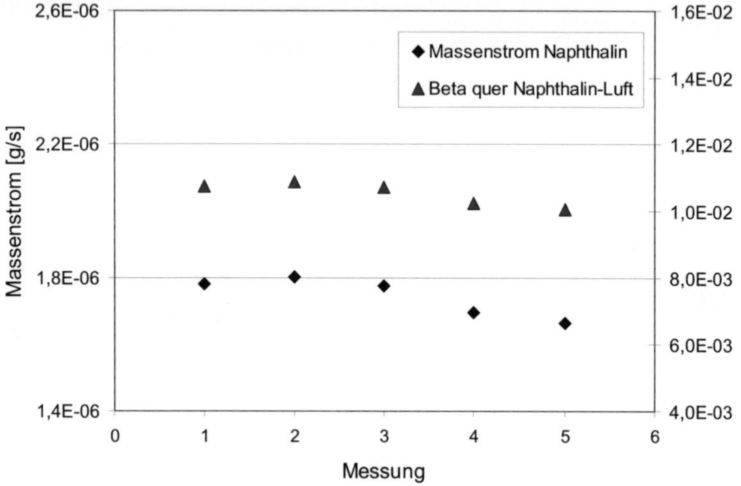

Abb. A 26: Gemessene Naphthalinmassenströme und die daraus berechnete Stoffübergangskoeffizienten während eines Versuchs.

Es wurden zwei Versuchsreihen zur Bestimmung des gasseitigen Stoffübergangskoeffizienten durchgeführt. Zuerst sollte geklärt werden, an welchem Punkt der Beginn der hydrodynamischen Grenzschicht am Filmtisch liegt. Dass dieser einen Einfluss auf den lokalen Stoffübergang hat, und daher berücksichtigt werden muss, wurde von *Zhou* (2008) gezeigt. Zur theoretischen Vorhersage der lokalen Stoffübergangskoeffizienten an unterschiedlichen Stellen des Filmes kann ein von *Brauer* (1971) vorgeschlagener Ansatz verwendet werden:

$$Sh_{x+x_0} = \frac{\beta_{x+x_0} \cdot (x - x_0)}{D_g} = 0{,}332 \cdot \sqrt{\mathrm{Re}_{x+x_0}} \cdot \sqrt[3]{Sc}\left[1 - \left(\frac{x_0}{x - x_0}\right)^{3/4}\right]^{-1/3} \quad \text{(A 37)}$$

$x =$ *Abstand zwischen Messstelle und Beginn der stofflichen Grenzschicht*

$x_0 =$ *Versatz zwischen Beginn der hydrodynamischen und stofflichen Grenzschicht*

Die Trocknung einer Filmoberfläche beginnt stets an der stromaufwärts gerichteten Filmkante, an der sich zu Versuchsbeginn auch der Anfang der stofflichen Grenzschicht befindet. Im Verlauf der Trocknung wandert die Feuchte im Film stromabwärts und mit ihr die stoffliche Grenzschicht. Prinzipiell kann der Beginn des hydrodynamischen Anlaufes an verschiedenen Stellen des Filmtisches sein. Als mögliche "Stolperkante", die den Beginn des hydrodynamischen

Anlaufs initiiert, kann hier die stromaufwärts liegende Plattenkante oder die Filmkante fungieren. Denkbar ist auch, dass der Beginn der hydrodynamischen und der stofflichen Grenzschicht zusammenfallen und somit beide mit der sich bewegenden Trocknungsfront mitwandern. Zur Berücksichtigung des örtlichen Abstandes zwischen dem Beginn der hydrodynamischen und stofflichen Grenzschicht wurde von *Brauer* die Koordinate x_0 eingeführt. Der Abstand zwischen Beginn der hydrodynamischen Grenzschicht und der Stelle des zu berechnenden lokalen Stoffübergangskoeffizienten wird durch die Koordinate x ausgedrückt.

Zur Bestimmung des Beginns der hydrodynamischen Grenzschicht am Filmtisch wurde eine erste Versuchsreihe durchgeführt. Hierzu wurden die vier, in Abb. A 27, dargestellten Messingplatten verwendet. Die Breite, der mit Naphthalin gefüllten Nuten, ist identisch, die Position der Nut ist von Platte zu Platte um 5 mm stromabwärts versetzt. Durch Messungen der Naphthalin-Massenströme wurden die integralen Stoffübergangskoeffizienten für die unterschiedlichen Nutpositionen bestimmt. Die Ergebnisse dieser Versuchsreihe sind in Abb. A 28 dargestellt. Zusätzlich zu den experimentell ermittelten integralen Stoffübergangskoeffizienten sind in dem Diagramm auch die theoretisch berechneten Verläufe des integralen Stoffübergangskoeffizienten an den jeweiligen Nutpositionen eingetragen.

Abb. A 27: Messingplatten mit Naphthalinnut zur Bestimmung des integralen Stoffübergangskoeffizienten an verschiedenen Positionen.

Die Berechnung dieser Verläufe erfolgte durch Integration von Gleichung (A 37) über der Nutbreite und für die drei möglichen Fälle des Beginns der hydrodynamischen Grenzschicht (Plattenkante, Filmkante, Nutkante). Die Ergebnisse zeigen, dass sich die experimentell bestimmten Stoffübergangskoeffizienten nur dann durch die von Brauer angegebene Korrelation beschreiben lassen, wenn der stoffliche und der hydrodynamische Anlauf zusammenfallen, d.h. die jeweilige Nutkante auch als “Stolperkante“ für den hydrodynamischen Anlauf fungiert. Ein Beginn der hydrodynamischen Grenzschicht an der Filmkante oder Plattenkante ist nicht geeignet, die experimentellen Ergebnisse zu beschreiben.

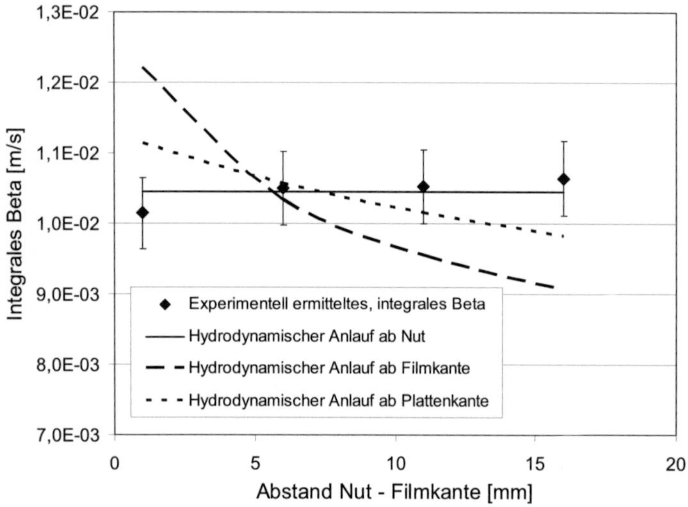

Abb. A 28: Vergleich gemessener und berechneter integraler Stoffübergangskoeffizienten als Funktion der Nutposition.

In einer weiteren Versuchsreihe soll nun überprüft werden, ob der lokale Stoffübergangskoeffizient über den Film durch die Einzelkörper-Korrelation unter Berücksichtigung des ermittelten Beginns der hydrodynamischen Grenzschicht korrekt beschrieben werden kann. Bei dieser zweiten Versuchsreihe wurden wiederum vier Messingplatten angefertigt, bei denen der Abstand zwischen Plattenkante und Nut konstant ist, aber Nutbreite von Platte zu Platte vergrößert wurde (Abb. A 29).

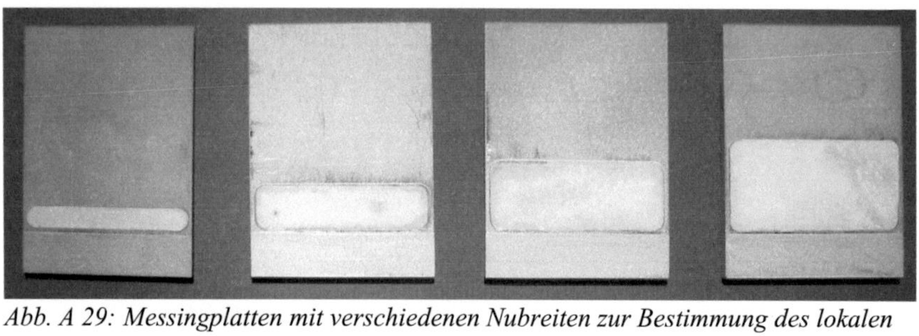

Abb. A 29: Messingplatten mit verschiedenen Nubreiten zur Bestimmung des lokalen Stoffübergangskoeffizienten.

Mit diesen vier Platten, die durch ihre unterschiedlichen Nutbreiten verschiedene Bereiche des Filmtischs abdecken, wurde der integrale Stoffübergangskoeffizient experimentell bestimmt. In Abb. A 30 sind die, in der zweiten Versuchsreihe bestimmten integralen Stoffübergangskoeffizienten bei variabler Nutbreite und konstanter Position der vorderen Nutkante, dargestellt. Zusätzlich ist in dem Diagramm noch der berechnete Verlauf des integralen Stoffübergangskoeffizienten einer überströmten Platte mit hydrodynamischem Anlauf an der Nutkante nach Brauer eingetragen (gepunktete Linie). Diesen Verlauf erhält man nach Integration von Gleichung (A 37) über die Nutbreite.

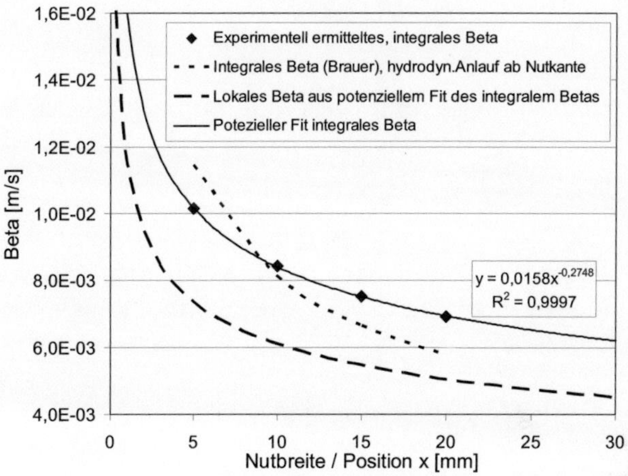

Abb. A 30: Gemessene integrale Stoffübergangskoeffizienten bei variabler Nutbreite und konstanter Position der Nutkante. Die Korrelation nach Brauer zeigt keine Übereinstimmung mit den Messdaten. Eine Potenzfunktion wurde zur Anpassung der integralen Stoffübergangskoeffizienten verwendet - durch Differenzieren dieses Verlaufs erhält man den lokalen Stoffübergangskoeffizienten.

Es hat sich gezeigt, dass die Standardkorrelation für eine laminar umströmte Platte nicht geeignet ist, um die Messdaten zu beschreiben. Daraus muss geschlossen werden, dass der Filmtisch im verwendeten Kanal nicht als frei umströmter Einzelkörper betrachtet werden kann. Die entsprechenden Standardkorrelationen sind zur Beschreibung des Stoffübergangs in der Gasphase nicht anwendbar.

Um dennoch den, für die Simulation benötigten Ausdruck für den lokalen Stoffübergangskoeffizienten über der Filmlänge zu erhalten, wurde versucht, die Messwerte des integralen Stoffüberganskoeffizienten durch eine Regressionskurve zu beschreiben. Wie in Abb. A 30 gezeigt, kann der Verlauf des integralen Stoffüberganskoeffizienten gut durch eine Potenzfunktion der Form

$$\frac{\overline{\beta}}{m/s} = 0{,}0158\left(\frac{x}{mm}\right)^{-0{,}2748} \tag{A 38}$$

dargestellt werden. Der gesuchte Verlauf des lokalen Stoffübergangskoeffizienten als Funktion seiner Position x kann nun durch Differenzieren von Gleichung (A 38) berechnet werden:

$$\overline{\beta} = \frac{1}{L}\int_0^L \beta_{i,g}\,dx \quad \Rightarrow \quad \beta_{i,g} = \left.\frac{d\left(\overline{\beta}\cdot L\right)}{dL}\right|_{L=x} \tag{A 39}$$

Für den lokalen Stoffübergangskoeffizienten erhält man so folgenden Ausdruck:

$$\beta_{i,g}\left(m/s\right)^{-1} = -0{,}0043\left(\frac{x}{mm}\right)^{-0{,}2748} + 0{,}0158\left(\frac{x}{mm}\right)^{-0{,}2748} \tag{A 40}$$

Der Verlauf des lokalen Stoffüberganskoeffizienten ist in Abb. A 30 gestrichelte eingezeichnet. Mit Hilfe dieser Funktion kann der Stoffübergang in dem kleinen Kanal modellhaft beschrieben werden.

A 15 Antoine Parameter

Die Antoine-Gleichung kann zur Berechnung des Sättigungsdampfdrucks einer Komponente (in Pa) als Funktion der Temperatur herangezogen werden. In

Abb. A 31 sind die verwendeten Antoine Parameter aufgelistet (*Raid* (1977)).

$$\log\left(\frac{p_i^*(T)}{p_0}\right) = A - \frac{B}{C + T/°C} \tag{A 41}$$

	A	B	C
Methanol	8,1974	1574,99	238,86
Methylenchlorid	7,2052	1138,91	231,45
Naphthalin	13,57	3734	273,15

Abb. A 31: Übersicht über die verwendeten Antoine-Konstanten.

A 16 Bestimmung des Diffusionskoeffizienten von MeOH im Stoffsystem PVAC-MeOH-TPP

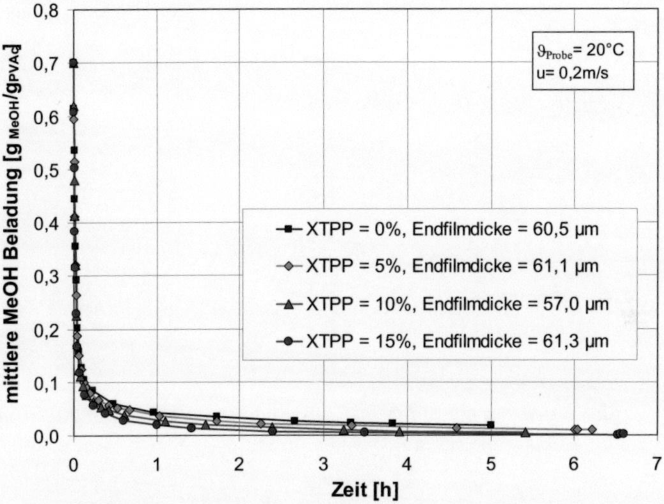

Abb. A 32: Vergleich der gemessenen, integralen Trocknungsverlaufskurven von PVAc-MeOH-TPP-Filmen mit unterschiedlicher Weichmacherbeladung. Die Endfilmdicken variieren zwischen 57 und 61 µm.

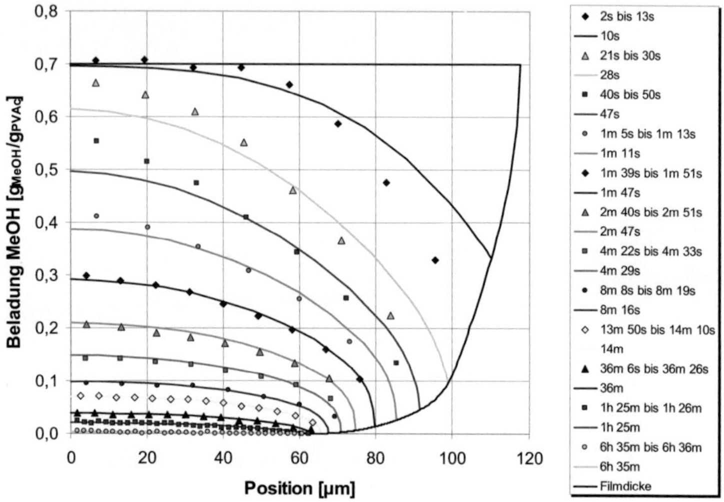

Abb. A 33: Vergleich gemessener mit gerechneten Lösemittelbeladungsprofile eines PVAc-MeOH-TPP-Films während der Trocknung bei ϑ_{Probe} = 20°C und u = 0,2 m/s.

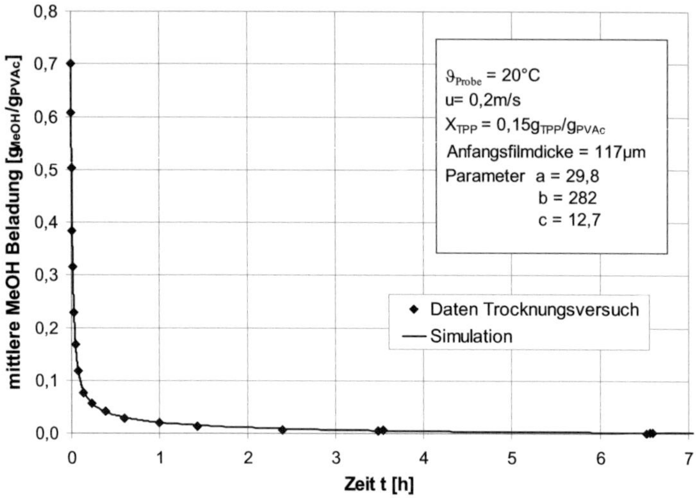

Abb. A 34: Vergleich der gemessenen mit gerechneten,integralen Trocknungsverlaufskurve eines PVAc-MeOH-TPP-Films während der Trocknung bei ϑ_{Probe} = 20°C und u = 0,2 m/s. Der Diffusionskoeffizient kann sehr gut mit Gleichung (4.26) und den Parametern a = 29,8, b = 282,1 und c = 12,71 beschrieben werden.

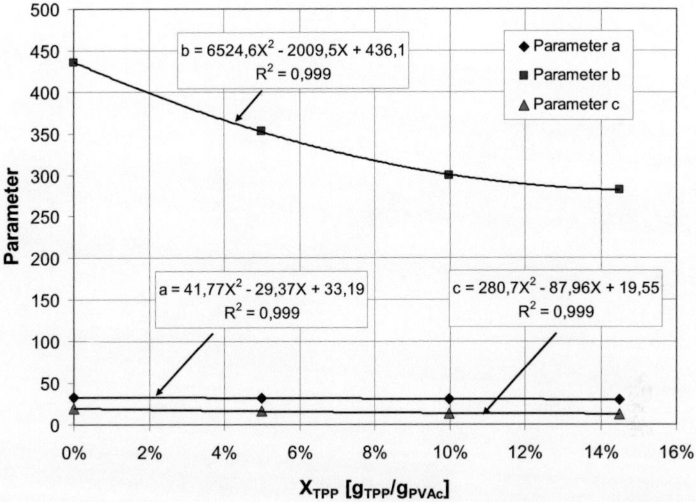

Abb. A 35: Bestimmung der Polynome der Parameter a, b und c als Funktion der Weichmacherbeladung für die Beschreibung der Diffusionskoeffizientenverläufe von Methanol im Stoffsystem PVAc-MeOH-TPP bei ϑ_{Probe} = 20°C.Methanol im Stoffsystem PVAc-MeOH-TPP bei ϑ_{Probe} = 20°C.

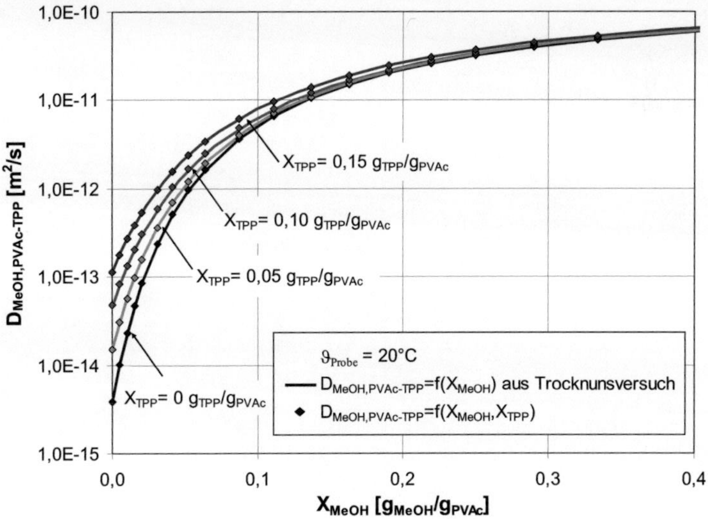

Abb. A 36: Vergleich zwischen den Diffusionskoeffizientenverläufe von Methanol, die durch Anpassung an Trocknungsversuche bestimmt wurden (Linien) und den mit der Masterfunktion berechneten (Punkte) bei ϑ_{Probe} = 20°C.

A 17 Langzeitversuche bei erhöhter Temperatur: Stoffsystem PVAc-TPP

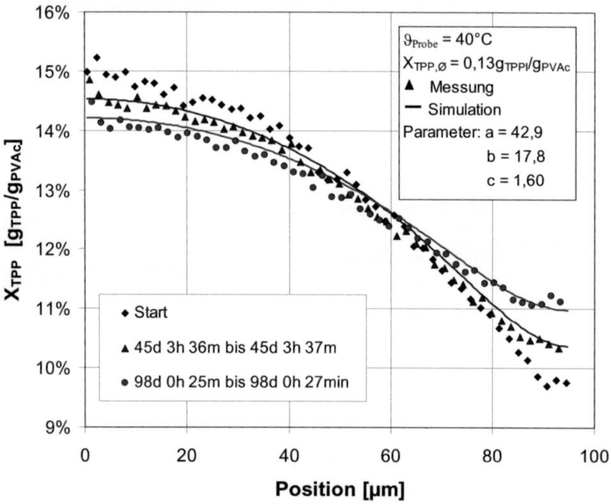

Abb. A 37: Vergleich gemessener (Punkte) und gerechneter (Linien) Weichmacherbeladungsprofile zu verschiedenen Zeitpunkten des Ausgleichsprozesses in einem PVAc-TPP-Film bei ϑ_{Probe} = 40°C und einer mittleren Weichmacherbeladung von $X_{TPP,Ø}$ = 0,13 g_{TPP}/g_{PVAc}.

Stoffsystem	ϑ_{Probe} [°C]	a	b	c
PVAc-TPP	40	42,9	17,8	1,60
	46,5	40,7	93,8	3,36
	56	38,0	93,8	3,60
	63	36,4	93,8	3,65
	73	35,0	93,8	3,65
TAC-TPP	100	51,0	93,8	4,58
	110	40,6	93,8	3,36
	126,5	35,5	113,8	3,55

Abb. A 38: Parameter a, b und c zur Beschreibung der Diffusionskoeffizientenverläufe des Weichmachers TPP als Funktion des Weichmachers mit Gleichung (4.26).

A 18 Bestimmung des Diffusionskoeffizienten von TPP im Stoffsystem PVAc-MeOH-TPP bei ϑ_{Probe}=20°C

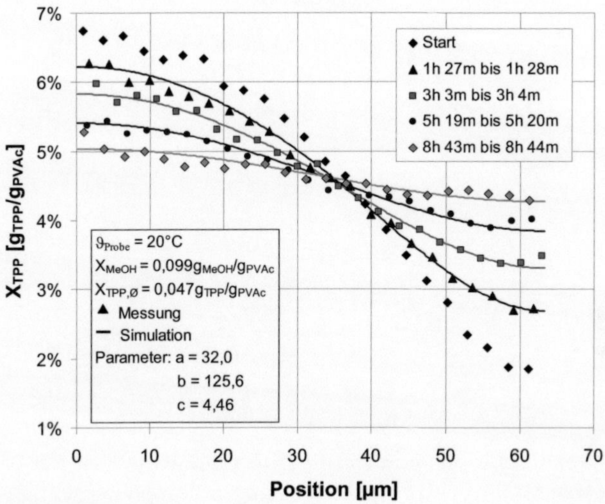

Abb. A 39: Vergleich gemessener (Punkte) und gerechneter (Linien) Weichmacherbeladungsprofile zu verschiedenen Zeitpunkten des Ausgleichsprozesses in einem PVAc-MeOH-TPP-Film bei einerLösemittelbeladung von X_{MeOH} = 0,099 g_{MeOH}/g_{PVAc} und ϑ_{Probe} = 20°C.

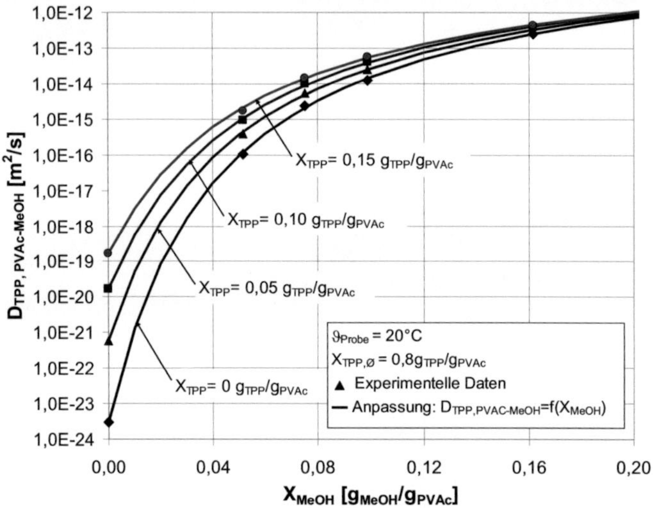

Abb. A 40: Diffusionskoeffizientenverläufe des Weichmachers TPP als Funktion der Lösemittelbeladung bei ϑ_{Probe} = 20°C. Die eingetragen Verläufe entsprechen unterschiedlichen Weichmacherbeladungen von X_{TPP} = 0 bis 0,15 g_{TPP}/g_{PVAc}.

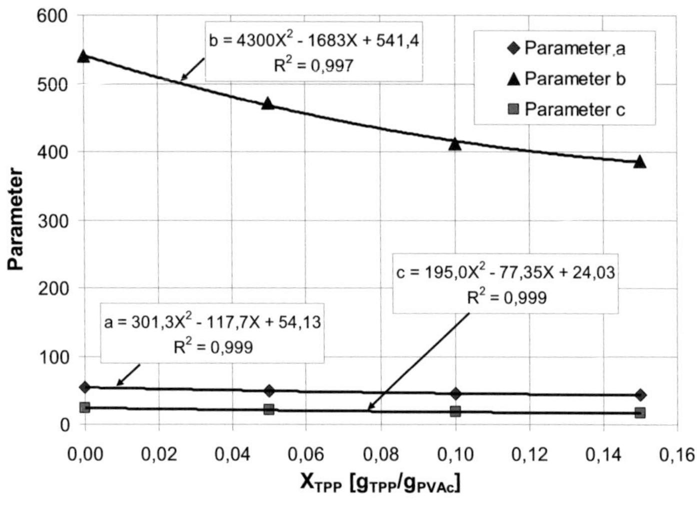

Abb. A 41: Bestimmung der Polynome der Parameter a, b und c als Funktion der Weichmacherbeladung für die Beschreibung der Diffusionskoeffizientenverläufe von TPP im Stoffsystem PVAc-MeOH-TPP bei ϑ_{Probe} = 20°C.

A 19 Bestimmung des Diffusionskoeffizienten von TPP im Stoffsystem PVAc-MeCl-TPP bei ϑ_{Probe}=30°C

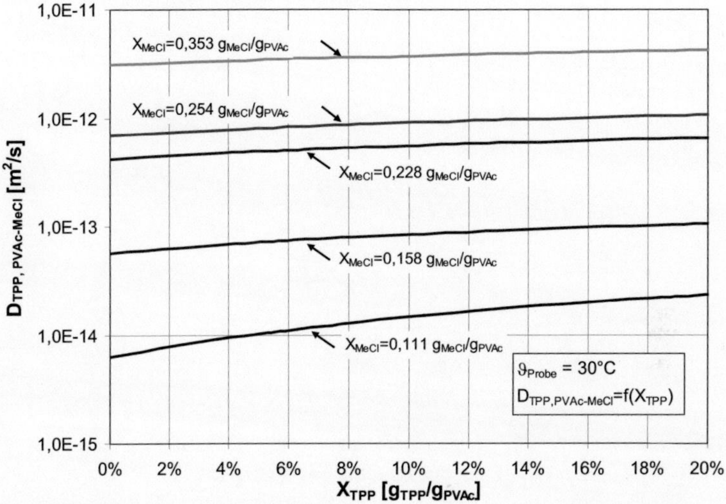

Abb. A 42: Diffusionskoeffizientenverläufe des Weichmachers TPP bei unterschiedlichen Methylenchloridbeladungen als Funktion der Weichmacherbeladung bei 30°C.

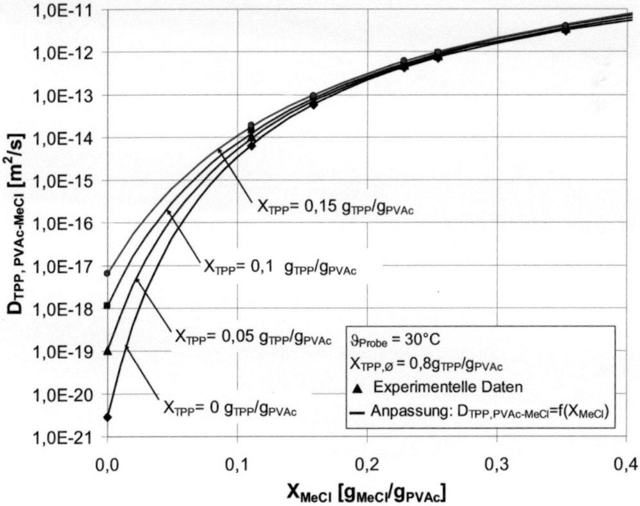

Abb. A 43: Diffusionskoeffizientenverläufe des Weichmachers TPP als Funktion der Lösemittelbeladung bei ϑ_{Probe} = 30°C. Die eingetragenen Verläufe entsprechen unterschiedlichen Weichmacherbeladungen von X_{TPP} = 0 bis 0,15 g_{TPP}/g_{PVAc}.

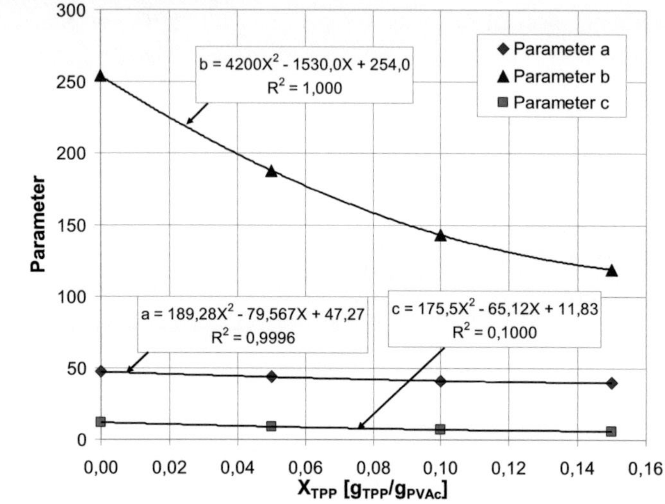

Abb. A 44: Bestimmung der Polynome der Parameter a, b und c als Funktion der Weichmacherbeladung für die Beschreibung der Diffusionskoeffizientenverläufe von TPP im Stoffsystem PVAc-MeCl-TPP bei ϑ_{Probe} = 30°C.

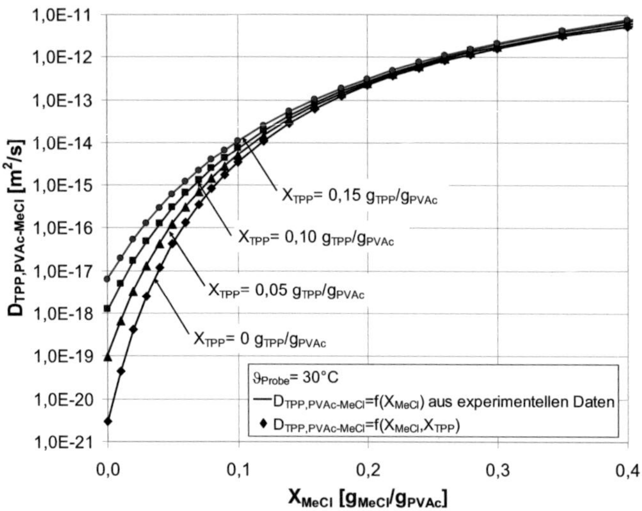

Abb. A 45: Vergleich zwischen den Diffusionskoeffizientenverläufen von TPP im Stoffsystem PVA-MeCl-TPP die durch Anpassung an Trocknungsversuche bestimmt wurden (Linien) und den mit Gleichung (5.4) berechneten (Punkte) bei ϑ_{Probe} = 30°C.

A 20 Ermittelte Parameter *a*, *b* und *c* zur Beschreibung des Diffusionskoeffizienten von TPP im Stoffsystemen PVAc-MeOH-TPP

Stoffsystem	ϑ_{Probe} [°C]	X_{MeOH} [g_{MeOH}/g_{PVAc}]	a	b	c
PVAc-MeOH-TPP	20	0	54,2	181,0	5,88
		0,052	36,8	149,3	4,95
		0,075	33,7	135,8	4,65
		0,099	32,0	125,6	4,46
		0,162	29,0	108,5	3,94

Abb. A 46: Übersicht über ermittelte Parameter a, b und c die mit Gleichung (4.26) die Diffusionskoeffizientenverläufe des Weichmachers im Stoffsystem PVAc-MeOH-TPP als Funktion der TPP-Beladung $D_{TPP,PVAc\text{-}MeOH} = f(X_{TPP})$ bei ϑ_{Probe} = 20°C beschreiben.

Stoffsystem	ϑ_{Probe} [°C]	X_{TPP} [g_{TPP}/g_{PVAc}]	a	b	c
PVAc-MeOH-TPP	20	0	54,2	540	24.00
		0,05	48,9	472	20,75
		0,10	45,5	412	18,15
		0,15	43,2	387	16,85

Abb. A 47: Übersicht über ermittelte Parameter a, b und c, die mit Gleichung (5.4) die Diffusionskoeffizientenverläufe des Weichmachers im Stoffsystem PVAc-MeOH- TPP als Funktion der MeOH-Beladung $D_{TPP,PVAc\text{-}MeOH} = f(X_{MeOH})$ bei ϑ_{Probe} = 20°C beschreiben.

A 21 Ermittelte Parameter *a*, *b* und *c* zur Beschreibung des Diffusionskoeffizienten von TPP in dem Stoffsystemen PVAc-MeCl-TPP

Stoffsystem	ϑ_{Probe} [°C]	$X_{TPP,Ø}$ [g_{TPP}/g_{PVAc}]	X_{MeCl} [g_{MeCl}/g_{PVAc}]	a	b	c
PVAc-MeCl-TPP	20	0,08	0	54,2	181,0	5,88
		0,08	0,120	35,4	142,0	4,95
		0,08	0,174	32,5	121,0	4,44
		0,08	0,262	29,5	103,0	3,92
		0,08	0,338	28,0	82,2	3,36
		0,08	0,419	26,8	70,5	2,96
		0,15	0,198	31,0	117,0	4,32
		0,15	0,278	29,1	97,3	3,78
		0,15	0,283	28,9	96,2	3,74
		0,15	0,424	27,5	66,7	2,94
	30	0,08	0	47,3	146,5	5,01
		0,08	0,111	32,7	114,3	3,85
		0,08	0,158	30,5	104,0	3,59
		0,08	0,228	28,5	90,4	3,30
		0,08	0,258	28,0	85,3	3,17
		0,08	0,353	26,5	73,2	2,85

Abb. A 48: Übersicht über ermittelte Parameter a, b und c, die mit Gleichung (4.26) die Diffusionskoeffizientenverläufe des Weichmachers im Stoffsystem PVAc-MeCl-TPP als Funktion der TPP-Beladung $D_{TPP,PVAc\text{-}MeCl} = f(X_{TPP})$ bei $\vartheta_{Probe} = 20°C$ und $\vartheta_{Probe} = 30°C$ beschreiben.

Stoffsystem	ϑ_{Probe} [°C]	X_{TPP} [g_{TPP}/g_{PVAc}]	a	b	c
PVAc-MeCl-TPP	20	0	54,2	216	10,51
		0,05	48,9	190	9,21
		0,10	45,5	159	7,86
		0,15	43,2	147	7,31
	30	0	47,3	254	11,83
		0,05	43,7	188	9,00
		0,10	41,3	143	7,08
		0,15	39,6	119	6,01

Abb. A 49: Übersicht über ermittelte Parameter a, b und c, die mit Gleichung (5.4) die Diffusionskoeffizientenverläufe des Weichmachers im Stoffsystem PVAc-MeCl-TPP als Funktion der MeCl-Beladung $D_{TPP,PVAc\text{-}MeCl} = f(X_{MeCl})$ bei ϑ_{Probe} = 20°C beschreiben.

A 22 Ermittelte Parameter *a*, *b* und *c* zur Beschreibung des Diffusionskoeffizienten von TPP in dem Stoffsystemen TAC-MeCl-TPP

$X_{TPP,ø}$ [g_{TPP}/g_{TAC}]	X_{MeCl} [g_{MeCl}/g_{TAC}]	a	b	c
0,15	0,127	43,8	44,2	2,44
0,15	0,168	39,7	24,0	1,58
0,15	0,236	44,7	95,3	4,94
0,15	0,378	38,7	85,5	4,34
0,15	0,402	43,8	27,1	3,32

Abb. A 50: Übersicht über ermittelte Parameter a, b und c, die mit Gleichung (4.26) die Diffusionskoeffizientenverläufe des Weichmachers im Stoffsystem TAC-MeCl-TPP als Funktion der TPP-Beladung $D_{TPP,TAC\text{-}MeCl} = f(X_{TPP})$ bei ϑ_{Probe} = 20°C beschreiben.

A 23 Zweischichtversuche zur Bestimmung des Diffusionskoeffizienten von TPP in Polymersystemen bei hoher Lösemittelbeladung

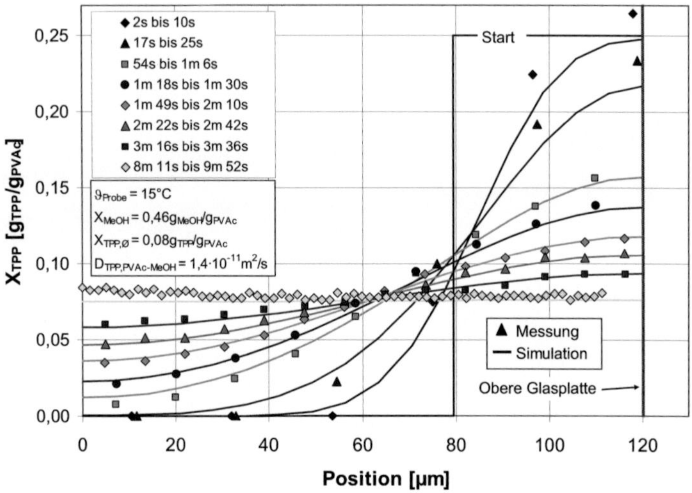

Abb. A 51: Vergleich gemessener (Punkte) und gerechneter (Linien) Weichmacherbeladungsprofile zu verschiedenen Zeitpunkten des Ausgleichsprozesses in einem PVAc-MeOH-TPP-Film bei ϑ_{Probe} = 15°C und einer Lösemittelbeladung von $X_{MeOH} = 0{,}46\ g_{MeOH}/g_{PVAc}$.

Stoffsystem	X_{Lsm} $[g_{Lsm}/g_{PVAc}]$	$D_{TPP,PVAc\text{-}Lsm}$ $[m^2/s]$
PVAc-MeCl-TPP	0,45	$2{,}5 \cdot 10^{-12}$
	0,55	$6{,}5 \cdot 10^{-12}$
	0,60	$7{,}0 \cdot 10^{-12}$
	0,74	$1{,}7 \cdot 10^{-11}$
PVAc-MeOH-TPP	0,46	$1{,}4 \cdot 10^{-11}$

Abb. A 52: Übersicht über die durch Zweischichtversuche ermittelten Diffusionskoeffizienten des Weichmachers. Die Versuche wurden bei ϑ_{Probe} = 15°C und einer durchschnittlichen Weichmacherbeladung von $X_{TPP,ø} = 0{,}08\ g_{TPP}/g_{PVAc}$ durchgeführt.

A 24 Bestimmung von Selbstdiffusionskoeffizienten mit Hilfe der NMR-Spektroskopie

Wie in Abschnitt 5.5 bereits erwähnt, wurden Selbstdiffusionskoeffizienten des Weichmachers in Polymerlösungen mit Hilfe der Feldgradienten Kernspinresonanzspektroskopie (nuclear magnetic reconanz NMR) ermittelt. Die Messungen wurden am Institut für Mechanische Verfahrenstechnik und Mechanik der Universität Karlsruhe ausgeführt. Die Probenvorbereitung für die NMR-Messungen beschränkt sich auf das Ansetzen der Polymerlösungen mit gewünschter Zusammensetzung in speziellen Proberöhrchen. Damit sich die Zusammensetzung der Lösung während der Untersuchung nicht ändert, wurden die Probenröhrchen mit einem Teflonstopfen gasdicht verschlossen. Die Proben wurden in dem NMR-Spektrometer der Firma *Bruker* auf die gewünschte Temperatur von $\vartheta_{Probe} = 20°C$ temperiert und die Untersuchungen durchgeführt. Die Bestimmung der Selbstdiffusionskoeffizienten der einzelnen Spezies der Polymerlösung aus den experimentellen Daten erfolgte durch eine Software von *Bruker*. Im Folgenden soll kurz ein Überblick über den theoretischen Hintergrund der Feldgradienten-NMR gegeben werden. Detaillierte Informationen zur NMR-Messtechnik und Selbstdiffusionskoeffizientenbestimmung sind z. B. bei *Hore* (1995) oder *Stejskal* und *Tanner* (1965) zu finden.

Die NMR-Spektroskopie beruht auf der Wechselwirkung eines magnetischen Wechselfeldes B_1 (im Radiofrequenzbereich) mit dem magnetischen Kerndipolmoment bei einem angelegten äußeren statischen Magnetfeld B_0. Das statische Magnetfeld bewirkt aufgrund der Besetzungsunterschiede der Kernspins eine makroskopische Magnetisierung M. Im thermischen Gleichgewicht ist die makroskopische Magnetisierung parallel zu dem angelegten statischen Magnetfeld ausgerichtet. Wird die Gesamtmagnetisierung durch ein eingestrahltes magnetisches Wechselfeld B_1 um den Drehwinkel von 90° gedreht, dann präzidiert die Gesamtmagnetisierung mit der Lamorfrequenz ω_L um die z-Achse. Das System wurde von dem eingestrahlten Wechselfeld gestört und befindet sich nun nicht mehr im Gleichgewicht. In einem homogenen, statischen Magnetfeld relaxiert die Gesamtmagnetisierung in das thermische Gleichgewicht zurück. Man unterscheidet in diesem Zusammenhang zwei Arten der Relaxation. Zum einen tritt die Relaxation durch den Verlust der Präzisionsphasenkohärenz aufgrund von Spin-Spin Wechselwirkungen auf. In diesem Fall spricht man von der Spin-Spin-Relaxation oder auch transversalen Relaxation mit der charakteristischen Relaxationszeit T_2. Bei der Spin-Gitter-Relaxation oder longitudinalen Relaxation wird zum anderen das Gleichgewicht in der Relaxationszeit T_1 erreicht, indem ein Energieaustausch mit dem Molekulargitter stattfindet. Das zeitliche

Verhalten der makroskopischen Gesamtmagnetisierung kann mit Hilfe der Bloch-Gleichung (*Bloch* (1946)) beschrieben werden:

$$\frac{d\vec{M}}{dt} = \gamma \cdot \left(\vec{M} \times \vec{B}\right) \qquad \text{(A 42)}$$

$\vec{M}$ = *makroskopische Gesamtmagnetisierung*

γ = *gyromagnetisches Verhältnis*

$\vec{B}$ = *Gesamtmagnetisierung*

Die Lösung der Differentialgleichung ergibt sich in der xy-Ebene zu:

$$M(t) = M(t = 0) \cdot \exp\left(-\frac{t}{T_2}\right) \qquad \text{(A 43)}$$

T_2 = *transversale Relaxationszeit*

Ist das äußere Magnetfeld homogen, kann die transversale Relaxationszeit T_2 direkt aus der abnehmenden Amplitude des detektierten Signals bestimmt werden. Bei einem inhomogenen Magnetfeld ist die Lamorfrequenz (Resonanzfrequenz) ortsabhängig und dies führt zu einer Dephasierung der Magnetisierung. Um in einem solchen Fall die Relaxationszeit bestimmen zu können, führt man ein Spin-Echo oder Hahn-Echo (*Hahn* (1950)) durch. In Abb. A 53 ist schematisch der Ablauf des Hahn-Echos aufgezeigt.

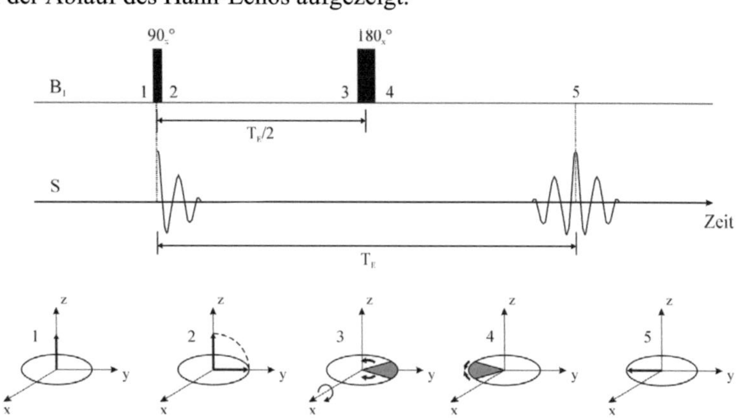

Abb. A 53: Schematische Darstellung einer Spin-Echo Impulssequenz ohne Gradienten (1: Magnetisierungsvektor; 2: Störung; 3: Dephasierung; 4: Refokussierung aufgrund eines Inversionsimpulses; 5: Spin-Echo).

Zunächst wird ein 90° Impuls aufgegeben, der die Gesamtmagnetisierung in die *xy*-Ebene dreht (2). Die Impulsdauer ist verglichen mit der Relaxationszeit sehr kurz. Aufgrund von Inhomogenitäten des Magnetfeldes kommt es zur Dephasierung einzelner Magnetisierungskomponenten (3). Durch einen zweiten Impuls (180°) mit doppelter Impulsdauer nach einer Zeitdauer von $T_E/2$ erfolgt eine Inversion, welche zu einer Refokussierung der Magnetisierung führt (4). Zum Zeitpunkt T_E (Echo-Zeit) befinden sich die Kernspins wieder in Phase (5), d.h. das Magnetfeld ist wieder homogen. Das Spin-Echo wird in der Spule induziert und als freier Induktionsabfall FID (free induction decay) aufgenommen. Mit einer Fouriertransformation wird der aufgenommene FID zu einem NMR-Spektrum umgewandelt. Die Amplitude des Signals sinkt aufgrund der transversalen Relaxation nach Gleichung (A 43). Verdeutlicht ist dieser Zusammenhang in Abb. A 54. Eine vollständige Refokussierung findet nur dann statt, wenn sich die Moleküle an derselben Stelle des äußeren Magnetfeldes befinden, an der sie magnetisiert wurden.

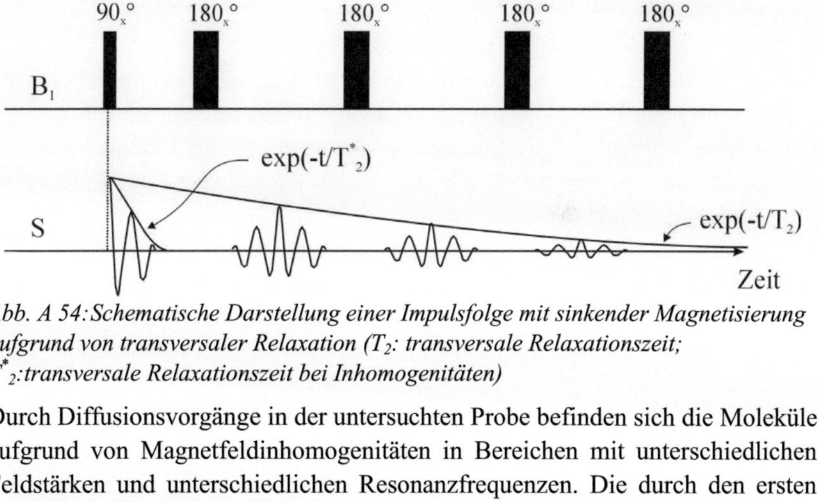

Abb. A 54: Schematische Darstellung einer Impulsfolge mit sinkender Magnetisierung aufgrund von transversaler Relaxation (T_2: transversale Relaxationszeit; T^*_2: transversale Relaxationszeit bei Inhomogenitäten)

Durch Diffusionsvorgänge in der untersuchten Probe befinden sich die Moleküle aufgrund von Magnetfeldinhomogenitäten in Bereichen mit unterschiedlichen Feldstärken und unterschiedlichen Resonanzfrequenzen. Die durch den ersten Impuls hervorgerufene Dephasierung kann durch den zweiten Impuls daher nur zum Teil wiederhergestellt werden, d.h. es findet keine vollständige Refokussierung statt. Die Amplitude des Spin-Echos wird deshalb aufgrund von Diffusionsbewegungen abnehmen. Zur Bestimmung des Selbstdiffusionskoeffizienten wird ein gepulstes, magnetisches Feldgradienten Spin-Echo (pulsed-gradient spin-echo) durchgeführt. Mit Kenntnis der Stärke des angelegten Feldgradienten und der Echo-Zeit T_E wird der Selbstdiffusionskoeffizient über die Dämpfung der Spin-Echo Amplitude bestimmt. In Abb. A 55 ist der Ablauf eines gepulsten, magnetischen Feldgradienten Spin-Echos zur Bestimmung der Molekularbewegung in z-Richtung dargestellt.

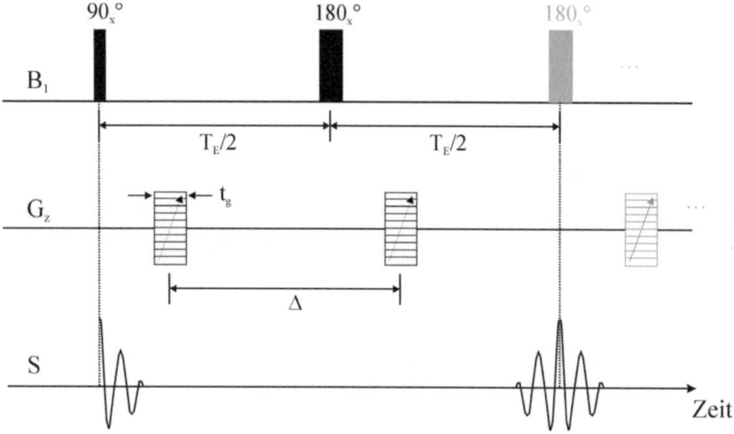

Abb. A 55: Schematische Darstellung einer Spin-Echo Impulssequenz mit Feldgradienten zur Bestimmung des Selbstdiffusionskoeffizienten

Nach den RF-Impulsen (radio frequenz) lässt man für eine definierte Zeit t_g einen magnetischen Feldgradienten mit bekannter Stärke wirken, dadurch wird die Dephasierung beschleunigt. Nach dem ersten magnetischen Feldgradientenimpuls G_z hat sich die Phase von null auf $-\gamma G_z z t_g$ verschoben. Der Refokussierungsimpuls invertiert die Phase zu $\gamma G_z z t_g$. Durch den zweiten Gradientenimpuls wird die Refokussierung beschleunigt. Da auf ein Molekül aufgrund der Molekularbewegung in dem magnetischen Feldgradienten unterschiedliche Magnetfeldstärken wirken, verändert sich seine Resonanzfrequenz. Dies bewirkt eine Phasenverschiebung. Somit erhöht sich die Phase der Magnetisierung nach dem zweiten Gradientenimpuls auf $\gamma G_z z t_g - \gamma G_z (z+R) t_g$, wobei R die während der Impulsdauer t_g aufgrund von Molekularbewegung zurückgelegte Strecke ist. Die resultierende Amplitude des Echos ergibt sich danach zu:

$$S_\Delta = \exp\left(-\gamma^2 t_g^2 G_z^2 D_i \left(\Delta - \frac{t_g}{3}\right)\right) \qquad \text{(A 44)}$$

S_Δ = *Amplitude des Spin-Echos zur Zeit* T_E

t_g = *Impulsdauer des Feldgradienten*

G_z = *Gradient des magnetischen Feldes in z-Richtung*

D_i = *Selbstdiffusionskoeffizient*

Δ = *Zeit zwischen dem ersten und zweiten Feldgradientenimpuls*

Den Selbstdiffusionskoeffizienten erhält man schließlich, indem man die Amplitude des Spin-Echos logarithmisch über $\gamma^2 G^2_z t^2_g (\Delta - t_g/3)$ aufträgt.

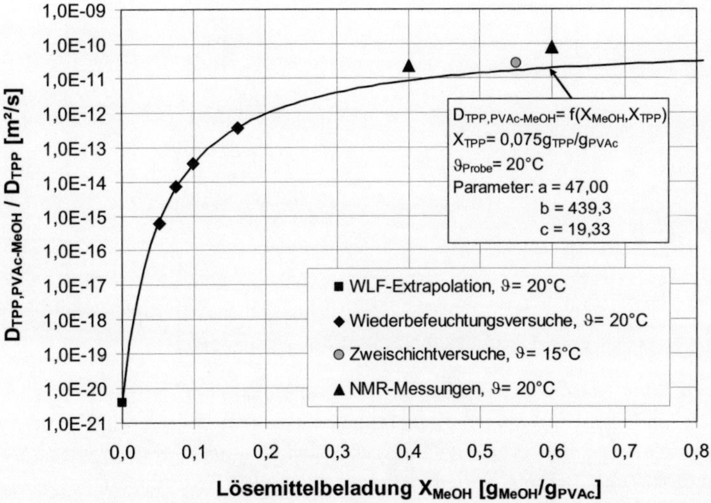

Abb. A 56: Diffusionskoeffizientenverlauf von TPP im Stoffsystem PVAc-MeOH-TPP bei $\vartheta_{Probe} = 20°C$ *und einer Weichmacherbeladung von* $X_{TPP} = 0{,}075\ g_{TPP}/g_{PVAc}$. *Dargestellt sind sowohl die bei den Langzeitversuchen bei erhöhter Temperatur, Wiederbefeuchtungsversuchen und Zweischichtversuchen bestimmten Fick'schen Diffusionskoeffizienten als auch durch NMR-Messungen ermittelten Selbstdiffusionskoeffizienten.*

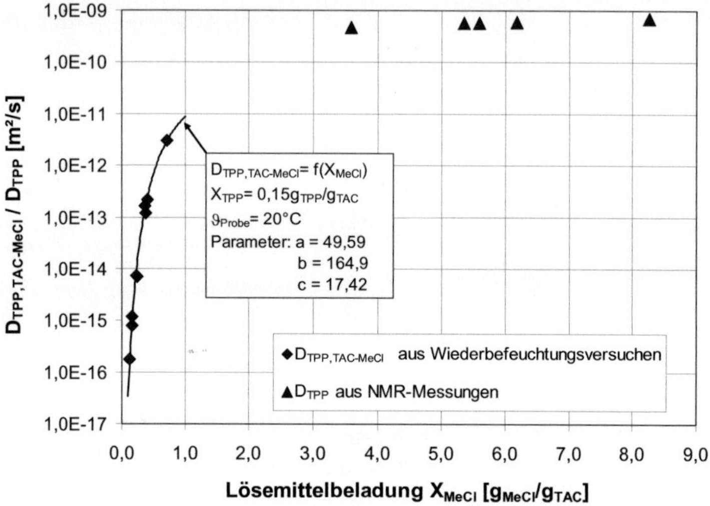

Abb. A 57: Diffusionskoeffizientenverlauf von TPP im Stoffsystem TAC-MeCl-TPP- bei ϑ_{Probe} = 20°C und einer Weichmacherbeladung von X_{TPP} = 0,15 g_{TPP}/g_{TAC}. Dargestellt sind sowohl die bei den Wiederbefeuchtungsversuchen bestimmten Fick'schen Diffusionskoeffizienten als auch durch NMR-Messungen ermittelten Selbstdiffusionskoeffizienten. Die Beschreibung des Diffusionskoeffizientenverlaufs als Funktion der Lösemittelbeladung ist nur im experimentell untersuchten Bereich eingetragen. Die Genauigkeit eines extrapolierten Verlaufs ohne experimentelle Daten ist fraglich und wird daher nicht durchgeführt.